美丽中国

新中国 70 年 70 人论生态文明建设

**Beautiful China 70 Years since 1949 and
70 People's Views on Eco-civilization Construction**

（下册）

主　编　潘家华　高世楫　李庆瑞
　　　　王金南　武德凯
执行主编　黄承梁

中国环境出版集团·北京

序言一

不断推动形成人与自然和谐发展的现代化建设新格局

十一届全国政协副主席
中国生态文明研究与促进会会长　　陈宗兴

　　今年是新中国成立 70 周年。在此重要的时间节点，中国社会科学院生态文明研究智库、国务院发展研究中心资源与环境政策研究所、中国生态文明研究与促进会、生态环境部环境规划院和中国环境出版集团等单位共同发起主办和完成《美丽中国：新中国 70 年 70 人论生态文明建设》文献暨理论著作编著工作，是一项值得做、也很有意义的事情。

　　中国共产党第十八次全国代表大会以来，以习近平同志为核心的中共中央高度重视生态文明建设。习近平同志着眼新时代我国社会主要矛盾变化，着眼新时代人民群众日益增长的美好生态环境要求，坚持以人民为中心的发展思想，坚持统筹人与自然和谐，坚持建设人与自然和谐的现代化，坚持生态文明建设人类命运共同体，以坚决打赢环境污染防治攻坚战、全面建成小康社会，建设富强民主文明和谐美丽的社会主义现代化强国为历史使命，就生态文明建设作出了一系列重要论述和相关批示，提出了许多重要科学论断，形成了习近平生态文明思想，

推动我国生态文明建设发生历史性、转折性和全局性转变。回顾新中国 70 年来我国生态环境保护和生态文明建设的基本历程和基本经验，对于在新的历史起点上全面贯彻落实习近平生态文明思想，不断推动形成人与自然和谐发展的现代化生态文明建设新格局，实现中华民族伟大复兴美丽中国梦，意义十分重大。

新中国成立初期，百废待兴。1950 年夏，安徽、河南遭受特大洪涝灾害后，毛泽东同志提出："一定要把淮河修好"，并由此有计划、有步骤地开启新中国初期防洪、灌溉、疏浚河流、兴修运河等水利事业。毛泽东同志从"须考虑根治办法"入手，把除水害、兴水利作为治国安邦的大事，高度重视水利建设、防汛抗旱和水土保持工程，着力推进长江荆江分洪工程，要求"把黄河的事情办好""一定要根治海河"，体现了系统思维、远见卓识和为人民服务的情怀。1956 年，毛泽东同志发出了"绿化祖国""实现祖国园林化"的号召。同时指出实现绿化不是一蹴而就的事，要久久为功，"用二百年绿化了，就是马克思主义"。1972 年 6 月，联合国第一次环境会议在斯德哥尔摩召开，我国政府派出了代表团参加，令世界瞩目。1973 年，国务院召开第一次全国环境保护会议，审议通过了《关于保护和改善环境的若干规定（试行草案）》，将环境保护工作纳入各级政府的职能范围，成为我国环境保护事业的第一个里程碑。

改革开放以后，我国生态环境保护进入立法期，法制化进程明显加快。邓小平同志明确强调必须加强社会主义法治建设，要求集中力量制定一批重要法律，这其中包括《森林法》《草原法》《环境保护法》等林业、绿化和生态环境保护的法律。1979 年 2 月，五届全国人大常委会六次会议原则通过了《中华人民共和国森林法（试行）》，并将每年的 3 月 12 日确定为国家的植树节；9 月，五届全国人大常委会十一次会议通过了我国第一部关于环境保护的基本法——《中华人民共和国环境保护法（试行）》。1981 年 12 月，五届全国人大四次会议通过《关于开展全民义务植树运动的决议》，在法律上规定植树造林是我国公民应尽的义务。1983 年，我国召开第二次全国环境保护会议，环境保护正式确立为我国的一项基本国策。此后，《水污染防治法》《大气污染防治法》《水法》等环保单项法律法规相继制定颁布。1989 年 12 月，《环境保护法》正式实施，成为我国环境保护的基本法律。至 20 世纪 90 年代初期，我国已经形成了比较完善的环境保护法律体系。

20 世纪 90 年代以来，全球可持续发展理念潮流涌动，我国的环境保护政策也进入新的历史时期。1992 年 6 月，联合国在里约热内卢召开"环境与发展大会"，通过《里约环境与发展宣言》和《21 世纪议程》等文件，中国也在会上向世界承诺走可持续发展道路。1994 年 3 月，我国向全世界率先发布了《中国 21 世纪议程——中国 21 世纪人口、环境与发展白皮书》，明确中国"转变发展战略，走可持续发展道路，是加速我国经济发展，解决环境问题的正确选择"。1997 年召开的中国共产党第十五次全国代表大会，可持续发展作为战略思想首次写入大会报告。在此时期，以江泽民同志为核心的中共中央着眼维护生态安全，提出"退耕还林、封山绿化"战略，向全国人民发出了"再造秀美山川"的号召。

新世纪新阶段，我国社会发展呈现出一系列新的阶段性特征。以胡锦涛同志为总书记的中共中央，树立和落实全面发展、协调发展、可持续发展的科学发展观，强调在开发利用自然中实现人与自然的和谐相处，把"人与自然和谐相处"作为社会主义和谐社会的基本特征之一；要求正确处理增长数量和质量、速度和效益的关系，在推进发展中充分考虑资源和环境的承受力，统筹考虑当前发展和未来发展；必须把建设资源节约型、环境友好型社会放在工业化、现代化发展战略的突出位置。2007 年召开的中国共产党第十七次全国代表大会，首次明确提出"建设生态文明"。这标志着社会主义生态文明理念的正式确立，是中国共产党执政兴国理念的新发展，体现出人类文明发展理念、道路和模式的重大进步。

中国特色社会主义事业进入新时代，以习近平同志为核心的中共中央，紧扣新时代我国社会主要矛盾变化，把生态文明建设纳入中国特色社会主义"五位一体"总体布局和"四个全面"战略布局，坚持生态文明建设是关系中华民族永续发展的千年大计、根本大计的历史地位，从理论上不断丰富和发展马克思主义人与自然关系学说，从实践上坚定贯彻新发展理念，不断深化生态文明体制改革，推进生态文明建设的决心之大、力度之大、成效之大前所未有，开创了生态文明建设和环境保护新局面。大气、水、土壤污染防治等一大批关系民生的环境保护工作取得历史性成效，自然生态系统质量持续改善，生态退化范围减小、程度降低，生态服务功能有所提升，生态保护和恢复成效明显，生态状况总体呈改善趋

势。人民群众感同身受，城乡环境更宜居、人民生活更美好。中国生态文明建设进入快车道。

　　我国是一个近 14 亿人口的大国，引导形成绿色生产生活方式，加快构筑尊崇自然、绿色发展的生态体系，让资源节约、环境友好成为主流的生产生活方式，尤为重要。当前，我们要以更高的道德关怀和更强的人性力量，在认识人与自然关系的同时，将人与自然的和谐共生内化为人与人之间的相互依存和互为热爱，将人与人之间的平等、公正、友爱、和谐，内化为人与自然之间的和谐友爱。事实上，人损害自然、破坏环境，既对生态环境造成损害，又必然对他人的生存环境、他人的生命健康造成损害。习近平同志指出：生态文明建设同每个人息息相关，每个人都是生态环境的保护者、建设者、受益者，每个人都不是旁观者、局外人、批评家。需要形成全社会共同参与的良好风尚，需要全社会共同建设、共同保护、共同治理。希望该著作的出版，有助于进一步凝聚社会各界共识，强化全社会共同建设生态文明的意志，推动生态文明建设在新的历史征程中迈上新台阶。

　　是为序。

序言二

以习近平生态文明思想为指导，积极构建
生态文明哲学社会科学学术体系和话语体系

中国社会科学院院长、党组书记　谢伏瞻

2016年5月17日，习近平总书记在哲学社会科学工作座谈会上的重要讲话中，首次明确提出了"加快构建中国特色哲学社会科学"的重大论断和战略任务，强调着力构建中国特色哲学社会科学，在指导思想、学科体系、学术体系、话语体系等方面充分体现中国特色、中国风格、中国气派。习近平总书记还深刻阐明了加快构建中国特色哲学社会科学的三项原则：体现继承性、民族性；体现原创性、时代性；体现系统性、专业性。"5·17"重要讲话科学地阐明了我国哲学社会科学面临的一系列重大理论和实践问题，是闪耀着马克思主义真理光芒、指导新时代哲学社会科学事业长远发展的纲领性文献。

生态文明是哲学社会科学研究的重大课题。当今中国，正处在实现中华民族伟大复兴的历史性时刻，生态文明建设战略地位空前高涨、前所未有。生态文明建设既是党的十九大确定的千年大计，又是习近平总书记在全国生态环境保护大会上确定的根本大计，是浩浩荡荡的时代潮流。党的十八大以来，以习近平同志为核心的党中央，就生态文明建设发表了一系列的重要讲话、论述和指示，形成

了系统完整科学的习近平生态文明思想。生态文明哲学社会科学理论工作者，要以习近平生态文明思想为根本遵循，更加关注当代中国生态文明建设中的现实问题，落实好以人民为中心的发展思想，不断丰富和拓展马克思主义人与自然关系学说，不断推动生态文明建设迈上新的历史台阶。

一、生态研究是中国特色哲学社会科学体系不可或缺的重要组成部分

"生态"是博大精深的马克思主义理论体系和知识体系的组成部分。习近平总书记在哲学社会科学工作座谈会上的讲话中指出，"生态"是博大精深的马克思主义理论体系和知识体系的组成部分；是"马克思主义中国化的成果及其文化形态"，是"中国特色哲学社会科学的主体内容"；中国特色哲学社会科学应该涵盖"生态"领域。马克思主义哲学从来把人与自然的关系作为其着力解决的问题。人与自然是冲突的还是和谐的，是矛盾的还是共生的，这个问题既是人类需要回答的重要问题，又是区分马克思主义和其他非马克思主义的重要衡量标准之一。马克思主义认为，第一，自然界是人类赖以生存的基础。马克思指出："自然界，就它自身不是人的身体而言，是人的无机的身体。人靠自然界生活。这就是说，自然界是人为了不致死亡而必须与之处于持续不断的交互作用过程的、人的身体。"第二，自然是生命之母，人与自然是生命共同体。人类善待自然，自然也会馈赠人类。马克思认为，自然界可以分为"自在自然"和"人化自然"，社会生产实践是人与自然联系的中介，既不断推动"自在自然"向"人化自然"转变，又是实现人与自然关系协调统一的有效形式。第三，人不可胜天，现代科学技术不可为所欲为。工业文明强调人类对自然的征服，以人类中心主义的姿态对地球立法、为世界定规则，认可人定胜天。现实的问题在于，自然科学与技术在改变人们生产方式和生活方式的同时，也带来了潜在的、不可控的风险。在某种程度上，现代生态系统脆弱性的提升，恰恰源于人们对科技创新的急于求成和对潜在、长远的不利影响的忽视。恩格斯指出："到目前为止的一切生产方式，都仅仅以取得劳动的最近的、最直接的效益为目的。那些只是在晚些时候才显现出来的、通过逐渐的重复和积累才产生效应的较远的结果，则完全被忽视了。"第四，蔑

视辩证法是不能不受惩罚的。人类必须尊重自然、顺应自然、保护自然。马克思说："不以伟大的自然规律为依据的人类计划，只会带来灾难"。人类只有遵循自然规律才能有效防止在开发利用自然上走弯路，人类对大自然的伤害最终会伤及人类自身，这是无法抗拒的规律。

"生态"是中国特色哲学社会科学建设和发展的继承性和民族性的体现，必须以文化的软实力构筑生态文明建设的硬实力。习近平总书记在哲学社会科学工作座谈会上的讲话中同样指出，"生态"是中国特色哲学社会科学建设和发展的继承性和民族性的体现。从老祖宗的生态智慧和文化基因看，可以说，五千年中国传统文化的主流，是儒释道三家。在它们的共同作用下，中华民族形成了自己独特的文化体系，那就是"中、和、容"，即"中庸之中、和谐之和、包容之容"。它们包含的崇尚自然的精神风骨、海纳百川的广阔胸怀，显示出中国人特有的宇宙观和中国人独特的价值追求。没有高度的文化自信，没有文化的繁荣兴盛，就没有中华民族伟大复兴。习近平总书记指出：中国优秀传统文化的丰富哲学思想、伦理价值、人文精神、社会教化、道德风尚等，可以为人们认识和改造世界提供有益启迪，可以为治国理政提供有益启示，也可以为道德建设提供有益启发。天人合一、与天地参、道法自然等丰富生态智慧，在今天仍然启示我们，每一个生命个体都可以通过自身德性修养、践履而上契天道，进而实现"上下与天地合流"或"与天地合其德"；人类群体都要实现与自然和谐共处，人类要顺天、应天、法天、效天，最终参天。我们需要对中国传统文化生态智慧能够重构当代生态文明理论和实践范式给予充分的历史敬重和时代自信。

必须促进和实现人类生态转型。国内外的哲学社会科学体系中没有涵盖生态研究。西方的哲学社会科学体系中的"生态"要素散见于生态伦理、可持续发展、生态经济、绿色低碳等领域，被肢解、碎片化，没有形成独立的成体系的哲学社会科学的主体内容。我国的生态研究，以环境、资源和生态保护的自然科学范畴理解较多，往往忽略其独立的哲学社会科学的学科地位。即使有一些哲学社会科学的生态研究，也是西方人文社会科学的碎片化格局。在我国高等教育和科学研究的学科目录中，在自然科学体系中包括"生态学"，但在哲学社会科学体系中没有纳入人文社会科学领域的"生态"研究。伦理道德是社会的一种伟大力量，

所有社会都需要并重视道德的力量。环境伦理道德要求对生命和自然界本身的关心，确认生命和自然界的实体和过程，它关心自然、关心后代、关心整个生命世界。它的产生是人类道德境界提升、道德进步、道德完善和道德成熟的表现。习近平总书记指出：要像保护眼睛一样保护生态环境，像对待生命一样对待生态环境。这促使我们感到这个世界就是"与我们的天然感受性相符的"生态家园。建设生态文明，需要从文化的视角，持续深化和升华我们对大自然真挚的爱、持续的热情和真挚深沉的感情。

二、习近平生态文明思想是习近平新时代中国特色社会主义思想重要组成部分，体现出国家战略和民族使命

习近平总书记对生态环境工作历来高度重视。人与自然的情怀，是习近平总书记的不懈追求和特殊情怀。在正定、厦门、宁德、福建、浙江、上海等地工作期间，习近平总书记始终把这项工作作为一项重大工作来抓，尽管在当时，经济建设热潮澎湃，压倒一切。可以说，习近平总书记就生态文明建设所做的重要论述、相关批示，发表的重要文献，提出的科学论断，其数量之多、信息量之大，理论之深邃、体系之系统、视野之开阔、思想之辩证、感情之真挚，在中华民族五千年发展史上，也是历史的和空前的，无不令人博学之、审问之、慎思之、明辨之、笃行之。恰如恩格斯在《自然辩证法·导言》中所指出："这是一次人类从来没有经历过的最伟大的、进步的变革，是一个需要巨人而且产生了巨人——在思维能力、热情和性格方面，在多才多艺和学识渊博方面的巨人的时代。"习近平生态文明思想体现出习近平总书记一以贯之、万法归宗，却又气贯长虹、力透纸背的渊博生态学说和持续创作热情，体现出习近平总书记与生俱来的对大自然持续深沉的爱和关于人与自然和谐的哲学思考与思辨。

党的十八大以来我国卓有成效的生态文明建设，动力之源在于习近平生态文明思想。党的十八大以来，以习近平同志为核心的党中央，带领全党全国各族人民，充分发挥党的领导和我国社会主义制度能够集中力量办大事的政治优势，充分利用改革开放以来不断积累的坚实物质基础，加大力度推进生态文明建设、解决生态环境问题，坚决打好污染防治攻坚战，开展了一系列根本性、开创性、长

远性工作，生态环境保护发生历史性、转折性、全局性变化，我国生态文明建设迈上新台阶，进入新时代。这是最具中国特色、东方智慧的中国原创、中国表达，具有鲜明的时代特征。关于生态文明与中国梦，习近平总书记指出："走向生态文明新时代，建设美丽中国，是实现中华民族伟大复兴的中国梦的重要内容。"关于生态文明与"五位一体"和"四个全面"，习近平总书记指出："生态文明建设是'五位一体'总体布局和'四个全面'战略布局的重要内容。"可以说，"生态文明与中国梦"范畴论，凸显了生态文明建设的战略使命、为什么建设生态文明的问题，即建设富强民主文明和谐美丽的社会主义现代化强国；"生态文明与五位一体"总体布局论凸显了生态文明建设的战略地位、如何认识什么是社会主义、全面发展作为社会主义内在属性的问题；"生态文明与四个全面"战略布局论凸显了怎样建设生态文明、生态文明建设的战略举措、方法论和实践论的问题。必须看到，把生态文明确立为一个执政党的行动纲领，是中国共产党执政方式的鲜明特色。

三、习近平生态文明思想以人类命运共同体为其全球语境

"命运共同体"已经成为习近平总书记以全球视野、全球眼光、人类胸怀积极推动治国理政更高视野、更广时空的全球性理念。习近平生态文明思想也正是这样，它立足国内、放眼世界、胸怀全球、关怀人类，正以自己独特的"中国智慧"和"中国方案"，在世界上高高举起了社会主义生态文明建设的伟大旗帜，构建起广泛的人类命运和利益共同体。中国越来越成为全球生态文明建设的重要参与者、贡献者和引领者。

中国是全球生态文明建设的重要参与者。党的十八大以来，中国生态文明建设越来越成为人类命运共同体的重要推动力。中国积极承担应尽国际义务，为应对气候变化作出了重要贡献；生态文明领域国际交流合作积极开展，推动成果分享，在携手应对能源资源安全和重大自然灾害等方面令全球瞩目。单位国内生产总值能耗和二氧化碳排放显著下降；中国宣布建立规模为200亿元人民币的气候变化南南合作基金，用以支持其他发展中国家；清洁能源、防灾减灾、生态保护、气候适应型农业、低碳智慧型城市建设等领域的国际合作继续推进；加强野生动

美丽中国
新中国70年70人论生态文明建设
中华人民共和国成立70周年
The 70th Anniversary of the Founding of
The People's Republic of China

物栖息地保护和拯救繁育工作，严厉打击野生动物及象牙等动物产品非法贸易取得显著成效；高度重视荒漠化防治工作，取得了显著成就，为国际社会治理生态环境提供了中国经验。从习近平总书记出席气候变化巴黎大会签署《巴黎协定》到波兰卡托维兹全球气候变化大会，从联合国《2030年可持续发展议程》到G20杭州峰会，在推进《巴黎协定》进程、支持发展中国家应对气候变化、实现全球2030年可持续发展目标方面，中国一直是忠实履行者和重要的参与者。

中国是全球生态文明建设的重要贡献者。人类进入21世纪，生态环境问题从未能像今天这样，集中体现为我们生于斯、长于斯的一个村子（地球村）的问题。中国人坐在家里看世界，世界之"小"，令人惊讶。近14亿人口的大国，占世界人口的五分之一，占亚洲陆地面积的四分之一。中国解决自己的环境质量和生态问题，本身就是对世界的直接或间接的最大贡献。例如，习近平总书记反复强调要"保护好三江源，保护好'中华水塔'"，就是保护了澜沧江——这条世界第七长河、亚洲第三长河、东南亚第一长河，在越南胡志明市流入中国南海怀抱的母亲河。作为世界第一大执政党的中国共产党，从来没有像今天这样为全球生态问题、为发展中国家探索经济发展和环境保护双赢道路提供发展范式。

中国是全球生态文明建设的重要引领者。生态文明建设是世界潮流，人心所向，大势所趋，处在复兴时代的中华民族走在前列、垂范世界，就是引领。放眼全球，进入21世纪，人类社会已经逐步迈向一个新的文明时代，即生态文明新时代。这是不以人的意志为转移的客观存在。恰如习近平总书记所指出：人类经历了原始文明、农业文明、工业文明，生态文明是工业文明发展到一定阶段的产物，是实现人与自然和谐发展的新要求。生态文明是相较于工业文明更高级别的社会文明形态，符合人类文明演进的客观规律。遵循人类文明演进规律，人类越来越深切地意识到，不论是发达的工业化国家，还是尚未完成工业化的发展中国家，都需要摒弃——或用生态文明加以改造和提升——工业文明下的伦理价值认知、生产方式、消费方式，以及与之相适应的体制机制。从现实看，西方发达国家意识形态域有较强的戴着有色眼镜看问题的传统。中华民族的伟大复兴，一个显著的标志，是要形成具有普遍适用性、最大包容性的价值体系和国际话语体系，从而为世界所接受、所认同，引领人类命运共同体建设。生态文明无疑具有这个良好属性。由中国明确倡导并大力实践的生态文明理念及其发展道路，在本质上是对传统工业文明的扬弃，为世界工业文明向生态文明发展转型探索了方向和路径。

四、以习近平生态文明思想为根本遵循，努力推动、促进和实现人类文明范式转型

应当看到，不论从国内看，还是从国际看，我们都缺乏一套完整科学的生态文明理论体系，特别是为世界所广泛认同并自觉采用的话语体系来有效应对新时代前进道路上可以预见和难以预见的各种困难、风险和考验。着力消除数十年长期积累和遗留下来的历史环境问题，坚决打好污染防治攻坚战，积极探索建设面向未来、面向人类命运共同体的人类新文明的绿色生态技术、产业基础、绿色制度体系和生态文化体系，使中国的生态文明建设，成为与中华民族伟大复兴美丽中国梦相连、与建设富强民主文明和谐美丽的社会主义现代化强国相连、与人类命运共同体相连的中国标志、中国方案，在全球范围高扬习近平生态文明思想旗帜。要从理论高度和战略高度重视新时代生态文明学术体系和话语体系建设。

一是要同学科体系、学术体系建设相联系。构建哲学社会科学体系的学科、理论和概念，着力打造反映中国特色社会主义伟大实践和理论创新、易于为国际社会所理解和接受的新概念、新范畴、新表述，做到中国话语、世界表达。要聚焦国际社会关注的问题，积极参与国际规则、标准、法律的动议和制定，提升我国的国际话语权和规则制定权。当今时代，尽管率先实现工业化的西欧、北美以及日本等生态环境整体改善，但现在中国无比深刻地体会到构建人类命运共同体任务的紧迫性。应当看到，在可预见的未来，工业文明仍处于鼎盛和繁荣时期，我们始终要面临西方发达国家在生态技术、生态产业和环境保护、可持续发展领域的强势地位。在构建人类命运共同体的总体目标背景下，如何构建中国特色的生态文明话语体系，如何推动中国生态文明理念和模式的传播，这是生态文明研究智库的学术使命和历史责任。要加强生态文明建设学术体系、话语体系以及方法技术体系、产业体系、环境治理体系的研究。

二是要强化战略性、前瞻性、现实性和对策性的研究。我们现在面临几个重

要的时间节点。如 2020 年要全面建成小康社会，着眼实现全面建设小康社会，生态文明建设应该是什么样，可能到什么样的程度，挑战有哪些，机遇在何处？又如，接下来的时间节点，就是国民经济和社会发展的"十四五"。在这个新五年中，生态文明建设面临哪些现实的问题和挑战？应该看到，我们取得的成绩越多，挑战的类型和强度也在变多。更远来说，党的十九大确定了两个重要时间节点，一个是 2035 年基本实现现代化，另一个是 2050 年实现中华民族伟大复兴的第二个百年目标，建设富强民主文明美丽和谐的社会主义现代化强国。要提前预谋生态文明建设在这两个时间节点的挑战、战略策略以及可测度的建设目标。要围绕 2020 年、2035 年、2050 年等重大战略时间点，为国家绿色发展的机遇与挑战开展一些有前瞻性和战略性的研究，提出一些战略对策。

三是拓展全球视野，共谋全球生态文明建设之路。习近平总书记多次指出，中国要做全球生态文明建设的重要参与者、贡献者和引领者。可以说我们有参与生态文明国际对话、引领国际话语的学术和人才优势，但是也必须看到就生态文明建设、国际话语体系建设本身而言，我国在国际上的声音还很小，做得还不够。生态文明研究智库应以宽广的视野和胸怀，着眼于《巴黎协定》目标和《2030年人类可持续发展议程》，主动走向世界，构建学术平台，不断加强协同创新，拿出好成果，发出好声音，敢于和善于讲好中国生态文明建设的故事，为推动全球发展的绿色转型发挥重要作用。

今年是新中国成立 70 周年。回望历史，尽管我们在 20 世纪 50 年代、60 年代没有用生态文明这样一个名词，但新中国成立 70 年来所开展的一系列工作，就是生态文明建设的探索和大力实践，是生态文明理念的不断演进和发展。这一历史进程中，固然有经验教训，甚至代价也很大，但也都留下了弥足珍贵的历史财富。如新中国成立初期，毛泽东同志就向全国发出了"一定要把淮河修好""要把黄河的事情办好""绿化祖国""用二百年绿化了，就是马克思主义"等影响了一代又一代中国人民的伟大号召。新中国 70 年我国生态环境保护和生态文明建设的伟大实践充分证明，中国人民有信心、有能力建设好自己的美丽国家，也有信心、有能力为生态文明建设人类命运共同体贡献中国方案和中国智慧。

我们将从历史与实践的经验中不断汲取智慧，不断为新时代生态文明建设提供新中国 70 年来最可宝贵的精神财富和历史启示。这次中国社会科学院生态文明研究智库，主动会同国务院发展研究中心资源与环境政策研究所、中国生态文明研究与促进会、生态环境部环境规划院和中国环境出版集团等单位协同创新、共同推出《美丽中国：新中国 70 年 70 人论生态文明建设》一书，对于更好地学习领会习近平生态文明思想，更加深刻地体会习近平生态文明思想的伟大意义，广泛形成社会各界关于生态文明建设的共识，更加自觉地坚持走生产发展、生态良好、生活幸福的文明发展之路，都具有十分重大的意义。我谨代表中国社会科学院，向各兄弟单位参与主办、积极支持表示感谢。特作此文，是为序。

序言三

守护良好生态环境这个最普惠的民生福祉

——庆祝新中国成立 70 周年

生态环境部部长、党组书记　李干杰

　　纵观人类文明发展史，生态兴则文明兴，生态衰则文明衰。新中国成立 70 年来，我们党始终秉持为中国人民谋幸福、为中华民族谋复兴的初心和使命，推动生态环境保护事业蓬勃发展。进入新时代，以习近平同志为核心的党中央大力推进生态文明建设、美丽中国建设，着力守护良好生态环境这个最普惠的民生福祉，人民群众源自生态环境的获得感、幸福感、安全感显著增强。

开创生态惠民、生态利民、生态为民伟大实践

　　70 年来，我们党坚持生态惠民、生态利民、生态为民，将生态环境保护作为重大民心工程和民生工程，不断深化对生态环境保护的认识，持续推进生态文明建设。

　　战略地位不断提升。1973 年第一次全国环境保护会议召开，环境保护被提上国家重要议事日程。20 世纪 80 年代，保护环境被确立为基本国策；90 年代，可持续发展战略被确定为国家战略。进入新世纪，我国大力推进资源节约型、环

境友好型社会建设。进入新时代，生态文明建设被纳入中国特色社会主义"五位一体"总体布局，建设美丽中国成为我们党的奋斗目标，我国生态文明建设驶入快车道。

治理力度持续加大。随着生态文明建设不断推进，环境污染治理力度持续加大。20 世纪 70 年代，官厅水库污染治理拉开了我国水污染治理的序幕；80 年代，结合技术改造对工业污染进行综合防治；90 年代，实施"33211"工程，大规模开展重点城市、流域、区域、海域环境综合整治。进入新时代，我国发布实施大气、水、土壤污染防治三大行动计划，全面展开蓝天、碧水、净土保卫战，生态环境质量持续改善，人民群众满意度不断提升。

生态保护稳步推进。1956 年我国建立第一个国家级自然保护区，1978 年决定实施"三北"防护林体系建设工程，1981 年开启全民义务植树活动，之后逐步实施保护天然林、退耕还林还草等一系列生态保护重大工程，不断筑牢祖国生态安全屏障。进入新时代，我国坚持保护优先、自然恢复为主，实施山水林田湖草生态保护和修复工程，开展国土绿化行动，划定生态保护红线，加强生物多样性保护。目前，全国已建立国家级自然保护区 474 个，各类陆域自然保护地面积已达 170 多万平方公里，中国人民生于斯、长于斯的家园日益美丽动人。

法律法规日益完善。1978 年"国家保护环境和自然资源，防治污染和其他公害"被写入《宪法》，1979 年五届全国人大常委会第十一次会议原则通过《中华人民共和国环境保护法（试行）》，1989 年七届全国人大常委会第十一次会议通过《中华人民共和国环境保护法》，我国环境保护工作逐步走上法治化轨道。进入新时代，我国制定和修改环境保护法、环境保护税法以及大气、水、土壤污染防治法和核安全法等法律，全国人大常委会、最高人民法院、最高人民检察院对环境污染和生态破坏界定入罪标准，立法力度之大、执法尺度之严、成效之显著前所未有。

公众参与日益广泛。我国坚持发动全社会保护生态环境，人民群众的节约意识、环保意识、生态意识不断增强，参与生态文明建设日益广泛。1985 年第一次在全国范围开展"6·5"环境日宣传活动，1990 年首次公布《中国环境状况公报》，2007 年第一次实时发布环境质量监测数据。进入新时代，我国积极倡导简约适度、绿色低碳的生活方式，拒绝奢华和浪费，形成文明健康的生活风尚；构建全社会共同参与的环境治理体系，让生态环保思想成为社会生活中的主流文化；倡导尊重自然、爱护自然的绿色价值观念，推动形成深刻的人文情怀。

把良好生态环境作为最普惠的民生福祉

70 年来，我们党坚持在保护生态环境中增进民生福祉。特别是党的十八大以来，习近平同志围绕生态文明建设提出一系列新理念、新思想、新战略，形成习近平生态文明思想，推动我国生态环境保护发生历史性、转折性、全局性变化。

把保护生态环境作为践行党的使命宗旨的政治责任。生态环境是关系党的使命宗旨的重大政治问题，也是关系民生的重大社会问题。70 年来，特别是党的十八大以来，我国生态环境保护之所以能发生历史性、转折性、全局性变化，最根本的就在于不断加强党对生态文明建设的领导。实践证明，建设生态文明，保护生态环境，必须增强"四个意识"，坚决维护党中央权威和集中统一领导，坚决担负起生态文明建设的政治责任。要全面贯彻党中央决策部署，严格落实"党政同责、一岗双责"，努力建设一支政治强、本领高、作风硬、敢担当，特别能吃苦、特别能战斗、特别能奉献的生态环境保护铁军。

把解决突出生态环境问题作为民生优先领域。70 年来，人民群众从"盼温饱"到"盼环保"，从"求生存"到"求生态"，生态环境在人民群众生活幸福指数中的地位不断凸显。不断满足人民日益增长的优美生态环境需要，必须坚持以人民为中心的发展思想，把解决突出生态环境问题作为民生优先领域。当前，不同程度存在的重污染天气、黑臭水体、垃圾围城、农村环境问题依然是民心之痛、民生之患。要从解决突出生态环境问题做起，为人民群众创造良好生产生活环境。

走生产发展、生活富裕、生态良好的文明发展道路。70 年实践经验表明，发展是解决我国一切问题的基础和关键，生态环境问题也必须通过发展来解决。发展经济不能对资源和生态环境竭泽而渔，保护生态环境也不是要舍弃经济发展。绿水青山就是金山银山，改善生态环境就是发展生产力。良好生态本身蕴含着无穷的经济价值，能源源不断创造综合效益，实现经济社会可持续发展。从根本上解决生态环境问题，必须贯彻落实新发展理念，加快形成节约资源和保护环

境的空间格局、产业结构、生产方式、生活方式，把经济活动、人的行为限制在自然资源和生态环境能够承受的限度内，给自然生态留下休养生息的时间和空间。

把建设美丽中国转化为全体人民的自觉行动。生态环境是最公平的公共产品，生态文明是人民群众共同参与、共同建设、共同享有的事业，每个人都是生态环境的保护者、建设者、受益者，没有哪个人是旁观者、局外人、批评家，谁也不能只说不做、置身事外。让建设美丽中国成为全体人民的自觉行动，需要不断增强全民节约意识、环保意识、生态意识，培育生态道德和行为准则，构建全社会共同参与的环境治理体系，动员全社会以实际行动减少能源资源消耗和污染排放，为生态环境保护作出贡献，在点滴之间汇聚起生态环境保护的磅礴力量。

不断满足人民日益增长的优美生态环境需要

党的十九大报告提出，既要创造更多物质财富和精神财富以满足人民日益增长的美好生活需要，也要提供更多优质生态产品以满足人民日益增长的优美生态环境需要。当前，我国生态环境质量持续好转，出现了稳中向好趋势，但成效并不稳固，稍有松懈就有可能出现反复。

必须看到，我国环境容量有限，生态系统脆弱，污染重、损失大、风险高的生态环境状况尚未根本扭转，加之独特的地理环境加剧了地区间的不平衡。这具体表现为：北方秋冬季重污染天气时有发生；一些河流、湖泊、海域污染问题依然存在；土壤环境风险管控压力仍然较大，固体废物及危险废物非法转移、倾倒问题突出；局部区域生态退化问题比较严重，生物多样性下降的总趋势没有得到有效遏制，生物多样性保护与开发建设活动之间的矛盾依然存在。究其原因，主要有两个方面：一方面，与我国国情和发展阶段密切相关。我国工业化、城镇化、农业现代化的任务还没有完成，产业结构偏重、能源结构偏煤、交通运输以公路为主，污染物新增量仍处于高位，生态环境压力巨大。另一方面，与工作落实不够到位有关。一些地方在绿色发展方面认识不深、能力不强、行动不实，重发展轻保护的现象依然存在。

有效解决这些问题，必须坚持以习近平新时代中国特色社会主义思想为指导，深入贯彻习近平生态文明思想，全面加强生态环境保护，以生态环境质量改善的实际成效取信于民、造福于民。要贯彻落实新发展理念，走以生态优先、绿色发展为导向的高质量发展新路子；做到稳中求进、统筹兼顾、综合施策、两手发力、点面结合、求真务实，坚决打好污染防治攻坚战；遵循规律，科学规划，因地制宜，打造多元共生的生态系统；着力推动中央生态环境保护督察向纵深发展，对重点区域强化监督，既督促又帮扶，重视企业合理诉求，推动解决群众关切的突出生态环境问题，真正为人民群众办实事、解难题。

为庆祝新中国成立 70 周年，总结新中国 70 年来特别是党的十八大以来我国生态环境保护和生态文明建设的生动实践、伟大成就和宝贵经验，在新的历史起点上大力实践习近平生态文明思想，中国社会科学院生态文明研究智库、国务院发展研究中心资源与环境政策研究所、中国生态文明研究与促进会、生态环境部环境规划院和中国环境出版集团共同编著《美丽中国：新中国 70 年 70 人论生态文明建设》一书，很有意义。我谨代表生态环境部，向长期以来理解、关心、支持、参与生态环境保护和生态文明建设事业的社会各界人士表示崇高敬意和衷心感谢，并以《守护良好生态环境这个最普惠的民生福祉》一文，为序。

序言四

筑牢生态文明之基，走好绿色发展之路

国务院发展研究中心党组书记　马建堂

　　党的十八大以来，以习近平同志为核心的党中央，深刻总结人类文明发展规律，牢牢把握大局观、长远观、整体观，推动我国生态文明体制改革和生态文明建设取得显著成就。六年多来，"绿水青山就是金山银山"理念深入人心，生态文明顶层设计和"四梁八柱"制度体系加速形成，污染治理和生态保护、修复强力推进，绿色发展成效明显，生态环境质量持续改善。

　　特别是 2018 年全国生态环境保护大会上习近平生态文明思想的确立，是我党具有标志性、创新性、战略性的重大理论成果，是对党的十八大以来习近平总书记就生态文明建设和生态环境保护提出的一系列新理念、新思想、新战略的理论升华，是新时代推进生态文明建设、实现人与自然和谐共生的现代化的根本遵循，是习近平新时代中国特色社会主义思想的重要组成部分。习近平生态文明思想为建设美丽中国、推动生态文明建设提供了方向指引和根本遵循。学习宣传贯彻落实习近平生态文明思想，就是要在习近平生态文明思想指引下，加快生态文明体制改革，积极推进生态文明建设，加快形成绿色生产方式和生活方式，走出一条生产发展、生活富裕、生态良好的绿色发展道路。

美丽中国
新中国 70 年 70 人论生态文明建设
中华人民共和国成立70周年
The 70th Anniversary of the Founding of
The People's Republic of China

走绿色发展现代化道路，必须要深刻领会并自觉践行习近平生态文明思想，始终坚持"八大原则"，即坚持生态兴则文明兴的文明史观；坚持人与自然和谐共生的基本方针；坚持绿水青山就是金山银山的发展理念；坚持良好生态环境是最普惠的民生福祉的宗旨精神；坚持山水林田湖草是生命共同体的系统思想；坚持用最严格制度、最严密法治保护生态环境的坚定决心；坚持建设美丽中国全民行动的人民立场；坚持共谋全球生态文明建设的大国担当。

走绿色发展之路，就是要从坚决打好污染防治攻坚战入手，把生态文明建设和生态文明体制改革重大部署和重要任务落到实处，全面推进绿色发展走向新高度。

一要牢牢坚持生态优先、绿色发展。要以习近平生态文明思想为遵循，正确处理好经济发展同生态环境保护的关系，牢固树立保护生态环境就是保护生产力、改善生态环境就是发展生产力的理念。将绿色发展和生态文明建设作为一项久久为功的事业，树立环境就是民生、青山就是美丽、蓝天也是幸福的政绩观。牢牢坚持生态优先、高瞻远瞩、长远谋划，为子孙万代谋幸福。还要加大绿色发展和生态文明知识的宣传力度，提高全民素质与素养，牢固树立绿色意识，营造倡导绿色文化，切实提高全社会的绿色责任和担当。

二要将绿色发展贯穿经济社会全过程。要从源头抓起，将绿色发展理念贯穿于经济社会发展的全过程中，形成节约资源和保护环境的空间格局、产业结构、生产方式、生活方式，破解我国资源环境约束瓶颈，推动高质量发展，确保中华民族的永续发展。在发展全过程中，尤其在产品、服务乃至产业的发展中，都要融入生态、低碳、节能减排等绿色发展理念和方法，突出绿色创意、绿色创新与设计、绿色制造与生产、绿色采购与物流、绿色服务与销售、绿色消费与回收循环等，进而推动整个经济产业系统绿色化，最终实现全社会可持续发展。

三要加快构筑绿色现代产业体系。探索生态优先绿色发展之路，要在"生态产业化、产业生态化"的基础上构筑绿色产业体系，以绿色产业体系助力生态优先绿色发展。当前的重点是围绕优化经济结构和能源结构，推进资源全面节约和循环利用，培育壮大节能环保产业、清洁生产产业、清洁能源产业；通过强化生态环境监管倒逼企业提升管理水平和加快创新，倒逼产业转型，促进高质量发展，实现经济增长与资源环境负荷的脱钩。要瞄准产业"生态优先、绿色发展"的关键点，加快科技发展和创新，重点发展高附加值、高技术含量、竞争力强及产业价值链可延长的战略性新兴产业，大力培育新动能、新业态、新经济，以改革创新推动经济绿色可持续发展。

四要持续完善生态文明制度和政策体系。推进生态文明建设，仅拥有人才、科技、资本是远远不够的，还需要完善的配套政策制度。政策制度既是宏观的、原则性的规定，也是刚性的硬约束。探索生态优先绿色发展之路，必须要坚持以最严格的制度、最严密的法治来保障。这就需要从生态文明理念与绿色发展的角度出发，制定并实施有利于现代化经济体系建设的政策制度与法律，要做到全覆盖、全流程，还要强化惩戒追责力度、扩大普及范围，进而为促进生态文明建设营造良好的政策制度与法治环境。

五要深化绿色发展和生态文明建设的政策和理论研究。作为世界第一人口大国、世界第二大经济体，中国推进绿色发展实现现代化的伟大事业，在人类现代发展史上前无古人，面临的问题和困难也史无前例，亟须在充分总结和借鉴人类文明发展成果的基础上，找到创新性的解决办法，形成符合中国国情、彰显中国特色、基于中国经验的绿色发展理论体系。我们不但要创造良好的氛围，围绕绿色发展的要求，从自然科学、工程技术科学、经济科学、社会科学、法学等方面寻找解决方案，而且还需要深化绿色发展和生态文明建设的政策和理论研究，研究推动绿色发展和生态文明建设的制度和政策，深化相关理论分析。中国在绿色发展和生态文明领域的理论创新和成功实践，将为广大发展中国家走绿色现代化道路、为全世界的生态文明建设和可持续发展做出巨大贡献。

生态文明建设和绿色发展永远在路上。新中国成立70年来，伟大的中华民族在建设富强民主文明和谐美丽的现代化强国征途上筚路蓝缕，攻坚克难，今天终于站在了历史的新起点，进入了发展的新时代。回首70年生态文明建设光辉历程和伟大成就，感悟新时代绿色发展新使命，唯有更加深入学习和深刻领会习近平生态文明思想，进一步凝聚全社会共识，加快推动生态文明建设和绿色发展，才能迎来人与自然和谐发展的现代化建设新局面，推动美丽中国建设跃上新台阶！

是为序！

前言

　　为总结新中国成立 70 年来我国生态环境保护和生态文明建设的光辉历程、伟大成就和宝贵经验，以优秀理论创作献礼新中国 70 华诞，在新的历史征程上更好践行习近平生态文明思想，推动我国生态文明建设迈上新台阶，中国社会科学院生态文明研究智库、国务院发展研究中心资源与环境政策研究所、中国生态文明研究与促进、生态环境部环境规划院、中国环境出版集团等单位共同主办《美丽中国：新中国 70 年 70 人论生态文明建设》文献、理论著作编著活动。

　　截至付梓时，该著作在前期提名、推荐作者和初选文章中，共选出长期致力于生态文明政策制定和生态文明基础理论研究 75 人 75 篇稿件。其中，副部级以上党政领导干部稿件共 15 篇，专家学者稿件共 60 篇。专家学者中既有司局级学者型官员，也有"两院"院士、学部委员、高校校长和长江学者，还有"80 后"青年学者。内容涵盖习近平生态文明思想、生态文化、产业经济、法律制度、生态安全等多个方面。该著作主编团队也据此对稿件内容进行了分类。综观全部文稿，体现了作者们适应国家、社会和党的生态文明理论持续创新发展的要求，以马克思列宁主义、毛泽东思想、邓小平理论、"三个代表"重要思想、科学发展观、习近平新时代中国特色社会主义思想为指导，以习近平生态文明思想和全国生态环境保护大会精神为引领，以新中国成立 70 年来我国生态文明建设的重大文献为基础，对新中国 70 年来我国生态文明建设基本历程、历史脉络、规律探索、经验教训和内在逻辑的理论总结和理念创新，特别是对习近平生态文明思想的根本遵循、学习研究和贯彻落实；反映了社会各界人士对生态明理论与实践的

持续不懈探索精神,对一代又一代中国共产党人一脉相承探索经济发展与环境保护新道路、迈向人与自然和谐新时代的衷心拥护,以及对美丽中国梦的憧憬、强烈的使命意识和行动自觉。

该著作并相关活动,得到了主办单位上一级主管单位并其主要负责同志的大力支持,寄予了很高的期望。十一届全国政协副主席、中国生态文明研究与促进会会长陈宗兴,中国社会科学院院长、党组书记谢伏瞻,生态环境部部长、党组书记李干杰和国务院发展研究中心党组书记马建堂分别为该著作作序。主编团队在此表示感谢。

习近平同志指出,"重要的时间节点,是我们工作的坐标"。抓住时间节点、打开历史视野、树立工作坐标,主办单位协同创新推动新中国 70 年 70 人论生态文明建设活动,正如陈宗兴同志序言指出的,是一项应该做、值得做且必须做好的事情。回望新中国 70 年来,从 1973 年在北京组织召开新中国第一次环境保护会议、审议通过环境保护工作"32 字方针"和新中国第一个环境保护文件到新时代习近平同志提出"绿水青山就是金山银山"的著名科学论断,中国共产党带领全国人民不断探索经济发展和生态环境保护、人与自然和谐共生之道,不断地深化着对生态文明建设规律性的认识。这一历史进程,固然有经验教训和代价,但取得了巨大的成就。党的十八大以来,习近平同志站在坚持和发展中国特色社会主义,实现中华民族伟大复兴"中国梦"的战略高度,深刻、系统回答了为什么建设生态文明、建设什么样的生态文明,以及怎样建设生态文明等重大理论和实践问题,形成了习近平生态文明思想,有力地指导着我国生态文明建设的伟大实践,推动我国生态文明建设发生历史性、转折性和全局性转变。在回望历史中持续深入学习、领会和大力实践习近平生态文明思想,我们就能够更加深刻地体会习近平生态文明思想的伟大意义,更加自觉地坚持生态兴则文明兴,坚持人与自然的和谐共生。期望该著作的出版,有助于我们实现上述目标。倘如此,主编团队将十分欣慰。但是,限于主编团队、入选作者水平,该著作尚有很大的完善和提升空间,疏漏和错误之处,敬请读者一并批评指正。

目录

第三篇　绿色发展与生态产业体系

下 册

第四篇　生态文明基础理论与生态文化体系

第五篇　深化生态文明体制改革与生态文明制度体系

第六篇　全球生态文明建设与生态安全体系

中华人民共和国成立70周年
The 70th Anniversary of the Founding of
The People's Republic of China

生态文明基础理论与
生态文化体系

建设中国特色社会主义生态文明

⊙ 潘 岳

（中央社会主义学院党组书记、第一副院长）

　　世界处于百年未有之大变局，人类文明正从工业文明向生态文明转型。以习近平同志为核心的党中央将"生态文明"作为基本执政理念，以习近平新时代中国特色社会主义思想尤其是习近平生态文明思想为指导，推动绿色发展，建设美丽中国，使中国生态文明建设发生了历史性、转折性与全局性转变，为实现中华民族伟大复兴夯实生态基础，为推动构建人类命运共同体进行生态实践，为发展中国家在文明转型过程中实现跨越式发展提供中国方案。

一、中国特色生态文明的理论来源

　　一是马克思主义生态观。习近平总书记指出，"要学习和实践马克思主义关于人与自然关系的思想"。马克思主义认为，人与自然的和谐发展只能以人与人社会关系的根本改变为前提。资本主义工业文明以"人类中心主义"为出发点，以追求利润最大化为根本目标，以资本的无限扩张为手段，必然导致人与自然关系的紧张、人与人关系的异化，必然出现生态环境成本在全球范围内的转移，必然发生殖民主义、帝国主义抢夺资源的区域性和世界性战争。马克思说，"共产主义，作为一种完成了的自然主义，等于人道主义，而作为完成了的人道主义，等于自然主义，它是人和自然之间、人和人之间矛盾的真正解决"。中国共产党

信仰马克思主义，坚持共产主义远大理想，追求建立"真正的共同体"，必然批判"虚假共同体"对人的异化以及人对自然的单向破坏，必然追求人与人、人与自然、人与社会关系的整体重构，包括思想与制度、自然环境与人文环境、环境公平与社会正义。

二是中华传统生态伦理。习近平总书记指出，"中华民族向来尊重自然、热爱自然，绵延 5000 多年的中华文明孕育着丰富的生态文化"。中国古人以"和合"为目标，将天、地、人作为一个统一的和谐整体来考虑，取之以时、用之有度，形成了人与自然、人与社会之间的"无限责任伦理"。任何一代中国人都会为不认识的祖先还债，都会为不认识的子孙担责。从古至今，中国宜居土地虽然只有 300 多万平方公里，却养活了数百万人到十几亿人，从无扩张掠夺，从无生态成本转移，从无帝国殖民，靠的是用儒家的"天人合一"、道家的"道法自然"、释家的"众生平等"相结合的中国生态伦理，靠的是历朝历代实行的平衡、节制、有序、内敛的生态律令。中国共产党作为中华优秀传统文化的继承者和弘扬者，必然推动中华传统生态文化的创造性转化和创新性发展，助推中华文明的现代转型。

三是西方可持续发展理念。20 世纪中叶，工业文明过度发展导致人与自然关系进入空前紧张阶段，发达国家连续出现大规模环境公害危机，引发整个西方对传统工业文明发展模式的反思。1960 年代，《寂静的春天》在全世界引发关于发展观念的争论。1970 年代，罗马俱乐部明确提出"合理持久的均衡发展"。1980 年代，联合国正式提出可持续发展概念。1990 年代，联合国环境发展大会明确提出可持续发展战略。2000 年，联合国《千年宣言》将"可持续"列入全球核心议程。当今西方，无论是左翼还是右翼，都在改革传统的政治经济制度，都在以生态工业文明修正传统工业文明；无论是发达国家还是发展中国家，都在以可持续理念超越具体意识形态而形成"绿色共识"，都在以公平性、持续性、共同性三大原则制订人的全面发展的目标。中国共产党坚持不忘本来吸收外来，必然要从西方可持续发展理念及其实践中汲取理论和政策灵感，积极参与全球生态环境治理。

二、中国特色生态文明的基本内涵

（一）生态文明是一种新的经济社会形态

生态文明要求解放和发展绿色生产力。习近平总书记强调，"保护生态环境就是保护生产力，改善生态环境就是发展生产力"。这一论断把自然生态环境纳入生产力范畴，丰富和发展了马克思主义生产力理论。农业文明造就静态循环的经济模式；工业文明追求片面的经济增长；生态文明将循环法则和增长法则相结合，发展循环经济以提高资源使用效率，发展清洁生产以降低生产过程中的污染成本，发展绿色消费以减少消费过程对生态的破坏，发展新能源以实现生产方式的彻底转型。只有从生产力入手，才能够从源头上解决人与自然的关系问题，才有可能建成以环境资源承载力为基础、以自然规律为准则、以最小生态成本获得最大生态效益的绿色经济体系和环境友好型社会。

生态文明要求产业发展生态化。推动产业转型升级，形成生态产业布局，实现经济效益与生态效益的有机统一。要建设生态农业，修复自然生态链，提升资源利用率，实现种植业与林、牧、渔业内部协调发展。要建设生态工业，革新传统生产技术，创新节能技术、资源循环利用技术、新能源新材料开发利用技术。要发展生态服务业，以服务途径清洁化、服务主体生态化和消费模式绿色化为路径，打造以高端金融商务、商贸物流、会议会展、文化创意、生态旅游等为重点的现代服务产业链。

生态文明倡导绿色生活方式。工业文明的生活方式以物质主义为原则，以高消费为特征，认为更多消费就是对经济发展做贡献。生态文明以实用节约为原则，以绿色消费为特征，追求基本生活需要的满足，崇尚精神和文化的享受。有研究测算，如果中国人以美国人的现代生活为模板，那至少还要 1.2 个地球才能满足资源能源消耗。资本主义工业社会不是中国人的理想社会，中国人在生态文明旗帜的感召下，从森林公园到宗教场所，从街头雕塑到厕所革命，从公益娱乐到社区卫生，从幼儿启蒙到大学环境保护教育，从绿色标签到绿色技术，从尊重历史到修复遗产，不断强化绿色公共意识，不断形成简约适度、绿色低碳、环境保护

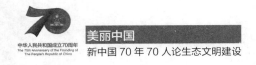

健康的生活风尚，不断营造全民建设生态文明的社会氛围，不断将生态文明共识演化成人人皆守的行为准则。

（二）生态文明是一种新的制度体系

新的法制体系。生态文明建设已经全面纳入法治化、制度化轨道。截至目前，国家已经施行了 49 部环境保护相关的重要法律，出台了 49 部环境保护相关的重要行政法规，90 部与污染防治、生态保护及核与辐射相关的重要部门规章，33 部环境保护相关的重要司法文件，现行有效的国家环境标准 2019 项。这之中包括修订出台史上最严《环境保护法》，制定《生态文明建设目标评价考核办法》《党政领导生态环境损害责任追究办法（试行）》《关于开展领导干部自然资源资产离任审计的试点方案》等规章，从实体与程序上建立起了环境损害赔偿制度和终身追究制度。生态文明建设由此成为法治建设的理想实验场。例如，环境保护部门试验并推出了中国第一部环境公众参与办法、第一个环境信息公开条例、第一场环境影响评价听证会、第一场环境公益诉讼，不仅从根本上解决长期存在的违法成本低、守法成本高的问题，而且从国家建设角度不断深化法治中国与绿色中国的有机结合。

新的政策体系。生态文明建设已经形成了行之有效的经济政策组合拳。作为宏观经济政策的重要组成部分，环境经济政策按照市场经济规律的要求，运用价格、税收、财政、信贷、收费、保险等经济手段，调节或影响市场主体的行为，实现经济建设与环境保护协调发展。根据控制对象的不同，有控制污染的经济政策，如排污收费；有用于环境基础设施的政策，如污水和垃圾处理收费；有保护生态环境的政策，如生态补偿和区域公平。根据政策类型的不同，有市场创建手段，如排污交易；有环境税费政策，如环境税、排污收费、使用者付费；有金融和资本市场手段，如绿色信贷、绿色保险；有财政激励手段，如对环境保护技术开发和使用给予财政补贴；当然还有以生态补偿为目的的财政转移支付手段等。

新的体制机制。生态文明建设正在形成科学高效的治理体系与考评问责机制。重组生态环境保护部门，克服环境管理体制多头治理等弊端。推进省以下环境保护机构监测监察执法垂直管理，减少地方政府对环境管理的干预。建立七大流域水污染防治联动协作机制，京津冀及周边地区大气污染联防联控协作机制。实行中央环境保护督察制度，实现对 31 个省（自治区、直辖市）的环境保护督察全覆盖，启动生态环境保护考核问责，破除唯 GDP 论，形成体现生态文明要求的目标体系、考核办法、奖惩机制，直接影响党政领导班子调整和领导干部选拔任用、培训教育、奖励惩戒。

（三）生态文明是一种新的文化伦理

生态文明强调社会伦理与生态伦理的有机结合。工业文明认为，人是主体，自然是客体；只有人有价值，其他生命和自然界没有价值。生态文明认为，不仅人是主体，自然也是主体。不仅人有价值，自然也有价值。人与自然的关系制约着人与人的关系，调整好人与自然的关系，就是协调人的社会关系，就是追求人类社会的和平与进步。

生态文明强调生态权利与义务的辩证统一。人类有享受物质生活、追求自由与幸福的权利，但这权利只能限制在环境承载能力许可的范围之内。生态文明要求调整地区差距、城乡差距、人群差距等利益关系。如建立区域环境补偿机制，让发达地区拿出更多的资金，支持欠发达地区保护生态环境；如建立城市对农村环境的补偿制度，加大对农业的绿色补贴；如引导富裕居民支付更多的环境成本改善环境保护公共设施，让遭受环境危害最大的弱势群体得到实惠；如建立自然资本的市场机制，使良好的自然环境转化为经济优势。在全球范围内，发达国家和高消费人口是全球资源消耗的主体，有义务承担起更大的生态责任。

生态文明强调超越性的共同价值。从人与环境的关系看，农业文明为解决生存挑战，形成生活共同体；工业文明为追求财富与资源，形成利益共同体；生态文明为人与自然的和谐共生、人类社会的可持续发展，形成命运共同体。生态文明所主张的人与自然共生性、社会与生态协调性、国家间共享性，不仅是其本身的内在原则，也是人类命运共同体的共同价值。

三、中国特色生态文明的主要特征

（一）标举新时代绿色政纲

社会主要矛盾在新时代已经发生变化，建设社会主义生态文明是我们党实现人民群众对美好生活向往的重要执政理念。具有突出的战略地位，生态文明建设是关系党的使命宗旨的重大政治问题，关系民生的重大社会问题，关系中华民族永续发展的千年大计。具有明确的战略部署，将生态文明纳入中国特色社会主义事业"五位一体"总体布局，将"绿色"纳入五大发展理念，将"美丽"作为建设社会主义现代化强国的奋斗目标，将建立健全生态文明体系作为重点，勾勒了从目标到原则到行动路线图一整套建设方案。具有系统的战略举措，打赢蓝天保卫战，打好碧水保卫战，推进净土保卫战，将"污染防治"作为决胜全面建成小康社会攻坚战，实施生态扶贫战略、健康中国战略、乡村振兴战略、国家生态文明试验区建设，形成了全方位的生态文明建设态势。

（二）彰显社会主义为本质

社会主义作为对资本主义的超越，代表了一种更为美好的社会；生态文明作为对工业文明的超越，代表了一种更为高级的文明。鉴于资本主义是全球生态环境保护危机的制度性根源，要实现对工业文明的整体性超越，必须也只能依赖于更加先进的制度文明。不仅如此，社会主义以公平正义为伦理底线，如果一些人的先富牺牲了多数人的环境，一些地区的先富牺牲了其他地区的环境，一代人的先富牺牲了后代人的环境，那么这种环境不公平必然会进一步加剧社会不公平。因此，生态文明建设必须统筹不同群体的利益，不同区域的利益，不同代际的人的利益。它不是社会主义与生态文明的简单相加，而是内在的统一；不是人本主义与环境保护主义者的时髦产物，而是现实国情下的必然选择。生态文明将促进社会主义的全面发展，社会主义也将全面深化生态文明建设。

（三）以人民为中心

习近平总书记指出，"生态文明是人民群众共同参与共同建设共同享有的事业，要把建设美丽中国转化为全体人民自觉行动。"生态文明建设具有深刻的"人民性"，其根本任务就是"为人民群众创造良好生产生活环境""不断满足人民群众日益增长的优美生态环境需要"，生态惠民、生态利民、生态为民，是最突出的民生问题，也是最基础的民生工程，最普遍的民生政治；其主体力量就是人民群众，必须赋予人民对环境问题的知情权，人民有权知道所发生的生态环境危机；赋予人民对环境问题的监督权，尤其是有权监督那些影响环境的政府公共项目；赋予人民对环境问题的参与权，特别要参与那些涉及环境安全的战略决策。唯有依靠群众力量，发动公众参与，才能构筑共建共享的实践途径，让每个人成为生态文明建设的参与者、推动者和受益者。

（四）凸显意识形态属性

生态环境保护问题已经成为不同利益博弈的意识形态工具，要打赢生态环境保护领域的意识形态争夺战，就必须牢牢把握生态文明建设的主导权和话语权，用先进的生态文明理念占领意识形态领域新高地。2008 年全球金融危机后，为了促进全球经济复苏和应对气候变化、能源资源危机等挑战，国际社会特别是西方发达国家纷纷提出和推行"绿色新政""绿色经济""绿色增长"，引发一种新的国际话语权斗争。中国推进生态文明建设，必然要塑造超越阶层利益和政治意识形态的绿色理念，既指向公平正义，也要求民主法治，最大程度凝聚共识、消弭分歧、团结一致，这不仅关乎我国生态环境安全，而且直接关系到我国意识形态和文化安全。

（五）促进文明交流互鉴

一方面，生态文明为不同的社会主义流派提供了理论融合与实践的平台。传统的社会主义流派，如科学社会主义、民主社会主义、各种本土化的社会主义，面对全球性生态环境危机，都在批判资本主义传统工业文明诸多弊端，都在探索

生态文明理论与实践。新兴的生态社会主义、生态马克思主义等新流派，为回应全球生态危机提供了更加丰富的想象空间，对传统社会主义做出了极大补充。另一方面，生态文明为不同文明、不同宗教、不同意识形态提供了对话平台。当今世界很多国家都在一边反思传统工业文明，一边到各种古老文明中寻求生态智慧。他们发现，基督教文明要求人类对生物群的尊重和保护应成为自然法的内容。伊斯兰文明主张人是自然的一部分，应该适度利用自然，反对穷奢极欲。印度教文明重视内在精神，发起"抱树运动"去实践生态伦理。当然，从中华文明中也可找到很多。西方有机械主义自然观，中华则有中和有机自然观；西方有人文主义伦理观，中华则有和谐生态伦理观；西方有二元对立进化论，中华则有天道人道融通论。正是这种互补性使得生态文明成为一个文明跨时空的交流平台，从而更好地推动人类社会超越制度、种族、信仰、政治意识形态的藩篱，理性地进行文明交流对话。

四、中国特色生态文明的建设路径

（一）发挥制度体制优势，综合推动

生态文明既然是世界新潮流，按理应在发达国家首先兴起，因为在那里首先爆发生态危机。但一则因为西方强大的技术资金使本国生态危机得以缓解；二则因为西方工业文明的巨大惯性还要持续相当一段时间；三则因为西方资本主义不断向不发达地区转移生态成本，西方并没有率先从整体上迈向生态文明。这就为中华民族的跨越式文明转型提供了契机。毫无疑问，中国特色社会主义在促进生态问题的根本解决上比资本主义更有制度优势。在中国特色社会主义事业"五位一体"总体布局中，生态文明既是单独"一位"，又内嵌于政治建设、经济建设、文化建设和社会建设之中。五大建设互为基础和条件，相互作用、相互促进。经济建设奠定经济基础，政治建设建构机制保障，社会建设促成多元主体参与，文化建设营造绿色氛围；反过来，生态文明建设倒逼经济增长绿色化，治理机制科学化，社会建设追求和谐共治，文化伦理塑造生态公民。因此，中国特色社会主

义生态文明建设，在战略层面，不是对工业文明的阶段性或局部性变革，而是对传统工业文明尤其是资本主义工业文明的整体性超越；在制度体制层面，不是条块分割各自为政，更不是完全推向市场，而是集中力量办大事，协调资源干要事，从严治党干难事，确保绿色政纲的贯彻落实；在文化伦理层面，不是简单地将生态文明视为环境保护技术问题，而是将生态文明建设与国家重大战略配套，实施精准扶贫和生态扶贫，确保环境公平与环境正义，推动体现社会主义原则和优越性的综合实践。

（二）强化国家治理能力，系统构建

要按照习近平总书记的要求，建立健全中国特色社会主义生态文明体系。一是建设生态文化体系，以生态价值观念为准则，提高全社会关于生态文明的科学文化素质和思想道德素质。二是建设生态经济体系，以产业生态化和生态产业化为主体，将生态环境影响评价纳入产业发展战略、区域发展规划、地方发展计划的制定与实施全过程。三是建设生态目标责任体系，以改善生态环境质量为目标，综合确定分区域、分流域、分海域、分阶段的环境质量底线要求。四是建设生态文明制度体系，以治理体系和能力现代化为保障，增强生态环境立法、司法和执法等不同层面之间的协调性、互补性。五是建设生态安全体系，以生态系统良性循环和环境风险有效防控为重点，确保国家或区域具备保障人类生存发展和经济社会可持续发展的自然基础，维护生态系统完整性、稳定性和功能性。

（三）参与全球生态治理，大国担当

习近平总书记指出"人与自然是生命共同体"，倡导构建"人类命运共同体"，这是马克思主义共同体理论中国化最新成果，指明了生态文明与人类命运共同体的理念一致性，将生态文明建设直接导向人类命运共同体建设。一个基本的事实是，只有有了山、水、林、田、湖、草等自然生态的存在，人类命运共同体才有存在的前提和基础；只有有了人与自然共生构成的生命共同体，人类命运共同体才能持续发展；只有实现了人与自然的共生，才有可能实现人与人、民族与民族、国家与国家之间"共生"。中国以实际行动"做全球生态文明建设的参与者、贡

献者和引领者"，着眼于全球根本性、长远性的共同利益，坚持共生、包容、携手、共赢之路，开辟了一条通往人类命运共同体的绿色之路。我们不断自我确认并履行大国生态责任，率先发布《中国落实 2030 年可持续发展议程国别方案》，实施《国家应对气候变化规划（2014—2020 年）》，在美国退出《巴黎协定》后，更加推进生态文明建设、促进全球绿色合作。我们以生态文明和绿色理念引领"一带一路"建设，在"一带一路"沿线国家和地区积极推动生态环境保护领域的多（双）边对话、交流与合作，强化生态环境信息支撑服务，推动环境标准、技术和产业合作。我们为全球生态环境治理提供中国方案，搭建以中国为主的生态环境治理公共产品供给平台，与国际社会分享中国绿色智慧与绿色发展经验，强化"人类命运共同体"的共同利益认知和情感认同。

论儒家思想中的传统生态意识

⊙ 赵树丛

（十八届中央委员、中国林学会理事长）

习近平总书记指出："研究孔子、研究儒学，是认识中国人的民族特性、认识当今中国人精神世界历史来由的一个重要途径。"

儒家思想长期是中华民族的主体思想，是中华民族思想的底色，直到现在仍然在社会生活的各个方面发挥着重要作用。儒家思想博大精深，其中蕴含着丰富的生态意识，可以称之为儒家传统生态意识。这种生态意识历经千年，对中华文明的延续做出了重要贡献。对儒家传统生态意识进行系统研究和深入阐发，对于我们建设什么样的社会主义生态文明，怎样建设社会主义生态文明，践行习近平新时代中国特色社会主义生态文明思想，增强我们的文化自信，具有重要意义。

儒家认为，人类社会天然地存在于自然环境之中，大自然是人类的衣食父母，人们的衣食住行用的一切原料无不来自自然界，人类本身就是自然环境的一部分。从这种认识出发，儒家有认识自然、敬畏自然，保护自然、适度利用自然，植树惠民、克己节制，生态教化、以人为本，天人相类、天人合一等生态意识。

一、"认识自然、敬畏自然"意识

"子曰：小子何莫学夫诗？诗可以兴，可以观，可以群，可以怨。迩之事父，远之事君，多识于鸟兽草木之名。"（《论语·阳货》）儒家生态意识首先是建立在

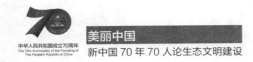
认识自然的基础上的。"有天地，然后有万物；有万物，然后有男女。"（《周易·序卦传》）"惟初太极，道立于一，造分天地，化成万物。"（许慎《说文解字》）"易有太极，是生两仪，两仪生四象，四象生八卦。"（《周易·系辞传上》）儒家认为阴阳相生，五行相克，人源于自然，人是自然的一部分。这种认识很难产生征服自然的雄心。这种认识会产生敬畏。"天何言哉？四时行焉，百物生焉。"（《论语·阳货》）这段话揭示了孔子对大自然规律的敬畏。敬畏自然是人们社会活动的前提和基本规则。孟子提出天道是人道的终极来源和根本依据的思想。《礼记·礼器》中说："礼也者，合于天时，设于地财，顺于鬼神，合于人心，理万物者也。"唐李白的"天不言而四时行，地不语而百物生"也表达了对大自然的规律不可抗拒的敬畏思想。工业革命和科学技术的发展进步都依赖于对自然的认识，我们要建设的生态文明也需要对自然的正确认识。儒家对自然的认识是有科学成分的，它能让人们产生敬畏自然而非征服自然的意识。恩格斯说："我们不要过分陶醉于我们人类对自然界的胜利。对于每一次这样的胜利，自然界都对我们进行报复。每一次胜利，起初确实取得了我们预期的结果，但是往后和再往后却发生完全不同的、出乎预料的影响，常常把最初的结果又消除了。"（《自然辩证法》）这就是一种敬畏自然的意识。

二、"保护自然、适度利用"意识

生态文明，说到底，是人对自身行为和自然环境之间关系的认识体系。《论语》中记载，孔子"钓而不纲，弋不射宿。"为了满足生活需要，人们也钓鱼打猎，但是孔子不用渔网捕鱼，也不射归巢、歇宿的鸟，因为它们可能正在养育幼鸟。孟子更明确指出："山林非时不升斤斧，以成草木之长；川泽非时不入网罟，以成鱼鳖之长；不麛不卵，以成鸟兽之长。"（《孟子·梁惠王上》）荀子则说："圣王之制也，草木荣华滋硕之时则斧斤不入山林，不夭其生，不绝其长也；鼋鼍、鱼鳖、鳅鳝孕别之时，罔罟、毒药不入泽，不夭其生，不绝其长也；春耕、夏耘、秋收、冬藏四者不失时，故五谷不绝而百姓有余食也；洿池、渊沼、川泽谨其时禁，故鱼鳖优多而百姓有余用也；斩伐养长不失其时，故山林不童而百姓有余材也。"（《荀子·王制》）古时以索取自然为基本生存手段，但儒家生态意识中有许多保护自然的戒律。这种保护自然的观念对中华文明绵延传承功不可没。恩格斯说："美索不达米亚、希腊、小亚细亚以及其他各地的居民，为了得到耕地，毁灭了森林，但是做梦也想不到，这些地方今天竟因此而成为不毛之地，因为他们使这些地方失去了森林，也就失去了水分的积聚中心和贮藏库。阿尔卑斯山的意大利人，当他们在山南坡把在山北坡得到精心保护的那同一种枞树砍光用尽时，没有预料到，这样一来，他们就把本地区的高山畜牧业的根基毁掉了；他们更没有预料到，他们这样做，竟使山泉在一年中的大部分时间内枯竭了，同时在雨季又使更加凶猛的洪水倾泻到平原上。"（《自然辩证法》）中华文明在长期的发展中，虽然也曾向自然过度索取，但因为儒家思想居于主导地位，对自然的保护和适度利用意识始终占统治地位。"伐一木，杀一兽，不以其时，非孝也。"孔子认为，破坏生态破坏自然，乱砍滥伐滥捕滥猎，也是一种不孝。孔子的学生高柴提出了"启蛰不杀，方长不折"，曾参提出"树木以时伐焉，禽兽以时杀焉"的说法。这些思想一直是古代中国民众和社会的主导思想，在大量的帝王诏书、村规民约、族戒家训中都有体现。直到今天，破坏环境，滥伐森林，污染大气、水体、土壤仍然是民众最深恶痛绝的行为。习近平总书记指出："人类可以利用自然、改造自然，但归根结底是自然的一部分，必须呵护自然，不能凌驾于自然之上。"这与儒家传统生态意识是一致的。

三、"植树惠民、克己节制"意识

曲阜孔庙现存有"先师手植桧"，相传是孔子亲手所植。后人都以此把孔子推崇为植树造林的先贤。《西行漫记》中就记载了毛主席 1920 年春途经曲阜时参观"先师手植桧"的感慨："我在曲阜下车，去看了孔子的墓。我看到了孔子的弟子濯足的那条小溪，看到了圣人幼年所住的小镇。在历史性的孔庙附近那棵有名的树，相传是孔子栽种的，我也看到了。我还在孔子的一个有名弟子颜回住过的河边停留了一下，并且看到了孟子的出生地。"曲阜孔林是世界上延续时间最久的家族墓地园林，现有名贵树木 10 万余棵，草本植物 342 种，是一个古树奇

木的资源库。据郦道元《水经注》记载："孔子死后，弟子们以四方奇木来植，故多异树，鲁人世世代代无能名者。"特别突出的就是"子贡手植楷"，虽然现在仅存枯楷树桩，但人们都以此为实践保护自然、敬师添绿的楷模。当代中国是一个缺林少绿的国家，生态文明建设应该有植树惠民意识。习近平总书记指出："植树造林是实现天蓝、地绿、水净的重要途径，是最普惠的民生工程。""与全面建成小康社会奋斗目标相比，与人民群众对美好生态环境的期盼相比，生态欠债依然很大，环境问题依然严峻，缺林少绿依然是一个迫切需要解决的重大现实问题。""造林绿化是功在当代、利在千秋的事业，要一年接着一年干，一代接着一代干，撸起袖子加油干。"梁希先生一生致力于中国的森林发展事业，他梦想有一天中国大地"无山不绿，有水皆清，四时花香，万壑鸟鸣"。中华人民共和国成立以来我们以造林为头等大事，目前是全世界人工林种植量和保存量最多的国家，这是对中华民族伟大植树惠民基因的传承。

克己节制，既是孔子儒学思想的重要内容，也是孔子对人类保护自然的要求和准则。当前我们面临巨大的生态环境压力，资源约束不断趋紧，更应该注意克己节制、节约资源。孔子说："一日克己复礼，天下归仁焉。"要求人要有节制自己的能力。孔子"钓而不纲，弋不射宿"也是一种克己节制。习近平总书记指出："生态环境保护的成败，归根结底取决于经济结构和经济发展方式。""我们建设现代化国家，走美欧老路是走不通的，再有几个地球也不够中国人消耗。""节约资源是保护生态环境的根本之策。大部分对生态环境造成破坏的原因是来自对资源的过度开发、粗放型使用。如果竭泽而渔，最后必然是什么鱼也没有了。"这是当代生态文明建设的根本遵循。

四、"生态教化，以人为本"意识

生态文明建设既是目标，又是过程，特别是人们接受生态教育和人文教化的过程。孔子有弟子三千，贤者七十二。据说孔子很喜欢在银杏树下阅读和教授弟子，后人将他教诲弟子的地方称为"杏坛"，至今在山东曲阜孔庙诗礼堂前还生长着宋代所植雌雄银杏树各一株以示纪念。连在衢州的孔氏南宗家庙正门前，也植有两排高大古老的银杏树。孔子的女婿公冶长在山东安丘的读书处，至今仍生长着一雄一雌两株参天银杏，传为孔子看望女婿时带去树苗，公冶长亲手所植。孔子在讲教育与环境的关系时说："与善人居，如入芝兰之室，久而不闻其香，即与之化矣；与不善人居，如入鲍鱼之肆，久而不闻其臭，亦与之化矣。"（王肃《孔子家语·六本》）他还说"岁寒，然后知松柏之后凋也"，用松柏比喻人的情操坚守。中国古代著名的书院常设在风光旖旎的山林之中，也是意识到优美的生态环境本身对人就是一种良好的教育。

《论语》中记载："厩焚。子退朝，曰：'伤人乎？'不问马。"儒家传统生态意识的根本目的仍然是人，是为了人的发展，为了指导人们的实践活动。孔子认为大自然是人类的生身父母、衣食父母，保护自然，不竭泽而渔，让自然更好地休养生息，根本目的是服务于人的发展。《吕氏春秋》言："竭泽而渔，岂不获得？而明年无鱼。焚薮而田，岂不获得？而明年无兽。"保护自然的目的正是为了人类的可持续发展。党的十九大报告指出："人与自然是生命共同体，……人类对大自然的伤害最终会伤及人类自身。"习近平总书记指出："我们追求人与自然的和谐，经济与社会的和谐，通俗地讲，就是既要绿水青山，又要金山银山。"这本质上是以人为本。

五、"天人相类、天人合一"意识

《大戴礼记》记载孔子说："方长不折则恕也，恕当仁也。"这种对待树木的惜生观念与儒家主要道德理念孝、恕、仁紧密联系，意味着对自然的态度与对人的态度不可分离。在儒家看来，人和自然本质上是相类的、共通的。王阳明说："大人者，以天地万物为一体也。……见鸟兽之哀鸣觳觫，而必有不忍之心焉，是其仁之与鸟兽而为一体也。鸟兽犹有知觉者也，见草木之摧折而必有悯恤之心焉，是其仁之与草木而为一体也。草木犹有生意者也，见瓦石之毁坏而必有顾惜之心焉，是其仁之与瓦石而为一体也。"（《大学问》）所谓大人，就是君子，就是得仁的人，仁者必有天人合一的意识。"仁"在《论语》中出现了100多次，也是孔子生态思想的终极归宿。一方面他用对自然的态度辨别人的品性德行，说"仁者乐山，智者乐水"；另一方面他把自然保护的成绩作为"仁政"的标志。孔子的大弟子子路在卫国蒲地当官三年了，孔子前去察其政绩。孔子一路细看，情不自禁地三次脱口赞叹："善哉由也！""入其邑，墙屋完固，树木甚茂。""此忠信以宽，故其民不偷也。"孔子还赞扬森林树木自然的"仁"性："受命于地，唯松柏独也正，在冬夏青青；受命于天，唯尧舜独也正，在万物之首。"朱熹说："仁者，天地生物之心，而人所以得之以为心者也。"（《仁说》）当代生态文明建设就是最大的"仁政""仁心"。党的十九大报告指出："我们要建设的现代化是人与自然和谐共生的现代化，既要创造更多物质财富和精神财富以满足人民日益增长的美好生活需要，也要提供更多优质生态产品以满足人民日益增长的优美生态环境需要。必须坚持节约优先、保护优先、自然恢复为主的方针，形成节约资源和保护环境的空间格局、产业结构、生产方式、生活方式，还自然以宁静、和谐、美丽。"坚持人与自然和谐共生，天人合一，建设生态文明，富强民主和谐美丽的社会主义现代化强国的伟大目标一定能实现。

大视野、大联动、大接力推进生态文明建设①

⊙ 祝光耀

（原国家环境保护总局党组副书记、副局长）

　　建设生态文明，关系人民福祉，关乎民族未来，党的十八大从中国特色社会主义事业"五位一体"总体布局的战略高度，对推进生态文明、实现中华民族的伟大复兴作出了战略部署。党的十八大以来，以习近平同志为核心的新一代中央领导集体，以更加坚毅的决心，更加务实的举措，扎实推进生态文明建设，为中华民族走向生态文明新时代、实现美丽中国梦，赋予了新的内涵，提出了新的要求。

　　建设生态文明是一项伟大的事业，既需要理论创新，也需要实践创新。必须进一步树立"大视野、大联动、大接力"的理念，勇当生态文明建设的践行者和促进者，为推动我国生态文明建设努力发挥好智囊智库、支撑服务和桥梁纽带作用。

一、在探索生态文明建设上必须有大视野

　　生态文明是社会文明的生态化表现。建设生态文明，不仅是一项复杂的社会系统工程，也是一门跨学科的系统科学。不仅需要顶层设计，更需要强大的理论支撑。因此，在生态文明建设的研究与深化上，必须以广阔的视野、全局的胸怀，从时间与空间、经济与社会、科技与道德、人与自然等关系和可持续发展的战略高度，不断探索和深化生态文明建设的重大意义、深刻内涵及其实现路径，为推

---

① 原文于2012年3月在《中国生态文明》杂志刊出，收录时有部分删改。

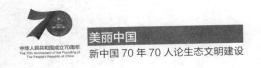
进生态文明建设奠定坚实的理论基础。

（一）坚持用中华民族复兴的历史视野来认识生态文明

在人类历史上，任何一种文明形态都只是一种历史现象和过程，最终将被新的文明形态所取代。生态文明是对工业文明的扬弃，是继原始文明、农业文明、工业文明后所产生的更高程度的文明形态。发达国家三百年的工业文明在创造辉煌物质财富的同时，也造成了人类前所未有的困境和挑战，人与自然的矛盾和冲突加剧，人类陷入了空前的资源紧张、环境恶化和生态危机的泥沼。人类要摆脱这场危机，必须实现工业文明的深刻变革。这场变革就是以生态文明取代工业文明，这是人类历史发展进程中不可逆转的必然选择。

建设生态文明是中华民族复兴的必由之路。中华民族五千年的灿烂文明史，经历了漫长的农业文明时代，但没有经过真正意义的工业文明，在近代却饱受了一些工业文明国家的侵略与欺凌。实现中华民族伟大复兴，凝聚和寄托了几代人的夙愿。这就决定我们建设生态文明，必须立足中国国情，坚持走具有中国特色的生态文明之路。生态环境保护功在当代、利在千秋。正如习近平总书记在中央政治局第六次集体学习会上指出的，要以对人民群众、对子孙后代高度负责的态度和责任，真正下决心把环境污染治理好、把生态环境建设好，努力走向社会主义生态文明新时代，为人民创造良好生产生活环境，谱写出新时代中国梦的新篇章。

（二）要坚持从"五位一体"的全局视野推进生态文明

党的十八大把生态文明建设纳入中国特色社会主义事业"五位一体"总体布局，明确提出大力推进生态文明建设，努力建设美丽中国，实现中华民族永续发展。这标志着我们党对中国特色社会主义规律认识的进一步深化，表明了我们党加强生态文明建设的坚定意志和坚强决心。五位一体，使中国特色社会主义事业的发展方略更加完善，发展目的更加明确，发展内涵更加丰富，发展道路更加广阔。

在五位一体的总体布局中，经济建设是中心和基础，政治建设是方向和保障，文化建设是灵魂和血脉，社会建设是支撑和归宿，生态文明建设是根基和条件，五大建设相辅相成、相互促进，共同构筑起中国特色社会主义事业的全局。

中国的发展离不开世界，世界的发展也需要中国，可持续发展尤其如此。党中央高瞻远瞩地提出大力推进生态文明建设，必将有力地推进全球性气候变化等世界性难题的解决，对于破解危及人类社会安全的严重生态难题、推动世界可持续发展特别是人类与自然的和谐，具有重大意义。正如党的十八大报告指出的，大力推进生态文明建设，要为人民创造良好的生产生活环境，为全球生态安全作出贡献。

二、在推进生态文明建设上必须大联动

建设生态文明是一项涉及社会方方面面的全新战略任务，需要聚集党政各个层级、社会各个层面和公民各个层次以及国际力量，广泛动员，迎难而上，共同参与，形成合力，不断增强生态文明建设的驱动力、凝聚力和战斗力。

（一）工作推进上要实现大联动，努力形成生态文明建设的"统一战线"

在现有体制条件下，在顶层设计上可设立统一推动、协调各方的生态文明建设委员会或领导小组，切实加大检查、督促、推动的力度。一些地方已建立了党委政府领导、人大/政协监督、相关部门齐抓共管、全社会共同参与的联动机制，应该进一步健全。生态文明建设涉及"人—社会—自然"之间关系的方方面面，在"五位一体"总布局中构成一个有机整体，如果只着眼于其中某一领域、某一部门或某项具体工作，就会顾此失彼、影响全局。生态文明建设是一项复杂的系统工程，只有在各级党委政府主导下协调各方，合理配置社会资源，生态文明建设才能有序有力地推进。部门、行业、企业是推进生态文明建设的重要力量，要充分动员、利用其各自的工作条件和已有工作基础，发挥优势，各显其能，认真组织好生态文明建设的"大合唱"。因此，要依靠政策支持等激励机制，通过财政投入、生态补偿、税费优惠等措施，鼓励地方政府、企业和各行各业自觉履行社会责任，积极参与生态文明建设。为实现部门联动、社会联动，有关单位可设立专门工作部门，协调和指导部门、行业、企业的生态文明建设。

（二）制度建设上要实现大联动，推动建立健全生态文明建设的制度体系

建立科学规范的绩效考核制度，是推进生态文明建设的重要基础和制度保障。党的十八大以来，中央有关部委和一些地方按照生态文明建设的要求，开始将生态文明指标体系纳入地方党委和政府考核体系，建立责任追究制度，对不顾生态环境承载能力，盲目决策，造成严重后果的单位、个人进行责任追究。基于我国经济社会发展的差异，根据资源消耗、环境损害、生态效益评价状况，要努力探索建立和完善相关考核办法、奖惩机制。按照国家国土空间开发格局的总体布局和要求，要努力健全资源环境保护制度、资源有偿使用制度、生态环境责任追究制度和环境损害赔偿等制度，完善环境保护法律法规。同时，应重视区域间的合作，建立健全区域间重大项目会商、联合执法、信息其享及公开等制度，防止地区、行业、部门之间的政策制度相互矛盾和掣肘。

（三）宣传动员上要大联动，形成强大的社会创建氛围

加强生态文明宣传教育，弘扬生态文明理念，是推进生态文明建设的第一位工作。宣传教育要致力于构筑生态文明建设的社会道德和文化基础，着力于生产方式和生活方式的转变。要充分运用各种宣传渠道，创新宣传方式，努力普及生态文明知识，不断增强全民的节约意识、环境保护意识、生态意识，加快向简约适度、绿色低碳、文明健康的方式转变，使节约资源和保护环境成为主流价值观。大力弘扬生态文化，建设具有中国特色的生态文化体系，是努力提升人民群众环境伦理道德水准，夯实社会基础，推进生态文明建设的重要思想保证。要积极探索社团组织宣传教育的新思路、新举措，努力当好生态文明理念的宣传者、传播者和实践者，将生态文明理念宣传、生态道德培养、环境文化传播贯穿于工作的始终。

（四）要国际大联动，形成国内外互动共赢的新局面

随着全球化程度的日益加深，生态保护、环境治理不再是单一国家、组织的单打独斗。地球生态系统的健康，人类文明的转型，需要依靠世界各国人民的共

同努力。我国作为世界上最大的发展中国家，在建设生态文明的进程中，应把人类面临和最关注的全球性生态环境问题紧密联系在一起，坚持共同但有区别的责任原则、公平原则和各自能力原则，同国际社会一道积极应对全球气候变化，广泛开展应对全球气候变化的国际合作，共同推进可持续发展。

三、在工作推动上必须大接力

推进生态文明，建设美丽中国任重道远，不可能一蹴而就，对其艰巨性、复杂性、长期性必须有充分和清醒的认识。为此需要全党和全国人民持之以恒，常抓不懈。政府要一任一任地抓，社会要一代一代地干，努力把历史的接力棒传承好。要上下接力，新老接力，内外接力，坚守绿水青山不放松。只有这样才能实现生产发展、生活富裕、生态良好和天蓝、地绿、水净的美丽中国梦。

树立"大接力"的理念，首先是各级党委和政府要一以贯之、常抓不懈。要将生态文明当作一项伟大事业，一任接一任地干，坚决克服浮躁心态和唯 GDP 政绩观，克服短视行为，真正把人民的福祉和民族的兴衰视为己任，把优美的生态环境作为最大的政绩。绝不能为了个人政绩和眼前利益吃祖宗饭、造子孙孽。习近平总书记强调，要牢固树立生态红线的观念，在生态环境保护上就是不能越雷池一步，否则就应该受到惩罚。这是党中央对全党全国人民生态环境保护提出的新的更高要求。结合贯彻落实《全国主体功能区规划》《国务院关于加强环境保护重点工作意见》，要积极开展研究论证，尽快形成实施方案，认真贯彻落实。坚守生态红线，应对生态环境问题开展果断、公开、透明的整治和查处，"铁腕执法，铁面问责"，为生态环境保护筑起"不应为、不能为、不敢为"的坚固防线。要在全社会、特别是青少年中广泛开展生态文明教育，提高全社会生态文明意识，让践行生态文明成为人民群众、特别是青少年的自觉行动，把生态文明建设事业的历史责任一代接一代地传承下去。

树立"大接力"的理念，要高度重视本地区、本行业创建生态文明的总体规划，搞好顶层设计。生态文明建设是一项艰巨而长远的代际工程，重在践行，贵在创新，成在坚持。当前，我国经济社会处在重要的转型期，影响生态文明建设

的因素越来越复杂，积累的深层次矛盾越来越突出，人民群众对生态环境质量的要求也越来越高，如何避免"头痛医头脚痛医脚"的短视行为，从源头化解积弊，在战略层面上必须进行总体规划，搞好顶层设计。通过顶层设计，明确有利于生态文明建设和五位一体总体布局的基本方略、任务目标、政策措施和管理体制。总体设计应该把中央关于生态文明建设的总体部署和战略目标与各地区、各行业的实际结合起来，把阶段性目标与长远规划衔接起来，长短结合，上下结合。分类指导，分步推进。总体规划应提请同级人大常委会作出决定，颁布实施，确保生态文明建设不因领导人注意力的改变而改变，也不因领导班子的变动而变动，一任一任地抓下去。

树立"大接力"的理念，还应传承好中华民族的优秀传统文化，学习借鉴世界各国优秀的文明成果，弘扬现代生态文化。建设生态文明，既是文明的转型，也是文明的传承。中华民族是世界上唯一以国家形态传承和发展的民族，同根、同文、同种延续了几千年。中华民族深刻的生态智慧，蕴含于我们的文化理念之中，体现在我们的伦理道德之中。儒家的"天人合一"，道家的"道法自然"，佛家的众生平等，无不蕴含着丰富的人与自然和谐的生态理念。对我们今天的生态文明建设仍然有着深刻的启迪。生态文明既有民族的个性，也有人类文明的共性，生态文明建设的终极目标不是、也不可能在一国一地单独实现，必须是在全球范围内工业文明向生态文明的根本转变。因此，建设生态文明需要吸收不同民族的文化营养，在文化理念上形成全球范围的大接力。

当前，可持续发展正日益成为全国、全球高度关注的热点，开始在一些地方会聚成奔涌浩荡、不可逆转的时代潮流，生态文明已成为响彻中华大地的时代最强音。生态文明建设的新形势、新任务，给我们提出了新的更高的要求。我们一定要进一步增强政治意识、大局意识、使命意识，牢固树立"大视野、大联动、大接力"的理念，努力发扬"团结奋进、开拓进取、勇于奉献"的精神，瞄准更高的目标，为生态文明建设做出更大的贡献。

人类终将走向生态文明觉醒之路

⊙ 章新胜

［世界自然保护联盟主席、生态文明（贵阳）国际论坛秘书长］

一、新文明形态的诞生必然以先进生产力为第一标准

没有保护的发展是竭泽而渔，而没有发展的保护是缘木求鱼。生态文明是代表 21 世纪走向的新的文明形态，其必然以先进生产力为第一标准。

（一）新一轮产业革命以生态优先和绿色发展为前提

生态文明是继农耕与游牧文明、工业革命、工业文明新的文明形态，其生产力的先进性必然在工业文明的基础上，又高于工业文明。当下的关键，是要敏锐地觉察到新的一轮科技革命和产业革命带来的历史性机遇，抓住从自动化走向智能化、互联网、物联网、大数据、云计算、5G、基因技术等一系列重要的科技引领所带来的产业升级与转型机遇。事实上，我们正在悄然进入一个新的文明形态，而这一文明形态，它将会以新一轮科技产业革命来推动其最终实现。伴随生态文明的思想解放和生态文明的觉醒，其必然带来生产力的解放，而这轮生产力的解放其最突出的特征必然是也只能是以生态优先和绿色发展为前提。

我们正处于百年不遇的大变局，正面临大有可为的重要战略机遇期。新一轮产业革命已经初露端倪，并伴随着巨大历史机遇。一般能称之为"产业革命"，有两条重要界定标准，即能源与信息通讯领域的革命性变革。第三次产业革命已

经崭露头角，2015 年《巴黎协定》规定，在 21 世纪中叶，地球升温不能超过工业革命前平均温度的 2℃，为此全球将在 2050 年左右全面终结化石能源的使用，而代之以可再生能源的全球范围普及。20 世纪科学的三大基本发现，将在 21 世纪上半叶带来技术爆炸性的发明与创造，特别是颠覆性的技术等。在信息通信技术方面的革命性变革，对照前两次产业革命是不言而喻的。互联网、物联网、大数据、云计算、人工智能（AI）、5G 深度引领着全球生产方式的转型发展和生活方式的转型与变化。而在能源方面，第一次产业革命是以蒸汽作为能源的变革，第二次产业革命则以电气的变革为代表。由此可见，当下西方某些机构把自动化到智能化称为新一轮的产业革命，恐怕界定的时间线太短，范围过窄。而且，我们认为所谓"第三次产业革命"还有一项西方忽视或有意回避的重要标准，即前两轮产业革命都是由欧美发达国家引领，发展中国家都是追随的姿态，甚至许多沦为殖民地"落后挨打"。新的一轮产业革命显然其引领方不仅局限于欧美，而是东西方并举，在发展中国家、新兴经济体已经展现出其新兴力量，并越来越深度地参与引领。

综上所述，所谓第三次产业革命，更客观地来说，是以绿色生态、能源、信息通信技术和世界引领力量的多极化这四大方面来界定的。中国不仅首先揭示了生态文明作为 21 世纪的方向，而且在这四大领域也都先后不同地走在世界前列。如何抓住这一轮以科技革命引领的文明转型的重大历史性机遇，并始终处于引领的行列，对中国推进生态文明的战略和路径而言就显得至关重要。

（二）循环经济与共享经济：当前生态文明形态下生产方式与消费模式变革的重要路径

十八大报告已经指出："走向生态文明，要实现绿色转型与绿色发展，必须要转变生产方式与消费模式。"概括而言，生态文明形态下的生产方式与消费模式的变革，以下"五个转型"尤为重要，即从化石燃料到可再生能源的转型，从经济资本到自然资本的转型，从资源掠取到可持续利用的转型，从碳密集型发展到碳敏感型发展的转型，根本上需要从大投入、大消耗、大消费的传统发展模式向低能耗、可循环、可再生的生产方式和消费模式的转型。实现经济的绿色转型和绿色增长，好处是实实在在、不可估量的。我们必须转变我们习惯固化的思维方式和发展模式，转向以生态为本，实现绿色转型，推动绿色经济和蓝色经济引领，才能最终实现可持续发展。

在绿色经济模式下，碳排放量减少，自然资源得到合理利用，环境污染将得到治理。可再生能源的使用推动绿色能源的发展，基础设施得到改善，绿色食品和生态农业得到提倡。金融实现绿色转型，开始出现智能创新生态城市，城乡互动模式得到推广，贸易与交通基础设施得到改善，互联网与大数据改革的优势凸显，绿色清洁技术得到广泛应用。

我们需要全行业提高对绿色转型的认识，迈向绿色经济、绿色社会、生态城市，并最终实现生态文明。在这个过程中，全行业的公众参与非常重要。

中国作为一个制造业大国，现阶段践行循环经济尤为关键，这也是当前我们如何实现生产方式转型的重要路径。结合中国当前实际，除了其他诸多措施外，当前最普遍、最突出的便是循环经济。就这一领域而言，国内已有诸多成就。其基本指导原则是："在经济活动的投入端尽可能减少自然资源的投入，同时加强终端处理技术的研发，以便使废弃物能够再利用，最大限度地降低废弃物的排放量或实现零排放。"而其基本特征是以生态学规律为指导，以减量化、再使用和再循环为方针，以低消耗、低排放和高效率为导向，这显然是一种有别于传统生产方式转型的重要途径。

印度圣雄甘地曾言："大自然所提供的一切，足以满足人类的需要，但满足不了人类的贪婪。"资本主义制度决定了其为避开或延缓其危机周期性爆发，同时为了利润的最大化，必然走向创造虚假需求或扭曲需求以引导不合理的、无休止的过度消费模式。"广厦千间，夜眠只需六尺；家财万贯，日食不过三餐。"地球上的自然资源和生态环境的承载能力是有一定限量的，随着人口增长和技术进步导致经济规模的扩大，必然会日益逼近地球承载能力的极限甚至超越其极限。实际上，呼吁社会实现消费模式的转变更是一个价值取向问题。

近年来，共享经济模式在中国和世界范围内正在不折不挠地探索着自身可以实现的战略和路径，引领着消费模式的革命性变革：越来越多的人，特别是年轻人不再拘泥于商品的所有权占有，而更重视其使用权及共享。共享经济将闲置资

源盘活，以实现社会最优配置作为核心价值目标，是改善不平衡不充分发展的重要手段之一，有效满足"人民日益增长的美好生活需要"，以及实现经济、社会、自然三大系统的整体协调发展的要求。当然，任何新生事物的脱颖而出都不是一帆风顺的，但共享经济领引的生产方式与消费模式的变革浪潮已初步展现其前景和生命力。

（三）"绿水青山"如何真正变成"金山银山"，其突破口是自然资本

"绿水青山"就是"金山银山"已有不少形式的有意义的实践，而其中根本的绕不过去的路径，就是自然资源如何成为自然资产，自然资产如何能转换为自然资本的问题，这在国际上也是研究和探索的焦点和前沿。

人类传统发展模式造成了巨额的生态负债，当下要实现绿色转型与发展，生态修复是重要任务之一。然而，填补过往的发展损耗成本是巨大的，更不用说整个地球的生态系统修复，其需要的资金和投入将会是天文数字。如果不能解决自然资源向自然资本的转变，可能尽管竭尽全力，但也只是杯水车薪。

世界自然保护联盟（IUCN）的宗旨是：一个正义的世界是将自然和自然资源赋予价值并保育自然和自然资源（A just world that value and care nature and nature resource）。其强调要对于自然和自然资源赋予它应有的价值。过去我们时常认为自然是无价的，其实自然是有价的，而难点在于如何对其估价。长期以来，农耕游牧文明社会对自然资源的索取未超越自然限度，人与自然也基本相安无事。步入商业文明时代，产业革命所创造的财富是空前的，同时对自然资源的掠夺或环境付出的沉重代价也是空前的。对于自然资源我们欠债无数，可以说，地球的生态银行其环境和自然资源的赤字已经到了濒临破产的程度，而地球不论是其陆地或是海洋，其四大生态系统的服务调节能力已经接近拐点。当下要扭转这一颓势，将自然资源赋予价值是一个至关重要的战略性、基础性举措。要对自然资源赋予价值有许多难关，其中非常重要的是必须要过生态资本度量、核算、交易这几个大关。自然资本核算要点包括以特定实物量作为不同类型自然资本共同核算单位，借助互联网、物联网、大数据等技术进行数据采集和计算来对自然资本进行确权，划定特定区域范围内的自然资本进入

市场，实行定价和交易。在此基础上，自然资本与物质资本一样，能够正常参与市场经济条件下的各种经济活动。

构建符合经济价值规律的计算法则，以从根本上来打通"绿水青山就是金山银山"这一战略性、基础性实现路径。

（四）依据自然生态禀赋及国土空间规划战略等构建"绿色指挥棒"的评估体系

生态文明作为新生产力的引领，必然要有自己的评估体系。正如工业文明时代下的评估指标 GDP 以及一系列相关标准一样，新的文明形态势必要建立与该文明形态的理论与战略相匹配的评估体系，GEP（生态系统生产总值）便是生态文明评估体系新的探索和创新。联合国《2030 年可持续发展议程》、"里约+20"的决议，以及党的十八大都指出要纠正 GDP 引领下造成的偏差。从多年实践来看，纠正偏差的根本举措之一还是要建立符合生态文明规律的新的评估体系。近年来，"绿色 GDP"之所以推广难度大，除了其他原因之外，可能有以下几点原因：一是依然停留在 GDP 评估的价值逻辑及框架范围内。尽管有不少探索，但是之所以难以推广，其根本还是在于没有跳出 GDP 价值取向的老架构，还受到商业文明框架下评估理论的影响，没有能够跳出商业文明的理论评估体系。其次，"绿色 GDP"算法的一个重要实现路径是"做减法"，将有生态和环境负面影响的产出值从 GDP 中减去，这也是导致各地及各方面对"做减法"缺乏积极性的原因之一。

符合生态文明规律和价值取向的评估体系应该是能够以反映出自然生态禀赋，以及契合国家战略所划定的国土空间规划等诸多要素。经过一段时间在国内几个地方的探索与实践，初步看来 GEP（生态系统生产总值），可以反映出生态文明评估的价值取向和评判标准，并具有创新性与突破性。虽然 GDP 现阶段难以被完全替代，但是不同省份和地区其固有的自然资源的生态禀赋和国土空间规划的战略要求等要素是可以通过 GEP 来评估的。如地处西部青藏高原的青海省其 GDP 的发展指标，恐怕无论如何努力，也难以赶上东部沿海的省份，因二者所处地理空间和其天然禀赋有着巨大差别，但其 GEP 指标贡献率则可能大大地

超过东部沿海的省份。

因此，GEP 不仅克服了"做减法"等途径的困难，而且更多地反映出各地自然禀赋等条件的根本不同和国家空间布局规划要求的不同。这样 GDP 与 GEP 就可以是二者并存的指标体系，它可以反映出，当今这一转型过渡期，各地区和各省可以各展其长、各安其位、各得其所。而这一"指挥棒"所带来"各得其所"的推动和激励作用是不可忽视的，因其不仅能解决关键的分配制度考核的依据问题，而且也是各地区地方政府政绩评估的重要依据，又实实在在体现了公平的重要原则。GEP 从基础工作做起，它所评估的生态系统的生产总值（过去称为生态系统服务功能），其实质也是其制造生态产品的生产总值，也就理所当然地应该得到它应有的合理的回报，而不是 GDP 或"绿色 GDP"评估体系下"生态补偿"这一概念了。

综上所述，我们不难得出这样的结论，生态文明需要创建自己的评估体系——"绿色指挥棒"。好比苏州老话所说："摇了半天船，最终却发现缆绳未解开。"显然"绿色指挥棒"这个"缆绳"不解开，必然是事倍功半，反之则会收到事半功倍之效。

二、扭转价值取向和重塑伦理道德

对当下惯性的增长方式和趋势，一切需要从思想的转变开始，超越这一固化的思维方式。如同欧洲启蒙运动，最终将人们从教会教条的思想中解放出来。

联合国《2030 年可持续发展议程》强调了可持续发展目标的实现需要构建经济、社会、环境的"三位一体"，相较于生态文明强调的"五位一体""三位一体"所缺的是没有将经济、社会、环境融入文化与政治建设之中。而实现一个文明的转型和变革，其本质和关键更多的是取决于其价值取向和道德伦理的构建，这也就是当今由西方引领并占主流的商业文明之路越走越窄，甚至是在某些方面走向歧途的深层原因。

文化的深层内涵实则是价值取向和伦理道德问题。西方现代经济学的鼻祖，英国经济学家亚当·斯密在其著作《国富论》中强调要实行市场经济，使"看不见的手"发挥作用有两个重要前提：一是需要构建一个政府和社会组织机构健全的社会，二是构建一个道德伦理完善的社会。也就是说，只有在这两个重要前提被满足的条件下运作的市场经济，才不至于损害国家和社会肌体的健康。而这两个前提恰恰是自美国里根总统和英国撒切尔首相上台后所倡导的新自由主义流行以来，西方主流社会已将此遗忘或极力要绕开的。21 世纪初，美国纳斯达克股市的崩盘是以安然跨国公司丑闻的败露为导火索的，而全球经济危机无独有偶，2008 年波及全球的金融危机又是以跨国公司雷曼兄弟的欺诈案导致的该公司的破产为导火索，其本质上都是欺诈与欺骗，而其政府又搞"双重标准"，问题归根结底还是出在道德伦理方面。

而就人类对自然界价值的认识，以及价值取向方面可以追溯到 14—16 世纪发生在欧洲的文艺复兴，以及随后的启蒙运动确立的人文主义精神，即以人为中心而非以神为中心。人文主义催生了新的思想解放，为新的一轮产业革命和商业文明的到来奠定了重要基础。生态文明既然是新的文明形态，生态文明这个新生儿，也需要新的产业革命为其助产。而新的产业革命是以新的思想解放和新的价值取向为先导的，新一轮的思想解放和价值取向也就必然会做出重要转变，即由先前的"以人为本"转变为"以自然为本"和"以人为中心"及人与自然的和谐。

三、遵循自然界生命共同体的科学规律和基于自然为本的解决方案

在漫长的历史长河中，人类享受着大自然无私的供给，用之不绝，对自然资源的索取理所当然、不以为然。但是在农耕文明时代，这种索取尚未超过自然界生态系统自我调节和自我恢复的阈值，人与自然总体还算相安无事。工业革命以来，由于人类征服改造自然的快速发展，人类遇到了前所未有的资源紧缺、生态系统服务功能退化、环境污染加剧、生物多样性锐减的严峻局面，并从局部蔓延到全局。

人们越来越清晰地认识到，人与自然的关系既不是人类绝对主导自然，也不是人类完全臣服于自然。地球离开人类可以照样存在，而人类离开地球则须臾也不可生存。人与自然应是一个有机的统一体，是相互依存、相互促进、共同繁荣

的，即一荣俱荣，一损俱损。人类同地球上万千物种一样，都是自然界的一个构成部分，以生物多样性、生态系统多元性的形式共同存在于同一个地球。

马克思曾明确指出人与自然的共生关系，认为"人本身是自然界的产物"，既是"能动的自然存在物"，又是"受制约的和受限制的存在物"；恩格斯也明确强调："我们连同我们的肉、血和头脑都是属于自然界和存在于自然界之中的"。马克思、恩格斯不仅将人和自然作为一个有机的生命共同体来对待，而且道出了人类社会存在和发展的重要前提就是要尊重自然，"保护自然，就是保护我们人类自己"。有了健康的自然界，才有人类的健康；有了健全的生物多样性，人类的生活才会更健全。反之，丧失了生物多样性，人类也将自取灭亡。

因此，生命共同体事实上道出了处理人与自然、发展与保护关系的根本解决方案，即基于自然和自然规律的解决方案，中国哲理称之为"道法自然"。而这个方案具有两个层面的含义：从狭义层面，"基于自然的解决方案"与基于工程的解决方案、基于技术的解决方案、基于经济的解决方案、基于社会的解决方案……都是并行的、可供选择的解决方案之一。而从广义上说，无论是技术解决方案，还是经济解决方案、社会解决方案，其根本均要遵循"道法自然"的自然生态规律。也就是说，任何解决方案都不能违背自然生态规律，即千规律、万规律，自然生态规律第一律。

党的十九大报告在总结过去 5 年生态文明建设显著成效时指出"重大生态保护和修复工程进展顺利"；在部署未来生态文明建设时强调要"实施重要生态系统保护和修复重大工程。"当前我国修复生态系统，恢复生物多样性，以及恢复其所依赖的栖息地环境，无论是沿海还是大陆的山水林田湖草，基于以往的经验和教训，如此规模宏大的、系统的生态修复工程，更要考虑基于自然条件和自然规律的解决方案，其不仅同比其他解决方案更具成本效益，而且以"治本"之效实现人与自然、发展与保护的双赢。

四、知行合一

事实上，实践是检验真理的唯一标准。多年来我们对生态文明理念上下求索，不仅仅"论道"，更为重要的是用十年的时间深耕中国经济社会发展最滞后的贵州省，与当地党政机关及其他有关方面合作创办了生态文明贵阳国际论坛。

马克思曾言"哲学家们只会用不同方式解释世界，而问题的关键是如何改变世界。"基于这样的信念，我们既坚信思想的巨大领引力量，同时又力倡实践举办生态文明国际论坛。光阴十载，硕果累累。生态文明贵阳国际论坛最早践行了"生态兴则文明兴，生态衰则文明衰"的重要论断，最早倡导关注中国气候变化议题，最早提出绿色金融举措，最早推行碳中和基础设施建设，最早探索中国生态文明法治保障……率先为中国探索生态文明的发展战略和路径做出应有的贡献。

要解决发展与保护的矛盾，必须坚持"知行合一"。贵州省在过去很长一段时间里人均 GDP 位列全国倒数第一，是中国最为贫困的地区之一。贵州省既是我国重要的西部生态屏障之一，又因境内主要为喀斯特地貌的高山丘陵，维护其有一定脆弱性的生态系统任务也很重。在贵州省委、省政府的不懈追求与努力之下，如今的贵州，生态文明的理念已深入人心。更重要的是在生态文明理念举措的指引下，生态保护和经济发展齐头并进。2018 年，贵州省森林覆盖率提升至57%。贵州先行先试"河长制"，结合本地实际情况，探索出了一条环境保护河长制之路。梵净山成功申请自然遗产，省内世界自然遗产达到 4 处。2018 年，贵州省地区生产总值较上年增长 9.1%，增速居全国第一且连续数年位列全国前三，并被中央确定为首批三个生态文明试验区之一。在全省大数据战略总体布局下，贵州省成为全国首个国家大数据试验区，牢牢把握住了产业革命转型机遇。正如习近平总书记视察贵州时所指出，"贵州正在探索走出一条有既有别于东部又不同于西部其他省份的发展路子。""知行合一"，重在"行"，重在"实践"，贵州的实践展示了践行生态文明这一思想所能带来的变革的巨大力量。

五、加大国际生态文明传播力度，构建绿色"一带一路"

"一带一路"倡议以构建互联互通的基础设施硬件为主体。而生态文明的建设及其国际传播对"一带一路"倡议而言，犹如软件对硬件的支撑。二者相辅相

成，共同搭建起绿色的"一带一路"。

生态文明不仅向世界传递着生态意识的觉醒，还使世界更多地了解了联合国《2030 年可持续发展议程》的中国版。更以生态文明独有的"五个跨越"优势展现其前景。生态文明显然是以反映地球自然生态规律为其核心价值的，所以其"五个跨越"的特征也具有其固有的穿透力和说服力，即跨越不同国界和地域疆界，跨越不同的经济社会的发展阶段（发展中国家和发达国家），跨越不同的政治和社会制度，跨越不同的思想和意识形态，跨越不同的文化和宗教信仰。

显然，生态文明也能够跨越世界上现存的不同文明。这就使得萨缪尔·亨廷顿所断言的"文明冲突论"失去了基础。因为全球绝大多数人民总是向往和追求和平的，正可谓得道多助，生态文明可以促进世界现存不同文明之间的平等对话、交流和互鉴，从而使世界走向共商共建共济共享的生态文明新时代。

六、唯有生态文明才能解决人类 21 世纪面临的三大基本矛盾，为人类带来新的希望与愿景——走向生态文明新时代

在 21 世纪的大变局之下，影响人类最大最深远和始终绕不开的主题将会是三大基本矛盾：一是越来越凸显的人与自然以及发展与保护的关系；二是新一轮的科技革命以及人与科技的关系；三是一个守成大国和一个新崛起大国的关系。

显而易见，仅凭借联合国《2030 年可持续发展议程》及《巴黎协定》，这两个人类重要的里程碑意义的决议来应对 21 世纪的三大矛盾，仍然会有势单力薄之感和力不从心之处。

基于本文已论述了生态文明是解决人与自然、发展与保护关系的根本出路，这里不再赘述。只想补充强调一点，那就是基于联合国和诸多科学机构的研究报告，照现行的全球治理办法，到 21 世纪中叶地球升温控制在 2℃是难以实现的，更不用说控制在 1.5℃。如果无法有效遏制地球生态系统的退化、生物多样性的丧失，加之不少研究报告称，人类已进入"第六次物种大灭绝"的阶段，海平面仍在不断上升……如此延续下去，尤其是相当一部分西方政客所采用的"击鼓传花"的政治手腕以及对百姓所采取的民粹主义的"温水煮青蛙"惯用手法，人类

将难免共同面临自然给予的灭顶之灾的惩罚。这将是一个倒逼机制，迫使人类必须生态觉醒，约束自身，走向全球携手，认真履行联合国《2030 年可持续发展议程》和《巴黎协定》，选择走向生态文明的未来。

新的文明形态将会以新的一轮科技革命为其助力，上文也已作论述。至于人与科技的关系，则要回溯本文所论述的生态文明道德伦理和价值取向问题。而只有生态文明强调的"五位一体"及所必须具备的伦理和道德可以更清晰地界定和指引人与科技的关系，也就是说人最终是要驾驭科技的，而不是被科技所异化，被新的科技反噬与毁灭。不论是人工智能还是干细胞与转基因技术或是基因复制，都需要解决伦理道德问题，也都只有在生态文明的价值指引下才能找到解决途径，这也就是为什么要强调生态文明"五位一体"战略的原因。

而就第三大关系而言，即如何处理"守成大国与新崛起大国"之间的关系。生态文明通过对客观自然规律的揭示与透析，道出了宇宙万物最重要的特征之一为生态系统的多元性和生物的多样性。世界是万千生物相互依存和相克相生的共同体，因此世界必然是多样化与多元化共存向前发展的。格拉汉姆·阿里森教授所提出的"修昔底德陷阱"实则是没有跳出农耕及商业文明的框架，仍延续着商业文明的逻辑。其结论："国强必霸"，崛起大国和守成大国之间难免有一战，经过这一搏，全球仍将会成为新一轮的单极的一国独霸的格局。而生态文明揭示的规律是"万物并育而不相害，道并行而不相悖"，呈现出的是一个多极共治的世界。事实上，21 世纪尽管才度过了近五分之一的时间，多级世界的共治格局已初见端倪。"冷战"后美国一国独霸的世界治理格局已发生明显变化，随着中国、印度、巴西、南非等新兴经济体的快速发展，国际力量对比已发生明显的变化，发展中国家在国际政治中的话语权也越来越大，包括由 G7 发展到 G20，以及金砖五国等都是多极共治的显现。纵观当今世界，至少可以看出北美一极、西欧一极和亚洲一极，多极共治逐步向前演进。

生态文明作为重大的文明变革，是世界演进的必然趋势。可喜的是，在这一新的文明转型过程中，中国扮演的角色和做出的贡献，同上一轮文明转型时已是天壤之别。近代中国在清王朝的封建专制的统治下，错失了转型的历史性机遇，以至于落后挨打。而这新一轮科技革命与新的文明形态的出现，伴随由中国共产

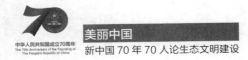
党和中国政府首先揭示的"人类终将走向生态文明新时代"这一预示。如何把握好这一战略机遇，并且推动它在中国的最佳实践和在世界的传播也就历史性地落到了中国和世界上一切追求和平与发展的人们身上。它将会像灯塔那样，不仅为中国乃至全人类在迷茫困惑的大变局不确定之中带来人类憧憬的美好未来，也是人类所共同追求的永续发展的千年大计，并带来人与自然和谐共存的美好愿景。而真正要能够凝聚和引领世界，毫无疑问便是要拥有理想和愿景（vision）。这也就是为什么生态文明更高于联合国《2030 年可持续发展议程》和《巴黎协定》的原因。

相信人类社会必将会以正义、善良和智慧，战胜邪恶、贪婪与愚昧，以习近平新时代中国特色社会主义思想特别是习近平生态文明思想为指导，建设美丽中国，走向具有"五位一体"和"五个跨越"等优势的命运共同体，使得人与自然和谐相处，永续发展。"生态兴则文明兴，生态衰则文明衰。"世界潮流浩浩荡荡，顺势者昌，逆势者亡。再过 30 年后看，当中国实现"两个一百年"之际，人类社会将会更加坚定地认识到只有全球携手，走生态文明觉醒之路，最终走向生态文明新时代，才能实现全人类美好的愿景。这不是选择之一，而是人类的必由之路。

推动生态文明建设应深入研究的几个问题

⊙ 王玉庆

（原国家环境保护总局副局长）

生态文明建设受到党和国家高度重视，习近平总书记亲力亲为，推动生态文明建设，发生了历史性、转折性和全局性变化。在各方面的努力下，我国环境状况有明显改善。从北京来看，大家都能感到蓝天白云多了。从全国来看，生态环境状况也在好转，过去的荒山秃岭渐渐变绿了，河流也在逐渐变清。但是对于一个近 14 亿人口的大国，正在努力发展经济，追求幸福生活，生态环境的压力是巨大的，而且生态环境的改善越到后面会越困难。建设美丽中国还有很长的路要走。为此，深入开展相关研究工作，明晰若干关系范畴，不断深化认识是非常必要的。

一、如何理解人与自然和谐

文明是人类改造爱护自然和组织变革社会，获得的物质和精神（包括制度）成果的总和，是人类社会进步的标志。生态文明可看作是人类文明的一个方面，即人类在处理与自然关系时达到的文明程度。其表现形式为人类社会与自然界处于一种和谐共生、良性互动的状态，支撑着人类社会文明的发展。在生态文明概念内容的讨论中，普遍都认为"人与自然和谐"是生态文明的核心理念。但什么是"人与自然和谐"，怎样才能"和谐"，讨论的并不多，也不够深入。

我们寄希望依靠科学技术提高资源、能源利用效率，创造更多财富，来改变这种状况。但科学技术成果对生态环境的影响往往是把双刃剑，有利有弊。海洋中微塑料颗粒问题，温室气体带来的气候变化引发的自然灾害等，只是近几十年才受到高度关注。自然资源，包括可再生资源、不可再生资源、可永续利用的资源。对这些资源要根据各自的秉性，节约、高效、合理利用。对于可再生资源主要是生物资源，在保护和培育的基础上增加其生物生产力，开发利用不超过其更新的速度，使其得以永续利用。对不可更新资源主要指矿产资源，要节约和循环利用。人类的生产生活活动要向自然生态系统学习，物质消费过程中通过生产者、消费者、分解者这个循环链，几乎没有废物产生，唯一被消费的就是太阳能，真正是万物生长靠太阳。现在推广的无废城市正在向这个方向努力。

除了各种资源合理利用外，促使人与自然和谐必须要维系生命支持系统各种功能，包括调节气候、保持水土、净化污染、防风固沙、疾病及害虫控制、自然物质循环（包括水循环和碳、氮、氧循环）等。这集中体现在维护森林、草原、湿地、河湖、海洋等各种类型生态系统的功能上。为此，人类要极为珍惜土地，避免随人口增加开垦耕地，建设各类设施等，挤占自然生态系统各要素用地。人类的活动势必影响自然生态系统，但这种影响和干预不能超出其稳定的限度，即不能导致较大范围生态系统结构的失衡和功能严重退化。要努力增加自然资本的存量，维系生态系统的生产力和生物多样性。罗伊·莫里森在《生态民主》一书中认为生态文明操作层面的定义可简单表述为"使经济增长意味着生态的改善和自然资本的再生"。目前其他指标经过努力似能改善，但生物多样性减少的趋势难以遏制。世界自然基金会（WWF）2016 年的一项研究表明，2012 年人类的人均生态足迹已达到 2.6 全球公顷，需要 1.6 个地球的自然资源和生态服务来支撑；1970—2012 年脊椎动物种群数量减少了 58%。为了要实现人和自然的和谐，人类社会必须作出重大的根本性改变才行。

二、自然中心主义与人类中心主义

这是生态伦理学或者环境哲学很核心的问题，也是生态文明中很重要的理论性问题，同时也涉及如何看待自然的工具价值和内在价值。从 20 世纪初西方生态伦理学创立，到 20 世纪 80 年代我国引进并开展生态伦理学研究，再到 21 世纪初的前十年，关于自然中心主义和人类中心主义的争辩就从来没有中断过。我不是这方面的专家，难以加以评说。但前不久看了肖显静 2006 年出版的《环境与社会——人文视野中的环境问题》一书，其中一章对这个问题做了综述，简洁又清晰，写得非常好。大部分看法我是赞成的，但个别提法（观点）我有保留。在处理人与自然关系问题上，我基本同意书中提到的现代人类中心主义的观点。既然讲人与自然和谐，"人类"应是这一对矛盾的主体或矛盾的主要方面。这是指在人与自然关系这个层面上，不应包括人与人之间社会层面上的关系。虽然人类社会人与人之间的关系处理不好会影响人和自然的关系，但这里讨论的是人类作为一个有自主意识的群体，从整体利益出发应该对自然采取的态度，而不是某个人、某个阶层或团体对自然的具体态度或行为。

关于价值论意义上的现代人类中心主义，主张人类一切活动都是从人的利益出发，为人类利益服务，这点没有错，关键是对"利益"如何理解。如果不是从人类眼前的、狭隘的、局部的利益出发，而是从人类长远的、根本的、全局的利益出发，就没有什么问题。有人顾虑，提人类中心主义就会从人类利益出发，缩小了保护范围，仅着眼于保护与人类有关的生态环境。我想问题是，地球上还有什么生物及其生存环境与人类无关吗？联合国千年生态系统评估（2005 年）把人类从生态系统获得的各种惠益用生态系统服务来概括，包括供给服务、调节服务、文化服务、支持服务四大类，并细分为 27 项。应该说涵盖了生态伦理学中自然的内在价值和工具价值所涉及的各个方面。如果能认识到自然生态系统这些服务功能并做到爱惜、保护和合理使用，我想可以消除许多学者对现代人类中心主义思想的顾虑。

《环境与社会——人文视野中的环境问题》一书中提到的现代生物中心主义者保罗·泰勒 1986 年推出的尊重所有生命的四原则，以及遵守四原则保护生物时与维护人类的价值及权益发生冲突时，应遵守的五个优先原则，都是当前尊重保护大自然，特别是生命体方面有实际意义的准则，应该加以普及和利用。傅华的《生态伦理学探究》出版的比较早（2002 年），我看了以后认为是本好书，特

别是清楚地归纳了西方和苏联人类中心主义的基本观点。在谈论人和自然关系时，虽然明确人是主体，但也强调首先必须顺应自然才能改造自然，改造自然的实践活动必须依据对自然规律的认识和把握，明确人类的使命既要科学改造自然，也要正确认识和改造自己。这些都是值得借鉴的思想。

关于自然的工具价值和内在价值同上面的命题一样，在生态伦理学和环境哲学史上也有很长时间的争论，各说各的道理。在我看来很大程度上在于对"价值"概念的界定，或者对其本质的理解不同造成的。按《不列颠百科全书（中文版）》的解释"价值是任何有益的事物"，应该属于实体说。但该书条目中也解释价值的判断是一种人的认识行为，是因人对某事物的愿望而存在。也有专家论证"关系说"更接近马克思对价值的解释。对于实践工作者来说，承认自然的内在价值固然重要，但更重要的是这些内在价值体现在哪些方面。在实践中如何维护好它们使其保值增值，并合理利用它们造福人类。如能定量化的表述更好，可以用以评价各类建设和开发活动的生态环境影响成本，以决定其取舍。前面谈到的联合国千年生态系统评估归纳的生态系统服务价值对于评价这些活动有现实的指导意义。

生态伦理学当中关于人类中心主义和自然中心主义、自然有无内在价值的争论是件好事，有利于促进学科的发展，开阔研究工作的思路和眼界。但应该提炼归纳一些对于人与自然关系的基本认识，作为推动实际工作的思想基础。

除了前面谈到的再补充几点：一是人是自然生物进化到一定阶段的产物，但人类又有别于其他生物，具有双重性，既是自然的人，也是社会的人。同样现在的自然已经是人化的自然界，地球上几乎不存在不受人影响的自然了。二是人化的自然界和自然维系的人类社会，是一对矛盾的统一体，互相制约又紧密相连，不断变化。自然界依照自然规律和节奏变化着。但人类活动对自然变化的影响是巨大的，而且在可设想的未来，这种影响会越来越大。自然界中各种生物种类繁衍是受自然条件和其他物种制约的。但人类是有思想的动物，他的能力远远超越了其他物种，对自然生态系统的影响是其他生物无法相比的，其他生物也难以对他形成制约。人作为理智的生物，必须对自身行为进行约束。等到靠自然规律来调节人类的过度扩张时，人类社会也就走到了尽头。三是人类作为这对矛盾的主体，其观念随着社会的发展也在改变。在没有解决温饱时，希望过上城市人的富裕生活，森林、荒野、大山反而成为他们致富的障碍。而富起来生活在城市后却又想去大自然放松自己的身心，虽然绝大多数人已不可能回到那种"纯"自然环境中长期居住。因为他们已经成了社会的人。四是随着社会和科技的发展，很难想象几百年以后人类和其生活的自然界是什么样子。但是我们要记住，不论发生了什么变化，大自然还是大自然。借助一部纪录片的话："大自然不需要人类，人类需要大自然"。写这几点主要是想说明，自然和社会关系如此密切，可以说已经连为一体了，人类社会活动对其影响巨大而深远，我们对此又知之甚少，为此，人类对自然抱有敬畏的情感，开发利用时抱着极为谨慎的态度，是最为明智的选择。

三、生态文明与可持续发展

前文第一节已简要回顾了国际社会对可持续发展的认识过程和中国的政策举措。应该说生态文明思想与可持续发展思想是密切关联的，其基本理念是相通的、有连贯性的。生态文明思想是可持续发展思想与中国国情相结合的一次升华。

首先，他们共同应对的都是人类发展中面临的生态环境危机。可持续发展的定义是"既满足当代人的需求又不危及后代人满足自身需求的能力的发展"。其次，他们的主要内容也相近。可持续发展相互支撑又相互加强的三根支柱是经济发展、社会发展和环境保护。生态文明建设与经济建设、社会建设、文化建设、政治建设共同构成了中国特色社会主义建设的总体布局，并且生态文明建设要融入其他四个建设中。可以说建设生态文明和可持续发展都是统筹考虑了人类社会的整体利益和长远发展。但两者之间从认识问题的角度和解决问题的侧重点上有所区别。可持续发展的侧重点是从使经济稳定持续增长的角度考虑。《我们共同的未来》中，对发展和环境关系的解释是"环境是我们生活的地方，发展是我们在其中所做的旨在改善我们命运的一切努力。这两者是不可分离的。"在里约环发大会发布《21世纪议程》的同年，世界银行出版的《1992年世界发展报告》把发展定义为"发展就是改革人民生活的事业""发展就是经济和社会循环前进的变革"。十年后，2002年联合国在约翰内斯堡召开了可持续发展世界首脑会议，

发表了政治声明和执行计划（针对 21 世纪议程），其中放在首位的依然是消除贫困发展经济，认为贫困是世界面临的最为严峻的全球挑战。肖显静研究指出"经济的可持续发展是可持续发展战略的核心和关键。自然的可持续发展在可持续经济运行中实现，实现可持续发展的自然又为经济的可持续发展提供物质基础，也只有经济的可持续发展才能保证社会的可持续发展"。王诺认为，研究可持续发展概念时，曾有专家提出这个发展应该界定为"有限度的""不可逾越环境承载力的发展"，最后没有被接受，说明如果不能正确理解可持续发展，这一理念可能产生功利性和遮蔽性。

生态文明建设虽然从生态环境保护入手，但把它提高到文明建设的高度，应该说在处理人和自然关系上比可持续发展站得更高。生态兴则文明兴，建设生态文明，关系国家未来，关系人民福祉，关系中华民族永续发展。把生态环境重要性提到如此高度，是过去认识可持续发展概念时所没有的。把生态文明建设融入四大建设中，说明这是一项涉及全局的重要工作，不能仅仅用生态环境保护工作来概括，这需要全民的参与、全社会的参与、各个部门的共同努力才能实现。在生态文明建设与经济建设的关系方面，"绿水青山就是金山银山"，揭示了保护环境就是保护生产力，改善环境就是发展生产力这一经济发展与环境保护辩证统一关系。在生态文明建设与社会建设的关系方面，良好生态环境是最公平的公共产品，是最普惠的民生福祉。环境就是民生、青山就是美丽，蓝天就是幸福，要使人民真正感受到社会主义制度的优越性和经济发展带来的环境效益，有实实在在的获得感。在生态文明建设与政治建设的关系方面，坚持用最严格制度、最严密法治保护生态环境。建立起产权清晰、多元参与、激励约束并重，系统完整的生态文明制度体系，着力破解制约生态文明建设的体制机制障碍。在生态文明建设与文化建设的关系方面，这是一场涉及生产方式、生活方式、思维方式和价值观念的革命性变革。必须加强生态文明宣传教育，强化公民环境意识，推动形成节约适度、绿色低碳、文明健康的生活方式和消费模式，形成全社会共同参与的良好风尚。

习近平总书记关于生态文明一系列精辟论述，说明中国作为发展中国家倡导的生态文明理念，是在发展中处理人与自然关系上更全面、更深刻、更符合国情的指导思想和战略。生态文明理念应该走向世界，特别是对绝大多数发展中国家、联合国机构及其重要的智库等，这是全球环境治理的中国智慧、中国方案。为此，就必须深入研究当前国际社会主流在处理环境与发展关系问题上倡导的可持续发展战略。研究它与我们倡导的生态文明有什么关系？如何协调起来？这也是国际社会从事环境保护相关领域工作的有志之士共同关心的问题。应引起我们研究机构和外宣部门的高度重视。

关于对生态文明概念的理解前面已经提到了，下面就其内涵提几点看法供参考。

（1）生态文明是一种全面、良性发展的文明形态，不是拒绝经济发展，更不是以牺牲环境为代价的发展，而是通过观念的更新、科学技术的进步、生产力的提高、生产和生活方式的根本转变，提高人类适应自然、利用自然、保护和修复自然的能力，在人和自然和谐的基础上，促进经济和社会健康发展。

（2）生态文明是可持续发展的文明形态，包括了人类的可持续和自然的可持续，二者有区别，又相互影响、密不可分。人类可持续另是一篇大文章，处理不好会影响自然的可持续。自然的可持续即要求人类所有利用环境、开发资源的活动，都必须以环境可承载和可修复、资源可接替、不损害后代人的发展机遇为前提的，是一种保持生态系统良性运转可持续的开发利用。

（3）生态文明是经济发展与人的发展相统一的文明形态。生态文明建设要坚持以人为本，把实现人的可持续发展作为根本的价值取向，不能见物不见人，要转变人的价值观和生活理念。"我们无须拥有太多，便能过上幸福社会，切莫等拥有一切后而无暇享受生活。"适度节简的物质消费，丰富多彩的精神文化生活，健康有益的生活方式，和谐友爱的家庭邻里关系，应该成为现代人追求的生活理念。

生态文明是两个词组成的，生态一般指自然生态，在地球演化几十亿年间绝大多数时间里与人类无关，相互关联只是在近百万年自然进化出人类后才发生的。人类不断进化、进步才衍生出"文明"，这是人类社会的概念，文明代表脱离愚昧和野蛮，一定程度上也是人类离开自然生态越来越远的标志。现在我们把这两个词拼合在一起，就说明我们必须以全新的伦理观念来看待我们的星球，尊重所有有生命的物体，创造新的文明，建设我们共同的家园。

参考文献

[1] 中共中央文献研究室. 习近平关于社会主义生态文明建设论述摘编[M]. 北京：中央文献出版社，2017.

[2] 陈吉宁，马建堂. 国家环境保护政策读本（第二版）[M]. 北京：国家行政学院出版社，2017.

[3] 中国环境科学学会. 生态文明学术沙龙文集[M]. 北京：中国环境科学出版社，2012.

[4] 余谋昌. 环境哲学：生态文明的理论基础[M]. 北京：中国环境科学出版社，2010.

[5] 曾建平. 自然之思：西方生态伦理思想探究[M]. 北京：中国社会科学出版社，2004.

[6] 肖显静. 环境与社会——人文视野中的环境问题[M]. 北京：高等教育出版社，2006.

[7] 傅华. 生态伦理性探究[M]. 北京：华夏出版社，2002.

[8] 黄鼎成，王毅，康晓光. 人与自然关系导论[M]. 武汉：湖北科学技术出版社，1997.

[9] （美）罗伊·莫里森. 生态民主[M]. 北京：中国环境科学出版社，2006.

[10] 世界自然基金会. 2016 地球生命力报告 [R]. 2016.

建设生态文明的基本路径

⊙ 钱　易

（中国工程院院士、清华大学教授）

一、生态文明的由来

文明是人类社会和人类本性的进展和发展，表征了人类进步的文化形态和价值选择。随着生态学的研究重心转向制度理论，生态的概念也从生态系统转变到了代表一种尊重和复合生态系统本身规律的基本取向。

20 世纪 70 年代，苏联学术界最早提出了生态文明概念，但不是将其界定为工业文明之后的一种文明形式，而是将生态文明看作生态文化、生态学修养的提升。之后多国的研究者开始对生态文明这一概念进行阐释，开始逐渐从生态学和生态哲学的视角来看待生态文明。生态文明就是用来指代工业文明之后的一种新的文明形态，它体现的是一种物质文明和精神文明上的进步状态。

人类经过了原始文明、农业文明、工业文明，从依靠本能发展到依靠体能和技能；从崇拜自然发展到依赖自然、改变自然、与自然斗争；从仅有天然食物链发展到自给水平、富裕水平；从简单的采食渔猎发展到简单再生产、复杂再生产；从满足个体延伸需要发展到维持低水平的生存需求、维持高水平的透支需求；从对环境无污染发展到造成严重的环境退化、全球性环境压力。工业革命虽然带来了技术的发展、物质生活的富足等，但导致人与自然的矛盾日益尖锐，影响人类的健康和生存，甚至是地球的命运。在这种情况下，生态文明应运而生，其具有

依靠智能、与自然协调、经济优化、平衡资源节约并可持续利用、生态环境质量改善、人民和生物的健康和安全得到保障等特点。生态文明的这种进步状态是以人与自然，人与人，当代人和未来人，人与社会经济之间的和谐共生为特点的平衡发展，是追求经济有效、社会公正和生态良好的良性发展，涉及世界观、价值观、生产方式、生活方式、发展模式、消费模式、社会制度以及法律制度等诸多范畴。

二、生态文明的主要观念和已有的经验

生态文明建设，是以生态规律为行为准则，综合运用政治、经济、文化、社会和自然的方法，依照生态系统和谐长存的原理，建设以资源环境承载力为基础，以增强可持续发展能力和维护生态正义为根本目标的资源节约型、环境友好型和生态健康型社会。

在工业界的活动可以认为是生态文明最早最直观的体现，从 20 世纪 70 年代以来，推行清洁生产，发展循环经济，创立生态工业学，建设生态工业园区；研究产业共生代谢、工业产品生命周期管理、工业产品的生态设计、减物质化、提高生态效率、再制造、绿色化工、绿色建筑；推广生态农业，生态城市等一切努力，都是人类努力在自然可承受的范围内合理利用资源环境，走生产发展、生活富裕和生态良好的科学发展道路的进步。

中国正在努力开创生态文明新时代。

早在 3000 多年前《周易》中就提出"天人之际"来阐述人与自然统一和不可分离的关系，"天人合一"成为中国哲学的基本精神，提倡尊重、热爱、效仿自然并与自然和谐相处。

中国人均资源占有量远低于世界平均水平，且空间分布不均，改革开放以来，经济有了飞速的发展，但同时也出现了严重的资源短缺、生态破坏和环境污染。目前迫切需要在节约资源、防治污染、保护生态的前提下发展经济，提高人民生活水平，改善人民生存的环境。中国目前虽然还没有完成工业化，但必须尽快逐步建立生态文明的新理念，实施新型的工业化道路，走上生态文明的新时代。

习近平总书记反复强调："绿水青山就是金山银山""保护生态环境就是保护生产力、改善生态环境就是发展生产力。"

党的十八大要求大力推进生态文明建设，并指出："必须把生态文明建设放在突出地位，融入经济建设、政治建设、文化建设、社会建设各方面和全过程。"

三、生态文明建设应在六大领域同时进行

（一）生产领域

《清洁生产促进法》颁布，成为中国在生产领域综合考虑资源环境问题的集中体现；循环经济省市试点工作启动，掀起了我国发展循环经济的热潮。清洁生产的要旨在于从产品（包括服务）、生产过程及其构成的整个产业体系，围绕结构生态化重组转型，推动生态产业系统的建设，并针对线性物质代谢模式的核心：产品，实施生态设计。循环经济，是对清洁生产在更高层面、更大范围上的拓展与升华，推动产业系统的生态化转型，促进消费方式的转变。在生态文明的新时代，一定要坚持推行清洁生产，发展循环经济，并努力发展生态工业和推动工业园区的生态化改造发展。还必须大力推进生态农业的发展，发展传统能源的绿色利用和可再生能源的开发利用。

（二）消费领域

消费位于下游，下游领域的浪费会造成数百、数千甚至更高的资源开采领域的浪费。中国消费主体数量庞大，消费水平低且呈两极分化。"十二五"规划纲要提出，必须倡导文明、节约、绿色、低碳消费理念，推动形成与我国国情相适应的绿色生活方式和消费模式：包括使用节水产品、节能汽车、节能省地住宅；减少使用一次性用品；限制过度包装；抑制不合理消费；推行政府绿色采购等。

应反对奢侈浪费，追求物质享受，建立适度的消费规模、科学的消费结构、公平的消费原则、文明的消费行为、生态型的消费品和无污染的消费结果。中国虽然地大物博，但人口众多，人均国土面积和资源拥有量都低于很多国家水平，

因此消费水平绝不能向世界发达国家、富裕国家看齐。

（三）城镇化建设领域

城镇化是现代化的重要标志，城镇化过程意味着自然原始生态系统的减少和人工生态系统的扩张，城市是一个典型的人工生态系统，是更需要人工调控和管理的复杂的自然、经济、社会复合的生态系统。城市规划设计应以生态文明理念为指导，城市规模要控制，不应一味扩大、膨胀；各类建筑的布局要合理，减少对市内交通的需求；城市交通应以公共交通为优先，提倡步行和自行车出行；公共建筑，特别是政府办公楼、广场，不能追求大、洋、阔；反对耗费资源、金钱，没有实用价值的所谓形象工程、标志工程。

建议学习德国"去中心化"的城市发展模式，发展规模小、数量多、分布均衡的城市；城市行政资源和服务功能实现等值化分布；振兴中小城镇，推动不同区域以及城乡之间的无差异发展。

城市基础设施的设计与建设均应支持生态文明的建设，包括给水排水系统，道路交通系统，垃圾收集与回收利用系统等，应大力开发"城市矿山"，变城市垃圾为矿产资源，获得资源回收、环境保护及获取经济效益的三赢。

（四）自然生态系统保护领域

自然生态保护是生态文明建设的重要任务之一，主要措施是加大自然生态系统和环境保护力度，通过实施重大生态修复工程，以增强生态产品生产能力，推进荒漠化、石漠化和水土流失的综合治理，以改善区域生态环境。通过监测生态系统变化、支撑国土空间开发格局优化；研究生态系统变化机理，支撑自然生态系统保护；研制生态建设新技术和优化模式，支撑生态系统高效利用；研究全球变化和环境问题，提升应对气候变化的能力；传播自然生态保护知识，支撑国民生态保护行动。我国地域广阔，不同地区有不同特性的自然生态系统，应针对不同生态系统的特点采用保护措施，优先保护，同时进行受损系统的修复。

（五）文化教育领域

建设生态文明，实现人类与自然生态的协调发展，必须要提高大众的生态意识，培养全体社会成员的生态素质，这必须依托于文化教育。要加强学校教育，从小学、中学到大学，还要加强社会教育，政府、企业和公众都应接受教育，媒体、培训、自我教育都是有效的教育手段；还应明确理、工、法、管理、金融、社会等专业人士对生态文明建设都有责任，都应该接受生态文明教育；一定要形成热爱生态环境、促进可持续发展人人有责的社会风尚。

最重要的是要全面加强素质教育，提倡环境伦理观，要求人们尊重和爱护自然，关心自己并关心全人类，着眼当前并思虑未来。要不断宣传可持续发展战略和生态文明建设的理念，宣传中国的优秀文化传统《天人合一论》，也要介绍引进世界发达国家的一些新观念、新理论，如"工业生态学""生态城市"等。

（六）法制和管理领域

生态文明建设法律体系必须以一系列较为成型且彼此联结的法律制度作为基本立足点，法律体系应根据生态文明理念、生态文明基本规律和环境要素总体演化规律的要求，遵循生态优先、不得恶化、生态民主、共同责任的原则来构建。这些法律制度可分为预防性制度、管控性制度以及救济性制度。应修改已有法律，纳入生态文明建设的要求；加强不同法律之间的联系包括与刑法的联系；加强执法和对违法行为的惩治，实施对浪费资源、破坏环境的终身问责制。要完善经济社会发展考核评价体系，把资源消耗、环境损害、生态效益等体现生态文明建设状况的指标纳入经济社会发展指标体系，使之成为推进生态文明建设的重要导向和约束。要建立保护生态文明的制度，如自然资源资产产权制度和用途管理制度，生态保护红线管理制度，生态补偿机制，环境损害赔偿和责任追究制度，生态文明建设考核评价制度和生态文明统计制度。把生态文明建设的要求全面纳入征集考核指标体系。

四、结语

生态文明是在否定了工业文明自然观和价值观的基础上提出的，是标志着人类文明发展方向的新文明理念。与传统文明相比，生态文明承认人与自然密不可分，强调通过生产方式、生活方式和思维方式的转变，促进人与自然和谐共生。建设生态文明是改变发展模式、实施可持续发展战略的必由之路；生态文明建设一定要融入经济建设、政治建设、文化建设、社会建设。虽然已经取得一些成绩，但任务艰巨，困难不少，建设生态文明还处在起步阶段。我们要提倡从我做起，从小事做起，从现在做起。展望未来，前途是光明的，人与自然的和谐，美丽中国的梦想，是一定能够实现的。

参考文献

[1]　http：//www.clubofrome.org/report/the-limits-to-growth/.

[2]　梅凤乔. 生态文明：人类文明的转折点[J]. 生态经济，2015，31（11）：176-179.

[3]　http：//www.un.org/en/ga/search/view_doc.asp？symbol=A/RES/70/1.

[4]　http：//www.gov.cn/2011lh/content_1825838.htm.

[5]　http：//news.xinhuanet.com/newscenter/2007-10/24/content_6938568.htm.

[6]　http：//www.xj.xinhuanet.com/2012-11/19/c_113722546.htm.

[7]　http：//www.scio.gov.cn/xwfbh/xwbfbh/yg/2/Document/1436286/1436286.htm.

[8]　俞可平. 科学发展观与生态文明[J]. 马克思主义与现实，2005（4）：4-5.

[9]　曹明德. 生态法的理论基础[J]. 法学研究，2002（9）：98-107.

[10]　牛文元. 生态文明的理论内涵与计量模型[J]. 中国科学院院刊，2013，38（2）：163-172.

[11]　宋林飞. 生态文明理论与实践[J]. 南京社会科学，2007（12）：3-9.

[12]　焦金雷. 生态文明：现代文明的基本样式[J]. 江苏社会科学，2006（1）：74-78.

[13]　王素斋. 新型城镇化科学发展的内涵、目标和路径[J]. 理论月刊，2013（4）：166.

[14]　缪钿英，廖福霖，祁新华. 生态文明视野下中国城镇化问题研究[J]. 福建师范大学学报

（哲学社会科学版），2011（1）：24.

[15]　包双叶. 论新型城镇化与生态文明建设的协同发展[J]. 求实，2014，8：59-63.

[16]　于贵瑞，于秀波. 中国生态系统研究网络与自然生态系统保护[J]. 中国科学院院刊，2013，28（2）：275-283.

[17]　樊乃卿，张育新，吕一河，等. 生态系统保护现状及保护等级评估——以江西省为例[J]. 生态学报，2014，34（12）：3341-3349.

[18]　楚春礼，徐盛国，姜贵梅，等. 中国城市自然生态系统保护研究[J]. 生态经济，2014，30（9）：162-171.

[19]　吴学丽. 生态文明建设与文化素质教育[J]. 前沿，2012，305（3）：143-144.

[20]　佘正荣. 生态文化教养：创建生态文明所必需的国民素质[J]. 南京林业大学学报（人文社会科学版），2008，8（3）：150-158.

[21]　刘贵华，岳伟. 论教育在生态文明建设中的基础作用[J]. 教育研究，2013，407（12）：10-17.

[22]　王灿发. 论生态文明建设法律保障体系的构建[J]. 中国法学，2014（3）：34-53.

[23]　孙佑海. 依法治国背景下生态文明法律制度建设研究[J]. 西南民族大学学报（人文社会科学版），2015（5）：85-88.

[24]　汪劲. 论生态补偿的概念——以《生态补偿条例》草案的立法解释为背景[J]. 中国地质大学学报（社会科学版），2014，14（1）：1-8.

[25]　王灿发. 中国环境公益诉讼的主体及其争议[J]. 国家检察官学院学报，2010，18（3）：3-6.

生态文明是可持续发展的中国智慧和中国方案

◉ 王春益

（中国生态文明研究与促进会驻会副会长）

　　人类只有一个地球，这个地球不是我们这一代人从祖先那里继承下来的，而是从我们的子孙手中借来的。我们这一代人绝不能干吃祖宗饭、造子孙孽的事情。历史上的古老文明大多发源于水量丰沛、森林茂密、田野肥沃、生态良好的地区。在三千到四千年前，人类在靠近大型河流的附近建立了浩瀚的文明，也就是黄河流域的中国，尼罗河流域的古埃及，两河流域的古巴比伦，印度河流域的印度。目前世界公认的四大文明是中国文明、印度文明、埃及文明、两河文明。由于自然灾难和人为因素，使生态状况急转直下，也让古埃及、古巴比伦、古印度、玛雅文明在极度繁华后由盛转衰，甚至走向毁灭。人类只有一个地球，保护地球是人类共同的责任。当今世界存在着不同的民族、国家、利益群体、宗教信仰和社会制度，用什么共同的利益和共识来维系？唯有生态文明与可持续发展会让地球上的人类和谐共处，理性选择共同的未来。人类与地球是一个命运共同体，各国应该携起手来共建生态文明。大国更应有大国的样子和大国的责任担当。

一、生态文明的内在本质是人与自然和谐共生

　　对什么是生态文明，一直是众说纷纭。我认为，生态文明的主体是人，本质是人与自然和谐共生，从文化和文明的特质上可用一个字来解释和概括，即"善"。

人类要尊崇、顺应、保护自然生态，珍爱地球，善待自然，而不是妄自尊大，凌驾于自然之上。"当现实世界是美的、和谐的时候，才是善的（'过程哲学'创始人阿尔弗雷德·诺斯·怀特海）"。在过去的全球经济发展中，人们一味地追求财富，大搞开发，贪婪地掠夺索取自然资源，给全球带来了无尽的生态灾难。人类中心主义割裂了人与自然的整体统一性、过程性和有机性，为人类破坏了大自然多样性、丰富性以及开放循环、有限无限的联系性提供了依据。人类中心主义传统是现代西方生态危机的罪魁祸首。习近平主席深刻地揭示了生态文明的本质内涵和价值取向，这就是人与自然和谐共生。生态文明是人们在改造自然、造福自身的过程中，为了使人与自然和谐共生所作出的一切努力以及取得的一切成果的综合。人与自然是生命共同体，只有共存共生，才能共育共荣。生态文明是人类文明发展到一定阶段的产物，从原始文明、农业文明到工业文明（后工业文明），人类发展严重受制于资源环境约束，全球性生态环境问题开始威胁人类的生存。也有人概括为人类文明由黄色文明到黑色文明再到绿色的生态文明。建设生态文明，不是要放弃工业文明，回到原始的生产生活方式，而是要以资源环境承载能力为基础，以自然规律为准则，以可持续发展、人与自然和谐共生为目标，建设生产发展、生活富裕、生态良好、生命健康的生态文明社会。

二、生态文明是人类优秀思想文化成果

（一）中国优秀传统文化

生态文明来源于生态思维。中华民族的生态思维蕴含在其文化理念中，体现在伦理制度中，延续于历史传统之中。儒、释、道三家尽管在对自然的具体态度上有差异，但都对人与自然的关系以及人在自然中的定位，这个中国哲学的基本问题做了回答。即把人看作是"以实现人与自然和谐统一为目的的德性主体"，把"天人之际""天人合一"作为处理人与自然关系的基本准则。儒家文化中的生态思想本质就是善待自然、顺应自然。孔子说，"仁者爱人"，要人们把仁爱推广延伸到对世间的一切物质和生命；释家提出"佛性"乃万物之本原，万物之差

别仅是佛性的不同表现，宣扬众生平等，认为"山川草木，悉皆成佛""心净则土净"；道家强调，人要以尊重自然规律为最高准则，把天人之道、道法自然、效法天地作为人生行为的基本遵循。这些思想和主张，是我们的祖先在探索人与自然关系的道路上留下的文明智慧和宝贵精神财富，对我们今天认识和理解生态文明的本质有着重要的思想价值。

（二）西方哲学和优秀思想文化

（1）盖亚假说：其基本认识是，在生命与环境的相互作用之下，能使得地球适合生命持续的生存与发展。盖亚假说由英国大气学家詹姆斯·洛夫洛克（James E.Lovelock）在 20 世纪 60 年代末提出，后来经过他和美国生物学家马古利斯（Lynn Margulis）共同推进，逐渐受到西方科学界的重视，对人们的地球观产生着越来越大的影响。盖亚假说的核心思想是认为地球是一个生命有机体。詹姆斯·洛夫洛克说过"地球是活着的"，而且地球本身具有自我调节的能力，为了这个有机体的健康，假如她的内在出现了一些对她有害的因素，"盖亚"本身具有一种反制回馈的机能。

（2）过程哲学：英国著名哲学家阿尔弗雷德·诺斯·怀特海于 20 世纪中叶在美国创立的一种新哲学，亦称为"机体哲学"，集中体现在其代表作《过程与实在》等著作中。怀特海把任何一个实有和现实事态放到整体与部分、个体与共同体、主体与客体、系统与环境、物质与精神、目的与手段、现实性与超越性等关系中来描述和说明，以有机整体、内在过程、生成循环、多元共存为思想基础。有的学者把他的过程哲学叫作"内在关系的哲学"，在其中把人与自然的关系也内在化了，其结论是关爱自然就是关爱人自身，人与自然共处于机体变化过程中。怀特海的过程哲学确立了和谐的价值指向：实现拥有美的秩序之宇宙和谐，并最终实现人与自然、人与人、人与其自身的和谐。正是在这个意义上，过程哲学具有生态文明的因子和意蕴，其整体论、过程论、生成论和过程辩证法思维范式下的内在关系论，丰富了中国生态文明的哲学内涵。

（3）深度生态学：深度生态学是一门生态环境哲学，强调众生都有其生存权利与内在价值，无关乎其对于人类的使用价值；自然世界是各种复杂关系的微妙平衡，所有的生物体都与生态系统中的其他生命休戚相关。1973 年，挪威哲学家阿恩·奈斯（Arne Naess）在其文章《浅与深，长远生态运动：综述》（*The Shallow and the Deep，Long-Range Ecology Movement：A Summary*）中首次提出"深度生态学"（Deep Ecology）一词，文中批判了将大自然工具化的人类中心主义，以及与之对应的"浅层生态学"（Shallow Ecology），即仅仅为了人类的福祉而保育荒野、保护生物多样性，把大自然的价值囿于其对人类的使用价值。为此，阿恩·奈斯提出了与之相对的"深度"生态世界观，肯定了众生的基本生存权利及其内在价值。1984 年，阿恩·奈斯与同伴乔治·塞欣斯（George Sessions）共同起草了深度生态学的八项基本原则，并强调这些原则并不是死板的教条，而是一些供讨论的纲要，在广义上接纳这些原则的人们可以在此基础上进一步修订和优化。英国的舒马赫学院（Schumacher College）于 1995 年 5 月开设了一门深度生态学课程，参加者在课程学习过程中重新讨论并归纳了深度生态学的八项基本原则，包括：①众生都有内在价值，无关乎其对于人类的使用价值；②生命形式的丰富性和多样性有益于众生的福祉，也有其固有价值；③除非以负责任的方式满足基本需要，否则人类无权减损此丰富性和多样性；④人类正过度地影响世界，而且情况正在迅速恶化；⑤人类的生活方式与人口数量是造成这种影响的关键因素；⑥唯有降低这种影响才能让包含文化在内的生命多样性繁盛茁壮；⑦意识形态、政治、经济与科技的基本结构必须改变；⑧赞同上述观点的人都有义务通过和平与民主的方式推动必要的变革。

（4）有机马克思主义：从 20 世纪 70 年代开始，西方马克思主义者安德烈·高兹等运用生态思维对资本主义进行批判，詹姆斯·奥康纳、约翰·福斯特等研究阐发马克思、恩格斯等经典作家的生态唯物主义等思想，出现了生态学马克思主义。同时，美国以小约翰·柯布博士为代表的过程哲学家和建设性后现代思想家，对全球无限发展中的生态危机进行了深刻反思，在研究过程中，将怀特海的有机哲学与经典马克思主义结合了起来，特别是与中国传统文化相结合，提出了"有机马克思主义"（Organic Marxism），初步形成了一个有机马克思主义的新流派。柯布博士认为，在所有西方马克思主义学派中，有机马克思主义是目前为止唯一具有鲜明中国文化因子的流派。在此意义上可以说，有机马克思主

义不只是西方的，也不只是中国的，而是具有"国际风格"的新马克思主义。有机马克思主义认为，生态危机的真正根源是现代性，特别是现代性蕴含的无限经济增长癖，即追求高速增长，有机马克思主义反对的正是这种无限增长与扩张。克莱顿在《有机马克思主义》一书中，阐明的有机马克思主义与可持续发展实践的 4 条原则就具有深刻的生态文明因素：为了共同的福祉、坚持有机和生态的思维框架、关心弱势阶层、长期的整体的视角。克莱顿还总结了柯布博士概括的"拯救星球的十大观念"，这些原则对中国生态文明建设有一定的借鉴作用。柯布和赫尔曼·达利合著的《为了共同的福祉》一书，阐述了共同福祉经济学、生态经济学和可持续经济学等新理念，以整个地球生物圈的价值为最大视角。毫无疑问，有机马克思主义所关注的是全球性的生态危机、社会危机、文化危机以及生态环境哲学的重建问题。

从总体上说，西方的盖娅假说、过程哲学、深度经济学、有机马克思主义等，大都以生命有机整体、内在相关、生成发展、多元共生为思想基础，强调有机整体主义，以有机思维方式，把地球看作是一张生命之网。以上思想成果都蕴含着深刻的生态思维，其表现特点是用整体性、过程性、可持续性的观点看待自然和人类，它们本质和根底是生态的、有机的，甚至是草根的。因此说，中国的优秀传统文化是生态文明的沃土和根系，西方优秀思想文化为生态文明提供了植被和营养。

三、生态文明是可持续发展的中国式表达

可持续发展，"既满足当代人的需要，又不对后代人满足其需要的能力构成危害的发展"，作为一种新的发展观，是应时代的变迁、社会经济发展的需要而产生的，是人们对人类进入工业文明时期以来所走过的道路进行反思的结果。1972 年斯德哥尔摩人类环境大会，1987 年发表的《我们共同的未来》，1992 年里约召开的联合国环境与发展大会，2002 年约翰内斯堡召开的"里约+10"环境大会，2012 年"里约+20"联合国可持续发展大会，以及 2015 年纽约联合国大会通过的《改变我们的世界：2030 年全球可持续发展议程》，都是这一进程中重

要的里程碑,可持续发展从理念逐渐深入人心,成为世界各国的发展战略和实践。

虽然现代可持续发展思想起源于西方,对中国而言是舶来品,但中国在对自身发展历程的反思中,逐步接受了可持续发展理念,进而将其上升为国家战略。中国在改革开放进程中,不仅见证和经历了全球可持续发展进程,而且作为发展中大国,积极推进可持续发展战略,为全球可持续发展进程作出了巨大的贡献,特别是进入新时代后为全球可持续发展贡献中国智慧,以生态文明思想促进合作共赢,构建人类命运共同体。

从一定维度上看,中国的生态文明与国际社会倡导的可持续发展是一脉相承的,这个"脉"就是用生态思维看待地球生物圈而形成的全球发展生态共识。当然,从学术研究的严谨规范角度看,可持续发展与生态文明既有联系又有区别。可持续发展是对高度发达的工业(后工业)社会出现的问题,运用生态的、过程的、有机的辩证思维深刻反思的思想成果。为什么世界各国、全球在可持续发展、生态环境保护上的基本认识能够达到一致呢?因为可持续发展体现了地球生物圈的基本规律,是用生态思维审视人类与地球、生态环境与经济发展、代际与代内公平等的新认识,它在一定程度上超越了意识形态、种族、宗教信仰等藩篱,全球基本遵循可持续发展理念的实践进程,将有利于人类社会在更高层次上推进生态文明。

与可持续发展相比,生态文明的站位更宏观,它从人类文明发展的纵向视域上,从人类文明发展进步的新高度来清醒把握和统筹解决生态、资源、环境、发展等问题,进而从经济、政治、文化、社会等全领域、全方位上由执政党和政府来部署规划生态建设。中国把生态文明作为"五位一体"总体布局之一,在更高层次上实现人与自然、环境与经济、人与社会的和谐,为增强可持续发展能力、实现中华民族永续发展提供了更科学的理念和方法论指导,也是对世界可持续发展理论和进程的巨大贡献。全球范围倡导的可持续发展与中国的生态文明理念是高度契合的,二者产生的背景、要解决的问题、实践的路径、追求的目标等方面基本一致,在本质上有着关联性,可以说,生态文明是可持续发展的扩展和升华,是可持续发展的中国智慧和中国方案。展望未来,全球可持续发展进程将继续深化,正如习近平总书记在全国生态环境保护大会上讲话中提到的,"共谋全球生

态文明建设，深度参与全球环境治理，形成世界环境保护和可持续发展的解决方案，引导应对气候变化国际合作"。

四、中国的生态文明理念与实践

中国改革开放 40 年，工业化、城镇化快速发展，人民生活水平显著提高，但也造成了较大的生态欠账。空气污染、河流污染、土壤重金属超标、食品安全等问题频发。比如，一些地区小流域污染和黑臭水体还没有得到根本解决，雾霾在一些大中城市还没有消除，人民群众反映比较大，少数企业还有违法排污行为等；少数地方长期以来大规模的探矿、采矿活动，造成保护区局部植被破坏、水土流失、地表塌陷等，生态修复的任务很重，影响社会稳定，制约经济社会可持续发展。当然，解决快速发展积累下来的生态环境问题肯定存在一个过程，生态环境保护任重道远。现实和国际经验告诉我们，传统的粗放型发展方式已难以为继，资源环境的承载力已经达到或接近上限，大力加强生态文明建设，建设美丽中国，是实现中华民族永续发展的唯一正确选择。

一个政党持什么样的生态观，取决于他的哲学思维基础和对地球生物圈的看法。在全世界，唯有中国共产党首先在政党和国家层面上提出建设生态文明。党的十七大报告中正式提出要建设生态文明，后来提出建设资源节约型、环境友好型"两型社会"。十八大把生态文明作为"五位一体"总体布局，并写入党章，提出建设美丽中国，实现中华民族永续发展。十九大把生态文明作为新时代中国特色社会主义思想的重要内容。中国坚定不移推进生态文明建设，锐意深化生态文明体制改革，全国上下、各地各级、各行各业积极探索、创新实践，大力度解决水、土、气等突出生态环境问题，统筹山水林田湖草系统治理，推动供给侧结构性改革，实现绿色发展，并积极参与应对全球气候变化，为共同推进全球生态文明和可持续发展事业做出积极贡献。2018 年 3 月，生态文明写入中国宪法，成为国家和人民的意志，成为正确处理经济发展与生态环境保护的关系、推动可持续发展的基本国策。2018 年 5 月，习近平总书记在全国生态环境大会对党和国家推进生态文明建设的战略部署与实践创新作了"四个一"的科学概括，习近平总书记说，党的十八大以来，我们党关于生态文明建设的思想不断丰富和完善。在"五位一体"总体布局中生态文明建设是其中一位；在新时代坚持和发展中国特色社会主义基本方略中坚持人与自然和谐共生是其中一条基本方略；在新发展理念中绿色是其中一大理念；在三大攻坚战中污染防治是其中一大攻坚战。"五位一体"是中国特色社会主义事业的总体布局；新时代坚持和发展中国特色社会主义的基本方略是引领党和国家事业发展必须全面贯彻的基本方略；新发展理念是发展思路、发展方向、发展着力点的集中体现；三大攻坚战是决胜全面建成小康社会的关键战役。在每一方面，生态文明建设都是一项重要内容。由此可见生态文明建设在党和国家事业发展中的重要地位。国内国际普遍反映，近几年是中国生态文明建设力度最大、举措最实、推进最快、成效最好的时期，人民群众有了更多的获得感。

党的十八大以来，以习近平同志为核心的党中央把生态文明建设摆在治国理政的突出位置，开展了一系列根本性、开创性、长远性工作，深刻回答了为什么建设生态文明、建设什么样的生态文明、怎样建设生态文明的重大理论和实践问题，形成了习近平生态文明思想，成为习近平新时代中国特色社会主义思想的重要组成部分，是新时代推进生态文明建设的科学指南。

习近平主席提出的一系列新理念、新要求、新目标、新部署，为提升生态文明、建设美丽中国提供了根本指导和根本遵循。"绿水青山就是金山银山""要像保护眼睛一样保护生态环境，要像对待生命一样对待生态环境"，保护生态环境就是保护生产力，改善生态环境就是发展生产力，"山水林田湖草是一个生命共同体""为人民创造良好生态生活环境和生态产品"等理念，深入人心、深得民意。

习近平生态文明思想的内容十分丰富，生态兴则文明兴，生态衰则文明衰，生态文明建设是关系中华民族永续发展的根本大计，集中体现在新时代推进生态文明建设的"123456"路径，即：

1 个根本目的——提供更多优质生态产品，不断满足人民群众日益增长的优美生态环境需要；

2 个发展阶段——一是到 2035 年，生态环境质量实现根本好转，美丽中国

目标基本实现。二是到 21 世纪中叶，物质文明、政治文明、精神文明、社会文明、生态文明全面提升，绿色发展方式和生活方式全面形成，人与自然和谐共生，生态环境领域国家治理体系和治理能力现代化全面实现，建成美丽中国；

3 个基本判断——生态文明建设正处于压力叠加、负重前行的关键期，已进入提供更多优质生态产品以满足人民日益增长的优美生态环境需要的攻坚期，也到了有条件有能力解决生态环境突出问题的窗口期；

4 点明确要求——全面推动绿色发展，把解决突出生态环境问题作为民生优先领域，有效防范生态环境风险，提高环境治理水平；

5 大核心体系——一是以生态价值观念为准则的生态文化体系，二是以产业生态化和生态产业化为主体的生态经济体系，三是以改善生态环境质量为核心的目标责任体系，四是以治理体系和治理能力现代化为保障的生态文明制度体系，五是以生态系统良性循环和环境风险有效防控为重点的生态安全体系；

6 项重要原则——一是坚持人与自然和谐共生，坚持节约优先、保护优先、自然恢复为主的方针，像保护眼睛一样保护生态环境，像对待生命一样对待生态环境，让自然生态美景永驻人间，还自然以宁静、和谐、美丽。二是绿水青山就是金山银山，贯彻创新、协调、绿色、开放、共享的发展理念，加快形成节约资源和保护环境的空间格局、产业结构、生产方式、生活方式，给自然生态留下休养生息的时间和空间。三是良好生态环境是最普惠的民生福祉，坚持生态惠民、生态利民、生态为民，重点解决损害群众健康的突出环境问题，不断满足人民日益增长的优美生态环境需要。四是山水林田湖草是生命共同体，要统筹兼顾、整体施策、多措并举，全方位、全地域、全过程开展生态文明建设。五是用最严格制度最严密法治保护生态环境，加快制度创新，强化制度执行，让制度成为刚性的约束和不可触碰的高压线。六是共谋全球生态文明建设，深度参与全球环境治理，形成世界环境保护和可持续发展的解决方案，引导应对气候变化国际合作。

6 项原则是我们建设生态文明必须遵守的规则和守则，既有哲学性、又有世界性和现实性，具有重大的指导性；5 大体系是支撑生态文明建设的"四梁八柱"和运行保障；4 点要求指出了我们要达到的目标和任务，明确了我们生态文明建设的具体领域，具体而且具有现实可操作性；3 个判断指出了中国当前生态环境保护面临的形势，必须"咬紧牙关，爬过这个坡，迈过这道坎"；2 个阶段是一个明确的"时间表"，一张蓝图干到底；1 个目的就是实现人民对美好生活的向往，满足人民日益增长的美好生活需要。生态文明建设路径清晰，提供了完整的可操作的施工图。

五、中国是全球生态文明的重要参与者、贡献者和引领者

人类是命运共同体，保护生态环境是全球面临的共同挑战和共同责任。生态文明建设做好了，对中国特色社会主义是加分项，反之就会成为别有用心的势力攻击我们的借口。人类进入工业文明时代以来，传统工业化迅猛发展，在创造巨大物质财富的同时也加速了对自然资源的攫取，打破了地球生态系统原有的循环和平衡，造成人与自然关系紧张。从 20 世纪 30 年代开始，一些西方国家相继发生多起环境公害事件，损失巨大，震惊世界，引发了人们对资本主义发展模式的深刻反思。在人类 200 多年的现代化进程中，实现工业化的国家不超过 30 个、人口不超过 10 亿。在我们这个 13 亿多人口的最大发展中国家推进生态文明建设，建成富强民主文明和谐美丽的社会主义现代化强国，其影响将是世界性的。

我国率先发布《中国落实 2030 年可持续发展议程国别方案》，实施《国家应对气候变化规划（2014—2020 年）》，向联合国交存《巴黎协定》批准文书。我国消耗臭氧层物质的淘汰量占发展中国家总量的 50%以上，成为对全球臭氧层保护贡献最大的国家。

中国深度参与和引导着应对气候变化的国际合作。中国是最早通过立法程序批准《巴黎协定》的国家之一，也是最早向联合国提交应对气候变化国别方案的国家之一。作为负责任的大国，中国积极参与全球环境治理，落实减排承诺。早在 2015 年中国就承诺，将于 2030 年左右使二氧化碳排放达到峰值并争取尽早实现。中国政府采取了一系列强有力的环境保护措施，比如加强散煤治理，推进重点行业节能减排；优化能源结构，降低煤炭消费比重等。2013—2018 年，中国的单位国内生产总值能耗、水耗均下降 20%以上，主要污染物排放量持续下降，重点城市重污染天数减少一半，森林面积增加 1.63 亿亩，沙化土地面积年均缩

减近 2000 平方公里。

　　2015 年，习近平主席在巴黎出席联合国气候变化大会时指出，应该摒弃"零和博弈"狭隘思维，推动各国尤其是发达国家多一点共享、多一点担当，实现互惠共赢。当国际社会还在为责任分摊而争个不停时，中国政府已拿出令人赞叹的决心和力度积极应对全球气候变化。在美国宣布退出《巴黎协定》之际，中国重申将坚持气候保护既定目标和承诺，用诚意和决心鼓舞了世界。进入 21 世纪以来，中国不断为全球低碳经济做出积极贡献，一方面提高政策透明度以增强互信，另一方面提供强有力的金融支持助力其他发展中国家转型升级发展模式。早在 2015 年 12 月，中国人民银行推出绿色金融债券，目前，中国的绿色债券市场已经成为全球最大绿色债券市场，同时中国还创造了全球最大的碳排放交易体系。中国于 2017 年 9 月初启动了传统能源车停产停售时间表研究，目前，中国已成为全球最大的新能源汽车生产和消费国。通过不断创新和发展，中国事实上已经在环境保护、可再生能源利用和绿色金融等领域成为全球标杆。中国提出共建"一带一路"倡议，6 年多来，中方已与 125 个国家和 29 个国际组织签署 173 份合作文件（注：截至 2019 年 3 月底）协议，正如习近平主席所讲，共建"一带一路"倡议源于中国，但机会和成果属于世界，中国不打地缘博弈小算盘，不搞封闭排他小圈子，不做凌驾于人的强买强卖，国外有的少数人和个别媒体认为，"一带一路"在给沿线地区和国家带来发展机遇的同时，会给当地生态环境造成威胁，但事实绝不是这样的。中国倡导的"一带一路"是绿色发展之路，与沿线国家和地区的国际合作，中国企业严格执行当地生态环境保护要求，拿出去的都是先进的高新技术，更不是输出落后产能，是建设山清水秀、清洁美丽的世界，确保共同生态环境安全。当前，中国已经在节能环境保护、可再生能源利用领域成为世界领导者。中国正在积极推动生态文明理念"走出去"，为构建人类命运共同体，解决全球性生态环境问题提供中国智慧和中国方案，做全球生态文明的重要参与者、贡献者和引领者。

　　中国国家主席习近平在 2019 年中国北京世界园艺博览会开幕式上《共谋绿色生活，共建美丽家园》的讲话提出，"我们应该追求人与自然和谐""我们应该追求绿色发展繁荣""我们应该追求热爱自然情怀""我们应该追求科学治理精神""我们应该追求携手合作应对",为全球生态文明建设提供理念支撑,贡献中国智慧。建设美丽家园是人类的共同梦想。面对生态环境挑战,人类是一荣俱荣、一损俱损的命运共同体,没有哪个国家能独善其身。唯有携手合作,我们才能有效应对气候变化、海洋污染、生物保护等全球性环境问题,实现联合国 2030 年可持续发展目标。只有并肩同行,才能让绿色发展理念深入人心、全球生态文明之路行稳致远。

生态文明是中国贡献给全球生态治理与保护的思想智慧、实践经验和创新动力,生态文明是中国的,也是世界和全人类的。

绿色社会的兴起

⊙ 洪大用

（教育部学位管理与研究生教育司司长）

　　自从人类诞生之日起，人与环境的关系就具有对立与统一的两面性。一方面，从环境中获取资源是人类得以生存和发展的基本条件，人类的生产与生活活动总是产生一定的环境影响，体现为环境的消耗、衰退乃至破坏；另一方面，过度的资源攫取和环境破坏最终将影响人类自身的生存与发展。因此，在生产力发展的不同阶段，在不同的社会制度背景下，基于生产生活实践中对于人类与环境关系的认识，人类都会以特定的方式将环境因素纳入社会建设的诸种行动之中，努力谋求人类社会与环境相协调。在此意义上，社会建设从来就具有环境之维，所不同的只是其历史的阶段性、差异性。这种阶段性、差异性一方面体现为人类社会发展不同阶段对于环境状况及其影响的认知，另一方面则体现为环境因素纳入社会建设行动的广度、深度和强度。本文试图分析我国改革开放以来的社会建设是如何纳入环境因素并逐步迈向一个绿色社会的。这里的绿色社会，指的是人类在认识社会与环境相互作用关系的基础上，自觉推进社会变革以谋求社会与环境相协调的一种社会过程和状态，这是当代中国社会建设的重要方面，甚至是具有弥散性、渗透性影响的重要内涵。

一、社会建设：从开发环境到保护环境

如果说保障和改善民生是社会建设的重点，那么改革开放之初社会建设的首要任务就是消除贫困，提高人民生活水平。1978 年，中国人均 GDP 只有 385 元，世界排名非常靠后。按照现行贫困标准回溯，当时 97.5% 的农村人口都是处在贫困状态，缺衣少食。在此情况下，更大规模、更快速度、更有效率地将环境中的资源转化为商品与服务，脱贫致富，自然是当务之急，由此开发利用环境是主要的一种社会行动取向。

1986 年出版的《富饶的贫困》一书，在当时很有影响。该书讨论的是西部地区为什么落后于东部地区以及西部地区摆脱贫困的路径，其核心观点就是要提升人的素质，推动社会基础结构变革，重新看待环境资源以及转变资源开发利用方式。作者指出西部地区有着令人震惊的富饶资源，人们"在干什么成什么的资源基础上，干什么不成什么"，原因就在于"传统的社会—经济结构和商品生产素质低下的人，无法有效地开发和利用各种资源，创造更多的社会财富；而资源开发、利用水平及人的素质的低下，又牢牢拖住了社会基础结构步履蹒跚的腿。这就是幼稚社会系统及其贫困恶性循环"。作者认为农牧业是西部地区贫困落后的渊薮，"在人类生产与自然资源的关系上，现代生产方式，表现为对自然资源多层次的立体开发和多次利用"，因此要转变人的观念，革新生产生活方式，按照商品经济规律开发利用环境资源以摆脱贫困。此书虽然是讨论西部地区的，但在很大程度上也可以看作是讨论中国发展的。其在人与环境资源关系上的看法，在改革开放初期具有一定的代表性。

的确，市场化、工业化、城镇化等大大改变了人们对资源的开发利用，促进了经济发展，提升了人民生活水平。中国改革开放以来反贫困和经济增长的成就是全民受益、举世瞩目的。但是，我们也观察到，随着改革开放的不断深化，保护和改善环境的声音日益强过对环境资源的简单开发和利用。在提出环境保护是基本国策（1983 年）和可持续发展战略（1995）的基础上，2005 年 3 月，中共中央在人口资源环境工作座谈会上提出要建设环境友好型社会。当年 10 月召开

的中共十六届五中全会进一步明确了"建设资源节约型、环境友好型社会"的目标。2007 年，中共十七大提出"建设生态文明"。2012 年，党的十八大提出，人与自然是生命共同体，人类必须尊重自然、顺应自然、保护自然。人类只有遵循自然规律才能有效防止在开发利用自然上走弯路，必须坚持节约优先、保护优先、自然恢复为主的方针，形成节约资源和保护环境的空间格局、产业结构、生产方式、生活方式，还自然以宁静、和谐、美丽。要把生态文明建设放在突出地位，融入经济建设、政治建设、文化建设、社会建设各方面和全过程，努力建设美丽中国，实现中华民族永续发展。2017 年的党的十九大则明确将污染防治作为全面建成小康社会期间要坚决打好的三大攻坚战之一。

特别是，习近平总书记一系列关于环境保护的重要论述，非常形象而又深刻地阐述了社会建设进程中的环境保护内涵。例如，"生态环境没有替代品，用之不觉，失之难存""生态兴则文明兴，生态衰则文明衰""像保护眼睛一样保护生态环境，像对待生命一样对待生态环境""保护生态环境就是保护生产力，改善生态环境就是发展生产力""绿水青山就是金山银山""良好生态环境是最公平的公共产品，是最普惠的民生福祉"，等等。在以习近平同志为核心的党中央的坚强领导下，党的十八大以来我国加快推进生态文明顶层设计和制度体系建设，注重用最严格制度、最严密法治保护生态环境，加快制度创新，强化制度执行，开展了一系列根本性、开创性、长远性工作，生态环境治理走上了标本兼治的快速路，正在发生历史性、转折性、全局性变化。由此，环境因素在新的意义上被结合进社会建设进程中，并推动着社会自身的深刻转变。

二、推动社会转变的主要内生动力

如果说我国环境保护事业的起步在一定程度上受到国际环境保护浪潮的影响，那么，我们今天持续深入地推进环境保护，加强生态文明建设，更多的则是回应国内发展需要的自觉努力。尤其是相对于世界上最发达国家在环境保护方面的种种倒退和由此掀起的国际性的环保逆流，我国社会的绿化更是凸显了其独立性和自主性，并非随波逐流，受制于外力。那么，推动我国社会绿色转变的内生动力是什么呢？这里有全方位、多层次、多类型的力量。择其要者而言，至少有以下五个方面。

一是发展与环境的矛盾日益尖锐，环境质量面临严重威胁。在数十年的传统型高速增长之后，我们对生态环境的欠账已经太多，成为明显的短板。2012 年，我国经济总量约占全球 11.5%，却消耗了全球 21.3%的能源、45%的钢、43%的铜、54%的水泥，排放的二氧化硫、氮氧化物总量居世界第一。1985 年我国废水排放量 341.542 亿吨，此后一路攀升，到 2016 年达到 711.0954 亿吨。在二氧化硫排放方面，1985 年是 1325 万吨，后来持续攀升到 2006 年 2588.8 万吨的峰值，之后才逐步下降，到 2016 年仍有 1102.8643 万吨。

按照生态环境部发布的 2017 年《中国生态环境状况公报》，全国 338 个地级及以上城市中，只有 99 个城市环境空气质量达标，占全部城市数的 29.3%；另外 239 个城市环境空气质量超标，占 70.7%。在全国 112 个重要湖泊（水库）中，Ⅰ类水质的湖泊（水库）6 个，占 5.4%；Ⅱ类 27 个，占 24.1%；Ⅲ类 37 个，占 33.0%；Ⅳ类 22 个，占 19.6%；Ⅴ类 8 个，占 7.1%；劣Ⅴ类 12 个，占 10.7%。在地下水水质监测中，水质为优良级、良好级、较好级、较差级和极差级的监测点分别占 8.8%、23.1%、1.5%、51.8%和 14.8%。事实上，不仅是空气污染、水污染依然严峻，还有固废、土壤等其他形式的严重污染；不仅是环境污染严重，而且生态破坏也堪忧，在全国 2591 个县域中，生态环境质量为"优"和"良"的县域面积只占国土面积的 42.0%，"一般"的县域占 24.5%，"较差"和"差"的县域占 33.5%；不仅是环境质量衰退，而且由于环境质量衰退而导致的食品药品安全和生命健康威胁也日益严峻。这些是我们重构社会的基本背景和重要动力。

二是人民需求发生重大变化。改革开放以来社会建设的一个最为突出的成就是实质性地提升了全体人民生活水平，基本满足了人民的物质需求，解决了温饱问题，总体上实现小康。按照现行农村贫困标准，农村贫困人口占比已经从 1978 年的 97.5%下降到 2017 年的 3.1%，而且在全国城乡建立了居民最低生活保障制度，从制度上给予全体人民基本生活需求保障。2017 年，

全国居民人均可支配收入已经达到 25974 元。从恩格尔系数看，1978 年城镇和农村居民分别是 57.5%、67.7%，到 2017 年整体水平已经降到 29.3%，达到联合国划分的富足标准。更重要的是，居民资产积累增多，抵御风险能力增强。比如说，居民住户存款总额由 1978 年的 211 亿元增加到 2017 年的 62.6 万亿元。在此基础上，人民需求更为广泛多样，需求层次也在不断提高，更加强调安全、舒适和可持续。吃上放心的食物，喝上干净的水，呼吸清洁的空气，享受舒适的环境，过上可持续的生活，成为日渐扩大的基本需求。由此，公众对于环境质量也日益关注，环境议题已经成为公众和媒体非常熟悉的重要议题之一。笔者在 1995 年曾经参与组织全民环境意识调查，调查数据表明有 23.6% 的被访者连环境保护的概念都说"不知道"。16.5% 的人认为自己的环境保护知识"非常少"；66.9% 的人认为"较少"；16.1% 的人认为"较多"；只有 0.5% 的人认为自己有"很多"的环境保护知识。与此同时，大部分城乡居民对有关环境保护的政策法规缺乏了解。认为自己"很了解"和"了解一些"的人只占 31.8%，其中认为"很了解"的人仅占 0.5%；认为自己"只是听说过"的人占到了 42%；根本没有听说过有关环境保护政策法规的人占到 26.2%。但是，笔者参与设计的 2010 年 "中国综合社会调查"数据则表明，70% 的受访者已经意识到中国面临的环境问题"非常严重"和"比较严重"。65.7% 的受访者表示对环境问题"非常关心"和"比较关心"，表示"完全不关心"的只占 3.1%。

三是因环境损害（风险）而引发的社会紧张与冲突日渐明显。缓和社会关系，化解社会冲突，是社会建设的重要内涵。在社会转型期，劳动纠纷、征地拆迁、社会保障等曾经是引发社会矛盾和冲突的主要原因。随着人们生活水平提高和环境权益意识觉醒，实际的环境损害，以及可能发生的环境风险也成为加剧社会矛盾和冲突的重要原因，推动社会的绿色转变成为促进社会和谐的内在需要。从国家公布的数据看，一段时间内，因环境污染上访的人次和批次都呈现增加趋势。1987 年，因环境污染上访有 77673 人次，2000 年则已达到 139424 人次。2001—2010 年找不到统计数据，到 2015 年仍有 104323 人次。有些上访是人数较多的成批上访，1996 年上访是 47714 批次，2005 年达到 88237 批次。

2015 年仍有 48010 批次。这当中，可能有统计口径变化的原因，实际的上访批次也许不止如此。

21 世纪以来，一些重大环境群体性事件的参与人数动则成千上万，影响广泛，引人注目。例如，2007 年福建厦门 PX 事件，2009 年湖南浏阳镉污染事件、陕西凤翔"血铅"事件、广东番禺垃圾焚烧发电厂建设事件，2011 年辽宁大连 PX 事件，2012 年天津 PC 项目事件、江苏启东日本王子纸业集团事件、四川什邡宏达钼铜有限公司事件，等等。这些项目有些在环评阶段就引发了抗议冲突，如江苏启东事件，有些是在项目建设期间引发了冲突，也有些项目建成运营之后引发了冲突，包括大连 PX 事件等。有研究表明，2003—2012 年这十年间，经媒体披露的较大规模的环境群体性事件有 230 宗，在数量上呈明显逐年上升态势，2011 年达到 58 起。这种情形也从环境保护部门领导人的言论中得到证实，并与其他形式冲突的下降形成对照。据报道，原环境保护部部长周生贤曾经指出："在中国信访总量、集体上访量、非正常上访量、群体性事件发生量实现下降的情况下，环境信访和群体事件却以每年 30%以上的速度上升"。

四是党和政府工作重心调整与主动作为。中国特色社会主义制度是我国根本制度，中国特色社会主义最本质的特征是中国共产党领导，党坚持人民主体地位，践行全心全意为人民服务的根本宗旨，把人民对美好生活的向往作为奋斗目标，不断根据社会主要矛盾的变化调整工作方向和工作重点。在改革开放之初，面对生产力水平低下、人民普遍贫困的社会状况，加快解放生产力、发展生产力，加大对资源环境的开发利用，坚持以经济建设为中心，是一种具有必然性的优先选择。即使是在此情况下，党和政府依然关心环境保护，在促进经济发展的同时不断强化环境保护的队伍建设、机构建设和制度建设，增强环境保护力量。

21 世纪以来，特别是党的十八大以来，党中央深入分析社会主要矛盾的变化趋势，在党的十九大报告中明确指出："中国特色社会主义进入新时代，我国社会主要矛盾已经转化为人民日益增长的美好生活需要和不平衡不充分的发展之间的矛盾。我国稳定解决了十几亿人的温饱问题，总体上实现小康，不久将全

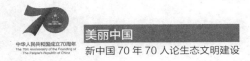
面建成小康社会，人民美好生活需要日益广泛，不仅对物质文化生活提出了更高要求，而且在民主、法治、公平、正义、安全、环境等方面的要求日益增长。同时，我国社会生产力水平总体上显著提高，社会生产能力在很多方面进入世界前列，更加突出的问题是发展不平衡不充分，这已经成为满足人民日益增长的美好生活需要的主要制约因素。"

正是基于对社会经济发展整体形势的判断和对社会主要矛盾变化的认识，党和政府从人民整体利益和长远利益出发，更进一步强调了要实现高质量发展，统筹推进"五位一体"总体布局，精心布局环境保护攻坚战。中共十八届三中全会指出必须建立系统完整的生态文明制度体系，实行最严格的源头保护制度、损害赔偿制度、责任追究制度，完善环境治理和生态修复制度，用制度保护生态环境。2015 年以来，中国生态文明制度建设明显地进入了快速的、实质性的推进阶段。继 2015 年 1 月正式实施"史上最严"的新《环境保护法》之后，《关于加快推进生态文明建设的意见》《环境保护公众参与办法》《环境保护督察方案（试行）》《党政领导干部生态环境损害责任追究办法（试行）》《生态文明体制改革总体方案》《关于省以下环境保护机构监测监察执法垂直管理制度改革试点工作的指导意见》《大气污染防治行动计划》《水污染防治行动计划》《土壤污染防治行动计划》《生态环境损害赔偿制度改革方案》《关于划定并严守生态保护红线的若干意见》等一系列重要文件相继出台，生态文明建设也纳入了"十三五"规划。特别是，基于《环境保护督察方案（试行）》而建立的环境保护督察机制已经实现第一轮中央环境保护督察全覆盖。按照生态环境部发布的 2017 年《中国生态环境状况公报》数据，督察进驻期间共问责党政领导干部 1.8 万多人，受理群众环境举报 13.5 万件，直接推动解决群众身边的环境问题 8 万多个。仅在 2017 年，环境保护督政工作就约谈 30 个市（县、区）、部门和单位，全国实施行政处罚案件 23.3 万件，罚款金额 115.8 亿元，比新《环境保护法》实施前的 2014 年增长 265%。事实上，日趋严格细密的制度设计和制度执行，将环境保护的压力从中央传导到地方，从政府传导到企业，从国家传导到个人，党和政府掀起的督政督企、传导压力的绿色风暴，正在开辟复合型环境治理的中国道路。对始终以人民利益为中心的党和政府而言，这种主动调整和作为具有内在的必然性。

五是企业在环境衰退、人民消费偏好变化和政府的管制与治理投入中发现了新的盈利机会，表现出越来越明显的绿色行为倾向，新产业、新业态、新模式、新产品等加速发展，在满足社会新需要的同时也推动着社会转变。改革开放以来，我国环境保护投入逐渐增加，1999 年占 GDP 的比例首次超过 1%，"十二五"期间占到了 3.5%，直接推动了环境保护产业的快速发展。2000 年环境保护产业年产值 1080 亿元，到 2010 年已经达到了 11000 亿元。

除了环境保护产业之外，在其他各类企业中，以开发矿产资源为主、为社会提供矿产品以及初级产品的资源型企业具有重要地位，但同时也在生产过程中具有严重的环境影响。2013 年我国资源型企业工业固废产生量、工业废水排放总量、工业废气排放量分别占到工业排放总量的 97.1%、77.7%和 92.4%。但是，近期有研究表明，资源型企业的绿色行为表现也已日益明显，虽然还有一些方面的不足。例如，调查中 84.5%的资源型企业将环境保护纳入了企业目标体系，注重企业环境保护形象的有 80.4%，定期开展员工环境意识和环境管理技能培训的有 70.3%，员工能积极参加企业环境管理实践活动的有 69.4%，在生产设计时考虑了节能降耗和循环利用等问题的有 83.5%，选择生产材料时优先考虑可再生易回收材料的有 77.6%，在生产过程中建立了物料、废物循环系统的有 79.4%，采用环境友好生产工艺有 80.8%。这些迹象表明，企业基于逐利理性的绿化行为也有可能成为推动社会转变的内生动力。

三、绿色社会建设的成效与未来

绿色社会建设的成效是多方面的，环境影响是其中一个主要方面。基于环境保护的角度，生态环境部负责人用了五个"前所未有"来形容党的十八大以来旨在改善环境质量的深刻社会变化：思想认识程度之深前所未有、污染治理力度之大前所未有、制度出台频度之密前所未有、监管执法尺度之严前所未有、环境质量改善速度之快前所未有。

的确，有关资料表明党的十八大之后的五年里，环境保护和生态文明建

设确实取得了阶段性的突出成效。例如，我国森林覆盖率持续提高，从 2012 年的 21.38%上升至 2016 年的 22.3%；全国 338 个地级及以上城市可吸入颗粒物（PM_{10}）平均浓度比 2013 年下降 22.7%；京津冀、长三角、珠三角区域细颗粒物（$PM_{2.5}$）平均浓度比 2013 年分别下降 39.6%、34.3%、27.7%；"水十条"实施以来，全国地表水 Ⅰ～Ⅲ类断面比例从 6%提升至 67.8%，劣 Ⅴ 类断面比例从 9.7%下降至 8.6%。《2017 年中国生态环境状况公报》是这样作出总结的："全国大气和水环境质量进一步改善，土壤环境风险有所遏制，生态系统格局总体稳定，核与辐射安全有效保障，人民群众切实感受到生态环境质量的积极变化"。

从节能减排方面看，2008 年之后中国 GDP 的增速明显快于能源消耗总量的增速。再往前回溯，自改革开放以来，中国万元 GDP 的能源消耗量持续下降。笔者按照国家统计局发布的数据测算，到 2016 年已降至 0.588 吨标准煤。在"十二五"规划实施期间，我国碳强度累计下降了 20%，超额完成了"十二五"规划的确定 17%的目标任务。在二氧化硫排放方面，2006 年达到峰值后有着持续、加速下降的趋势。

如果说绿色社会建设产生了一些显著的环境改善效果，那么我们对此应有两个基本态度：一是要充分认识到绿色社会建设方向的正确性，风雨无阻、坚定不移地推动社会的绿色转变，继续致力于实现人与自然的和谐共生，提供更多优质生态产品以满足人民日益增长的优美生态环境需要；二是要保持科学冷静，要有不断的反思精神，充分认识到目前环境改善效果的突击性、阶段性、局部性，充分认识到绿色社会建设的局部性、过程性、阶段性和复杂性。如果没有全面深入持续的绿色社会建设，目前环境改善的效果就是不可持续的，人与自然的和谐共生也是难以企及或者难以有效保持的。

为什么这么说？建设绿色社会无疑是形势所逼、规律所在、民生所需，但这是一个艰难的长期过程。笔者考虑到至少有以下几个方面的理由：第一，相对于环境系统自身的演变而言，人类的干预和影响仍然是有限的。一些环境问题很复杂，既有人为原因，也有自然原因，还有人与自然交互作用的原因。比如说，我们努力治理空气污染，但是仍然难以深刻影响气候变化和地球环境系统长周期的复杂的演变规律，而这些往往是加剧空气污染或者抑制空气污染治理效果的重要因素。可以说，我们目前对地球乃至宇宙系统运行演变规律的认识还是很有限的，我们很难陶醉于自己对自然的"胜利"，需要更自觉地尊重自然、顺应自然、保护自然，遵循自然规律。第二，相对于可视性强、具有流动性的和有明确污染致因的空气污染、水污染等而言，一些可视性不强、易固化而又致因复杂的污染往往容易被忽视，由于其不断的累积性、极端的复杂性和滞后的社会影响等，这类污染也更难治理，比如说土壤污染、基因污染、生物多样性损失等。事实上，这类污染可能对人的健康和社会持续具有更深层次、更为全面的威胁，而我们目前在这些方面的应对还很薄弱。第三，在社会转变方面，目前的工作重点是转变行政体系、行政行为和调整空间格局、产业结构、生产方式等，这是非常艰难的工作，尤其是持续转变是需要考虑其所面临的客观挑战的。但是，相对于此，调整生活方式、引导大众行为、凝聚全社会的共识，才是更为艰难、更不易迅速取得成效的事情，我们目前在这方面的努力还有不足，有效措施还很有限。第四，相对于制度建设而言，制度的执行是更为复杂、更为艰难的，尤其是制度内化为社会成员自觉的行为习惯，是一个长期的、复杂的过程，其中甚至还会有扭曲、冲突与反复，这是我们需要特别关注的，也是可以充分汲取社会学、心理学等社会科学智慧的重要方面。我们需要更多关注人们日常生活实践的绿化，以日常生活实践为中心，以绿化生活为目标，更加细致地再造日常生活基础设施、重构日常生活机会与空间、设置方便有效的日常生活引导，以推动深层次的、本质性的绿色社会建设。否则，社会表面的变革将会因为深层的原因而延滞、失灵甚至颠覆。第五，我国社会主要矛盾虽然发生变化，但是我们仍处于并将长期处于社会主义初级阶段的基本国情没有变，我国是世界最大发展中国家的国际地位没有变。因此，发展与环境的矛盾仍然具有长期性，我们仍然需要平衡发展与环境保护，在推动环境保护中实现更高质量的发展。特别是，考虑到我国发展的不平衡性，城乡之间、地区之间、群体之间的发展差距比较大，社会价值多样化，所以绿色社会建设过程中也将面临比较突出的环境公平问题。正视并妥善处理好环境公平问题，将会增加绿色社会建设的内生动力；而忽视和处理不好这个问题，将会损害绿色

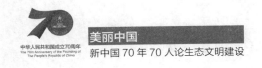
共识并加大绿色社会建设的内在阻力。

因此，当前中国的绿色社会建设只能说是曙光初现，未来任重道远。真正的绿色社会，不仅需要形成广泛的具有支配性的绿色共识、科学全面系统细密的制度安排，而且要有严谨有效常规化的制度执行实践，开发适宜的技术手段和传播知识信息，有广泛的活跃的绿色社会组织和绿色社会活动，有公众日常生活实践的系统性重构与再造。在一个全球化时代，区域性的绿色社会建设也必将受到外部社会环境的影响，需要与外部社会开展有效互动与协调。在当前的发展态势下，最终的绿色社会必然是全球性的，需要全球社会协调一致的深刻变革，需要全世界人民切实敬畏自然，珍爱我们身处其中的人类命运共同体。

参考文献

[1] 王小强，白南风. 富饶的贫困[M]. 成都：四川人民出版社，1986：40，92，217-218.

[2] 邢宇皓. 生态兴则文明兴——十八大以来以习近平同志为核心的党中央推动生态文明建设述评[EB/OL]. 求是网，[2017-06-19].http：//www.qstheory.cn/zoology/2017-06/19/c_1121167567.htm.

[3] 董峻，王立彬，高敬，等.开创生态文明新局面——党的十八大以来以习近平同志为核心的党中央引领生态文明建设纪实[N]. 经济日报，2017-08-03（01）.

[4] 中华人民共和国生态环境部. 2017 年中国生态环境状况公报[R]. 2018-05-22.http：//www.zhb. gov.cn/hjzl/zghjzkgb/lnzghjzkgb/.

[5] 洪大用. 公众环境意识的成长与局限[J]. 绿叶，2014（4）.

[6] 张萍，杨祖婵. 近十年来我国环境群体性事件的特征简析[J]. 中国地质大学学报（社会科学版），2015（2）.

[7] 中国崛起需跨"环保门"，环保群体事件代价沉重[EB/OL]. 搜狐新闻，[2009-08-28].http：//news.sohu. com/20090828/n266295203.shtml.

[8] 习近平. 决胜全面建成小康社会，夺取新时代中国特色社会主义伟大胜利——在中国共产党第十九次全国代表大会上的报告[M]. 北京：人民出版社，2017：11.

[9] 洪大用. 复合型环境治理的中国道路[J]. 中共中央党校学报，2016（3）.

[10] 十三五环保产业年增速或超 20%，总投资达 17 万亿[EB/OL]. 新浪网，[2015-11-02]. http：//finance. sina. com.cn/china/20151102/222723655477.shtml.

[11] 谢雄标，吴越，冯忠垒，等. 中国资源型企业绿色行为调查研究[J]. 中国人口•资源与环境，2015（25）：6.

[12] 中央环保督察威力大：2016 年到 2017 年两年内完成了对全国 31 省份的全覆盖[EB/OL]. 新华网，[2017-11-07].http：//www.xinhuanet.com/2017-11/07/c_1121916536.htm.

[13] 新闻办介绍中国应对气候变化的政策与行动 2016 年度报告有关情况[EB/OL]. 中国政府网，http：//www. gov.cn/xinwen/2016-11/01/content_5127079.htm.

生态环境是关系党的使命宗旨的重大政治问题

⊙ 夏 光

（生态环境部国家生态环境保护督察专员）

习近平总书记在全国生态环境保护大会上提出"生态环境是关系党的使命宗旨的重大政治问题"论述，不仅首次把生态环境保护和生态文明建设与党的特性直接相连，而且把它们提升到了最高的政治高度，分量很重，引人深思。

党的十八大以来，习近平总书记多次从政治高度论述生态环境保护和生态文明建设，这成为习近平生态文明思想的重要内容。在 2013 年十八届中央政治局常委会议上提出"我们不能把加强生态文明建设、加强生态环境保护、提倡绿色低碳生活方式等仅仅作为经济问题。这里面有很大的政治。"在全国生态环境保护大会上进一步强调"要充分发挥党的领导和我国社会主义制度能够集中力量办大事的政治优势""各地区各部门要增强'四个意识'，坚决维护党中央权威和集中统一领导，坚决担负起生态文明建设的政治责任"，话语不多，含义深刻。

深入理解"生态环境是关系党的使命宗旨的重大政治问题"这一重大命题，做到知其然且知其所以然，对于我们提高政治站位，增强贯彻落实习近平生态文明思想和全国生态环境保护大会精神的自觉性和能动性，并在生态环境保护工作中增强政治性对策，很有意义。

一、怎样理解"生态环境是关系党的使命宗旨的重大政治问题"？

政治是人们围绕公共权力而展开的活动以及政府运用公共权力而进行的资源的权威分配的过程①。简言之，政治就是运用政权治理国家。只有那些事关国家发展大局并需要动用国家权力的事物，才是重大的政治问题。由此，我们可以从"使命、宗旨、国家"三个维度来理解"生态环境是关系党的使命宗旨的重大政治问题"。

（一）正确处理人与自然关系是党执政兴国的重要主题

中国共产党执政的主要目标是为中国人民谋幸福，实现中华民族伟大复兴。这是党的伟大使命，也是极为浩繁的艰巨工程，需要处理的复杂矛盾和各种关系何止万千。在这个过程中，必然对国家治理的各个方面都提出很高的要求，在治国理政的体系上不能留有明显短板。正确处理人与自然的关系，必然是党在治国理政中高度重视的领域，正如习近平总书记所强调的，全面小康是政治承诺，不能一边宣布建成小康社会，一边生态环境质量仍然很差，这样人民不会认可，也经不起历史检验。习近平新时代中国特色社会主义思想中，鲜明地提出了经济建设、政治建设、文化建设、社会建设和生态文明建设"五位一体"的总体布局，就是突出体现了党治国理政体系的系统性和完整性，这在当今世界上，也是先进的治国理念和治理方式。

1. 历史的代价

治理一个巨型国家必然会经历艰难曲折的过程，"五位一体"的总体布局也是付出了很大的历史代价并经过长期探索总结才形成的治国方略。客观地说，过去很长时期内，我国治国理政体系中，关于正确处理人与自然的关系这一块是相对短缺的。在人们的一般认识中，资源、环境、生态这些自然要素都是充分存在和予取予求的，国家发展的主要任务就是把这些自然要素开发利用起来。由此，长期以来，在经济社会快速发展的同时，生态环境保护始终处在滞后状态，甚至

① 杨光斌. 政治学导论（第四版）[M]. 北京：中国人民大学出版社，2012.

出现"剪刀差"效应：经济社会越发展，带来的生态环境压力越大，积累的生态环境问题越多。直到今天，我们仍然不得不面对经济社会发展与生态环境保护之间的巨大落差：人们物质生活水平得到极大改善、城乡建设面貌日新月异，但生态环境却问题重重、不堪重负。这说明我们治国理政的体系是不完善、不健全的，造成了一种不平衡、不可持续的国家发展状态，显然与伟大复兴的中国梦不相符合。

这种发展状态对经济发展、社会民生和政治发展等都造成了诸多不利后果，其中政治后果就是影响我们坚定"四个自信"。过去很长一段时期，中国人心中一直有一个隐痛：尽管我国综合国力已经居于世界前列，经济发展和城乡建设等方面的显著成就受到世界称赞，但中国在生态环境方面的国家形象却一直差强人意。曾几何时，世人心中想到中国生态环境，就浮现出空气污浊、污水横流的景象，外媒曾直言北京是世界上空气质量最差的首都之一，甚至追问"中国会在自己造成的污染中窒息而亡吗？"中国人听了心中苦闷，却只能默默承受。严重的环境污染和生态破坏，使我们对于自己发展成就的自豪感打了很大折扣。在国际上谈到中国发展道路和发展模式时，我们由于"经济增长的资源环境代价过大"而理不直气不壮，自信心不足。自信是需要底气的，如果连自己的生态环境都保护不好，有些地方连清洁的水和空气都不能保证，怎么能让我国的发展模式在世界上有说服力呢？可以说，生态环境问题是影响人们对中国发展道路自信的最大短板之一。

2. 为什么滞后？

为什么过去的治国理政体系中，生态环境保护会相对短缺？这与当时面临的社会主要矛盾有关。当我国社会主要矛盾是人民日益增长的物质文化需要同落后的社会生产之间的矛盾的时候，国家治理的重心必然会放到经济社会发展方面。曾有一段时间，社会上还曾经发生过因经济发展落后而被开除"球籍"的广泛讨论。在这种强烈危机感下，经济发展就成了压倒一切的优先选项，"发展是硬道理"在人们内心里实际指的是"经济发展是硬道理"。这种形势下，国家治国理政的体制机制设置和资源配置必然向经济发展倾斜，甚至变成了"一头沉"，生态环境保护在真实的国家治国理政体系中置于配角和边缘的地位。于是我们看到，长期以来，经济发展从规模、结构、分布、速度上全面扩张，给生态环境带来了巨大的压力，生态环境保护虽然也提到一定高度，做出了很大的努力，也取得了很大成效，但生态环境保护相对于经济发展一直处于弱势地位。生态环境治理体系和治理能力严重滞后于保护和改善生态环境的实际需要。生态环境保护的法律法规和标准政策等经过了较长的时间才逐步建立和完善起来。严格执行这些制度又需要建立起一套有力的监管机制和管理力量，这也经过了很长时间才逐步形成。环境保护机构发展远远滞后于经济发展部门，直到 2008 年才成立环境保护部。

3．重要的转折

生态环境保护长期滞后的情况在党的十八大以后开始改观，这一时期我国社会主要矛盾开始转化为人民日益增长的美好生活需要和不平衡不充分的发展之间的矛盾，这是生态环境保护开始崛起的时代背景。在确立"五位一体"的总体布局之后，数十项生态文明体制改革方案出台，严格的新《环境保护法》开始实施，生态环境保护力度明显加大，在强大的中央环境保护督察和追责问责下，大批"散乱污"企业被取缔关闭，清洁能源大面积替代了散煤燃烧，很多污染重的产能退出了生产，经济结构和经济发展质量得到优化，环境质量得到改善，生态文明建设逐步成为各级党政领导者和全社会成员普遍理解和接受的政治意识。总之，党的十八大以来开展了一系列根本性、开创性、长远性工作，推动生态环境保护发生了历史性、转折性、全局性变化，这是国家治国理政体系开始走向完整和健全的体现。习近平总书记在全国生态环境保护大会上强调要加快构建以生态文化、生态经济、目标责任、制度保障、生态安全为主要内容的生态文明体系，就是进一步把生态文明建设作为党治国理政的重要领域进行全面的部署和安排，推动国家治理体系和治理能力的现代化。

总之，不断深化对中国国情的理解，正确处理人与自然的关系，加快生态文明建设，是实现中华民族伟大复兴历史使命的新命题，必然成为我们党治国理政的一个重点领域。过去在这方面有所忽略和滞后，现在奋起直追、补上短板，这是需要动员全体人民共同面对和发力的重大政治问题和政治任务。

（二）生态文明是社会主义必有之义

我国《宪法》第一条规定，我国是工人阶级领导的、以工农联盟为基础的人民民主专政的社会主义国家。这个性质决定了国家治理的首要功能和任务是维护和保障国家的社会主义性质，这是最大的政治。习近平总书记指出，中国特色社会主义是社会主义而不是其他什么主义。因此，作为党治国理政重点领域的生态文明建设，必然对于保障我国的国家性质具有特殊的意义和作用。

从建设中国特色社会主义的角度看待生态文明建设，主要应弄清楚两个问题：一是生态文明与社会主义是什么关系？二是怎样通过建设生态文明来保障社会主义国家性质？

1. 生态文明与社会主义

生态文明与社会主义，一个看似是实务工作，另一个看似是意识形态问题，二者好像没有直接联系，但深究之下可以发现，二者是具有内在联系的。

一个国家走什么发展道路，不是可以任意选择的，而是与这个国家的历史过程和国情条件紧密联系的。1949 年中华人民共和国成立时，中国之所以选择社会主义道路，是因为旧中国长期经受封建主义、帝国主义的压迫和欺凌，是一个半封建、半殖民地的国家，人民强烈向往独立自主和平等富裕的生活，只有中国共产党代表的社会主义方向能够满足人民的这种愿望。也就是说，当时选择走社会主义道路，主要是出于"社会正义"的理由。

今天，我们坚持走中国特色社会主义道路，除了社会正义的历史理由外，还有一个新的原因，那就是我国特殊的人与自然关系。

目前我国是世界上人与自然关系最紧张的国家之一，主要表现在三个方面：一是人口众多，世界五分之一的人口生活在仅有 960 万平方公里的国土上，而这片国土的自然条件并不优越，只有一半多一点的国土适合人类生产和生活，其他都是沙漠、高原、戈壁、高山等，这么多人口"挤"在这么有限的土地上，人与自然关系的紧张程度可想而知。二是资源匮乏，满足现代人类生活需要的土地、水源、能源、草原、林木、金属等资源都十分欠缺，人均资源拥有量远不及世界平均水平，而随着人们生活水平逐步提高，人均消耗资源水平也在不断提高，不得不从国际上大量输入资源，从而使我国人与自然的紧张关系产生更大范围的影响。三是经济强大，我国拥有世界上最齐全的经济门类和最大的制造业产能，使用了巨量的生态空间和环境容量，很多生产活动对生态和环境的消耗和污染已远远超过环境承载力，给人们的生存和生活造成了极大的压力，也使今后的经济发展遇到极大的资源环境瓶颈，人与自然关系的紧张程度前所未有，与日俱增。

我国这种"人口多、资源紧、经济强"同时并存的特殊国情，在世界上几乎是唯一的，由此形成了最为紧张的人与自然关系，进而产生了我们必须走中国特色社会主义道路的特殊命题。社会主义的本质是集体主义，是为了谋取最大多数人的共同利益。正由于我国人与自然的关系十分紧张，所以为了避免出现少数人占有和垄断稀缺自然资源而大多数人落入发展困境的局面，我们必须由全社会共同占有国土（自然）资源，并由一个强有力的领导力量来带领和组织全体人民，按照满足全社会整体利益而不是少数人利益的原则，采取公平、合理、可持续、有计划的方式来共同使用国土资源，即坚持国土资源公有制和坚持党的领导，这就是坚持中国特色社会主义。只有这样才能为全社会提供普遍的发展机会，保障国家稳定和持续发展。因此，如果说在新中国成立时我国选择社会主义主要是出于"社会正义"理由的话，那么今天坚持中国特色社会主义，还要加上"环境（生态）公正"的理由。

2. 生态文明与国家性质

那么，怎样通过建设生态文明来保障社会主义国家性质？

人们一般把生态文明建设视为一个专业化的事业领域，并不把它与保障国家性质这样的政治话题直接联系起来。然而不这样想问题不等于这种问题不存在，事实上，随着中央环境保护督察等强力措施的实施，生态文明建设特别是生态环境保护这些事业所具有的政治属性也日益显现出来了。

当前，通过中央环境保护督察揭示出来大量触目惊心的环境污染和生态破坏事例，这些事例表面看是人对自然的伤害，深层看却是少数人对其他人或对社会公共利益的侵害。这里的"少数人"主要是指特殊的利益集团。那些超标排放污染物的企业和地方，实质是把防治污染的成本转嫁给社会承担，自己获得更多的利润。当一个地方的污染企业数量较少、自然净化力可以消化污染物、造成的生

态环境损害相对较小的时候，社会还能忍受，但大量企业都这样做的时候，社会损害就显现出来了，利益冲突就爆发了。为什么很多地方的严重污染长期存在、难以根治？为什么在严厉的中央环保督察下很多地方和企业还搞"假整改"？就是因为个别利益集团与社会整体利益的对立。以污染环境和破坏生态的方式搞经济发展，本质上是少数利益集团非法占有全社会的自然资本价值，即资本获利而社会受害，这是环境（生态）不公正，是违反社会主义性质的。

资本利益与社会利益的对立，在每个国家都可能出现，因此每个国家都会提出"节制资本"的问题。随着我国市场经济发展，防止资本坐大进而威胁社会公共利益的要求也日显迫切了，这就是我国要在"市场经济"前加上"社会主义"的意义所在。生态环境问题是资本利益与社会公共利益冲突的一种表现形式，因此加强生态环境保护和生态文明建设，实质是对这种利益冲突进行调节与控制，其调控的强度和限度，与冲突的严重程度和社会的忍受程度有关。正是因为当前这种利益冲突的严重程度大大超出社会的忍受程度，所以中央才采取严格督察和严厉法治等强力措施。可以说，国家采取严厉的环保督察等措施，与维护和保障国家的社会主义性质有内在的联系，这是认识生态环境保护和生态文明建设意义时应有的政治站位。

3．新的斗争

维护全社会公共的生态环境利益不被资本利益侵蚀，是一场具有许多新的历史特点的伟大斗争。在这场斗争中，有两个特殊的方面要辩证地把握好。

一是坚持生态环境保护和生态文明建设的人民立场。习近平总书记多次强调，人心是最大的政治，广大人民群众热切期盼加快提高生态环境质量，我们要积极回应人民群众所想、所盼、所急，大力推进生态文明建设，提供更多优质生态产品，不断满足人民群众日益增长的优美生态环境需要。这种人民立场就是执政党的宗旨意识，是把生态环境视为重大政治问题的立足点。从这里出发，在生态环境保护上，凡是违背广大人民群众整体利益的行为，不管它能带来多大的局部利益，都应该予以反对和制止，这就是讲政治。对祁连山生态破坏案、西部沙漠污染案等的处理，使很多靠牺牲环境获得利益的企业搞不下去了，都是从社会整体利益出发对局部利益给予的制止和惩罚，是对资本不合理利益的冲击。

　　生态环保的人民立场在当前具有很强的现实意义。曾经有某地方政府官员说"企业搞生产有污染，周围群众闹意见，我站在他们中间，当然尽量照顾企业，否则你给我税收啊？"这说明政治立场绝非遥远的概念，它是很现实的事。如果不上升到讲政治的高度，很多人在局部的现实利益面前，不会自然站在人民立场上。而如果在生态环境保护这样大范围、持久性影响的事业上失去人民情怀，我们还是人民主权的国家吗？很多发达国家的历史上，严重的环境污染事件导致了民众的强烈抗议和反污染运动，迫使国会通过严格的环保法律和标准。而我国是社会主义国家，本身就应该坚持以人民为中心的发展理念，不应该等到群众大规模抗议了才采取措施，这是我们的政治制度决定的，也是我们的政治优势，所以说生态环境事业与服务人民的宗旨性质有紧密关系。

　　二是增大生态文明建设中多方主体的利益协同。在生态环境领域内对资本利益进行调控，具有一些特殊性，因为资本带来的利益是多重的，即资本在逐利和增值过程中除了带来生态环境问题等负面影响外，同时也产生就业、增收、税收等正面效益。防止资本抱团结块侵害公共环境利益，是事物的一方面，同时承认并保护资本合法逐利的正当性，是另一方面。因此，对待资本逐利应该兴利除弊，并非都一棍子打死，在泼洗澡水的时候不要连同婴儿一起泼掉。经济发展中的利益格局需要重组，保护生态环境是社会利益，发展经济改善民生也是社会利益，在坚持人民立场的前提下，应该努力增进发展经济与解决生态环境问题之间的协同效益，这是"生态环境是重大政治问题"的另一重含义。在近年来的中央严格环保督察风暴中，有的地方对企业搞一律关停的"一刀切"，就是没有处理好这两种利益的协同和统筹。生态环境部及时制定了《禁止环境保护"一刀切"工作意见》，严格禁止"一律关停，先停再说"，坚决避免集中停工停业停产，而在去年冬季应对大气重污染过程中及时派出大批人员深入基层调查和解决群众供暖问题，都是讲政治的行动。

　　对于各级党政领导者而言，处理好生态文明建设中的多种利益诉求，增大各方利益协同，是过去未曾遇到过的新要求，所以难免出现本领不足、左支右绌的"窘境"，这并不意外，关键是要在坚持人民情怀和人民立场的前提下，在学习和实践中不断增长和积累新的治理本领。随着环境治理体系现代化的推进和干部政

治成熟度的提高，会有更多具备新的治理本领和政治智慧的党政领导者成长起来，在处理生态文明建设中的复杂矛盾中走出成功的道路。

（三）生态环保必须运用强大的国家力量

习近平总书记指出"要充分发挥党的领导和我国社会主义制度能够集中力量办大事的政治优势，充分利用改革开放 40 年来积累的坚实物质基础，加大力度推进生态文明建设、解决生态环境问题，坚决打好污染防治攻坚战，推动我国生态文明建设迈上新台阶"，明确指出了推进生态环保必须动员和运用以政治领导力为主导的国家力量。

1. 生态环保国力

生态环保是一项具有强烈的全局性、长远性和公益性的宏大事业，必须投入巨大的力量和资源。我们可以把国家通过各种手段动员起来用于生态环保的所有资源统称为"生态环保的国家力量"，简称"生态环保国力"。

生态环保国力是我国综合国力的一部分，而综合国力具有"水桶原理"中的"短板效应"：在一定条件下生态环保的综合实力可能成为影响综合国力的主要因素。近年来，随着我国综合国力快速提升，人们对我国综合国力的自信越来越有感受，也更加关注生态环保对综合国力的贡献。环保专业人士所做的绿色 GDP 测算，实质是测算生态环保国力的大小。但综合来看，目前我国虽然已经在经济、政治、军事等方面成为大国、强国，但在生态环保方面仍然是一个"弱国"，离国家环境治理体系和治理能力现代化还有很大的距离。《中共中央　国务院关于全面加强生态环保坚决打好污染防治攻坚战的意见》指出"一些地方和部门对生态环保认识不到位，责任落实不到位；城乡区域统筹不够。"生态环保能力过弱在一定程度上抵消了国家的整体实力。总体上说，我们目前所具有的生态环保力量，可能只能应对本世纪初期的经济发展规模所产生的环境压力，而要应对当前或未来的生态环境压力，现有的生态环保力量必须成倍强化。

2. 生态环保需要政治动员

政治是运用政权治理国家，其主要方式是利用权力配置资源。改变我国生态环保国力过弱的局面，必须采取政治动员的方式。生态环保具有很强的公益性质，很多资源投入不能产生直接的经济利益回报，只能通过"讲政治"即政治动员的方式来实现。进一步说，生态环保国力是一种结构性力量——它由政治领导力居于中心位置，通过政治动员来集聚全社会的力量来共同推进生态环保事业，这就是我们经常说的"发挥我国特有的集中力量办大事的政治优势"。

习近平总书记指出"要自觉把经济社会发展同生态文明建设统筹起来"。这就是要求把生态环境利益与经济民生利益协同起来，把局部经济利益与社会整体利益协调起来，这是对各级党政领导者提出的、新时代所需要的一种新型领导能力，更具体地说，就是推动绿色发展的能力。习近平总书记在全国生态环保大会上指出"绿色发展是构建高质量现代化经济体系的必然要求，是解决污染问题的根本之策，重点是调整经济结构和能源结构，优化国土空间开发布局，调整区域流域产业布局，培育壮大节能环境保护产业、清洁生产产业、清洁能源产业，推进资源全面节约和循环利用，实现生产系统和生活系统循环链接，倡导简约适度、绿色低碳的生活方式，反对奢侈浪费和不合理消费。"李克强总理指出"要推动绿色发展，从源头上防治环境污染。"可以说，绿色发展并非单纯是指一种发展方式，它也是一种政治态度和政治任务。过去我们没有意识和能力做到既要绿水青山也要金山银山，而现在就是要培养和锻炼这种观念和本事，做到绿水青山就是金山银山，这无疑是对我们党执政方式和执政能力的新挑战，是对各级党政领导者的新考验。在这种重大考验中成长起来的具有生态文明和绿色发展意识的干部队伍，将成为我们党在新时代的政治资源，随着这支队伍不断扩大，将最终形成一个能担当"五位一体"总体布局重任的政治力量，这是对中华民族甚至对世界都具有转折性意义的重大变化。

二、打好污染防治攻坚战的政治策略

习近平总书记指出"打好污染防治攻坚战时间紧、任务重、难度大，是一场大仗、硬仗、苦仗，必须加强党的领导。" 党的领导和社会主义制度是我国的政治优势，也是推动生态环保的政治优势，在打好污染防治攻坚战这个特殊时段，尤其需要发挥好这个优势。

1．污染防治要攻哪些"坚"？

打好污染防治攻坚战，就是要在特定的时间内集中强大的力量，努力攻克一批生态环保中长期想解决而没有解决的难题，着力解决突出的环境问题，使生态环境状况与全面建成小康社会相适应。可以说，污染防治攻坚战是一场为了实现特定目标而进行的特殊战役，需要配备强大火力，采取非常措施，背水一战。

污染防治攻坚战要集中攻克三个"坚固"的难题：一是解决突出的生态环境问题，明显改善生态环境质量；二是破解发展与生态环保的矛盾困境，推动形成绿色发展方式和生活方式；三是深化生态文明体制改革，推进生态环境治理体系和治理能力现代化。

这些难题都是长期积累下来的难点问题，仅靠一般力度的治理行动难以改观，必须动用必要的政治手段，形成系统的政治策略。我们过去使用过很多"行政手段"，其中一些本质上就是政治手段。

2．污染防治攻坚战的政治策略

污染防治攻坚战的政治策略主要包括以下几个方面：

（1）坚决维护党中央权威和集中统一领导。以习近平生态文明思想为指导，把党中央关于生态文明建设和生态环保的决策部署，特别是《中共中央 国务院关于全面加强生态环保坚决打好污染防治攻坚战的意见》，作为最高的政治要求，贯穿于从严治党和治国理政的全过程之中，不允许任何地方和组织以本地利益为准绳而搞选择性执行，对违背者不搞网开一面、下不为例，办一些"重典"案例以树立权威。

（2）坚决担负起生态文明建设的政治责任。地方各级党委和政府主要领导是本行政区域生态环保第一责任人，对本行政区域的生态环保工作及生态环境质量负总责，花费更多的时间精力研究部署生态环保工作。各相关部门履行好生态环保职责，使各部门守土有责、守土尽责，分工协作、共同发力。

（3）完善改善生态环境的目标责任体系。各地制定责任清单，把任务分解落实到有关部门。抓紧出台中央和国家机关相关部门生态环保责任清单。各相关部门履行好生态环保职责，制定生态环保年度工作计划和措施。增加生态环保在干部考核任用中的权重，对那些损害生态环境的领导干部真追责、敢追责、严追责，终身追责。

（4）实施持久和强力的中央环保督察。全面提升政治体制对生态环保的保障作用。在完善中央对地方的环保督察的同时，启动中央对各部委的生态环保督察。完善督查、交办、巡查、约谈、专项督察机制，开展重点区域、重点领域、重点行业专项督察。提高生态环保在国家宏观调控中的地位和权威，实行更严格的生态环保奖励和处罚制度。

（5）实行绿色导向的干部选任制度。以科学合理的生态文明考核评价体系和考核结果作为各级领导班子和领导干部奖惩的重要依据。对在推进绿色发展和生态环保方面实绩突出的干部，优先提拔任用。在年轻干部培养集训中，增加生态文明建设的内容。对生态文明建设上行动不力、实绩不彰的干部，即使在别的方面成绩突出，也不予重用。

（6）强化生态环保立法执法司法力度。进一步提升生态环保在国家法制建设中的地位和强度，对经济和社会领域的各种法律法规进行生态化、绿色化改造。对人大在生态文明建设和生态环保上的立法进程提出量化目标。生态环保监管以政府直接执法为主，同时增加社会监督的分量，使"政府直控"与"社会制衡"相结合。法院和检察院系统更多地担负起生态环保的责任，积极推动生态环保领域的司法实践，在立案和审案过程中力保环境公正，通过判例为生态环保法制发展提供支持。

（7）强化人大、政协对生态文明建设的促进作用。对人大代表和政协委员提出的生态环境立法建议给予优先安排。强化人大代表对生态环保工作的视察和监督。对于在生态环保上存在问题的人应不允其担任人大代表和政协委员。增加人大代表和政协委员中来自生态环保领域的成员名额。

（8）建立和发展生态环保统一战线。按照"把朋友搞得多多的，把敌人搞得少少的"的政治智慧，在党的统一领导下，建立和发展包括各种政治力量、经济团体、社会组织、公众个体等在内的生态环保联合力量，广泛吸取全社会对生态文明建设和生态环保的呼声和建议，建立共同认知的生态文明价值观，平衡和兼顾各方利益诉求，寻求多种利益的最大公约数，最大限度地增加生态环保中的共同行动，减小阻力。在科技领域发挥各方科技力量的优势，率先建立"生态环保

统一战线"。生态环境部门作为统一战线的核心力量和主力部队,要担负起组织、引导和推动统一战线发展的职责,敢于担当又善于合作。

(9)坚持走生态环保群众路线。"大鹏之动,非一羽之轻也;骐骥之速,非一足之力也。"重拾我党传统法宝,在生态环保中相信群众,依靠群众。启动《全民绿色环境保护行动计划》,群策群力建设绿色生活方式。把与环境有关的公众健康作为基本民生问题,吸引全社会资金进入生态文明建设和生态环保领域。扩展和保护公众的环境权益,有序发展环境保护非政府组织。鼓励新闻媒体发挥监督作用,打好污染防治的人民战争。

(10)及时用好难得的政治机遇。以污染防治攻坚战的特殊需求为依据,提出推进生态环境治理体系和治理能力现代化的方案,及时列入国家机构改革和经费预算计划,大幅度提升攻坚作战能力。扩大各级政府的生态环保职责和权能,扩大环境保护机构规模,提高生态环保所需的科技、监测、执法、应急、管理等方面的能力及其水平。提升生态环保领域的人力资源规模和素质,特别是使基层生态环保力量逐步延伸到农村地区。

深刻理解生态文明建设的若干关系

⊙ 周宏春

（国务院发展研究中心研究员）

生态文明建设与经济、政治、文化、社会的建设是协调统一关系。经济建设是基础，社会发展为目标，政治建设是保障，文化传承创新为灵魂。生态文明建设，既要立足当前，又要着眼长远；既要在全面推进，又要突出重点；既要国内践行，也要引领国际；既要抓住突出的环境问题，又要注重系统性、整体性。既不能为眼前的利益和一时的增长而竭泽而渔、杀鸡取卵，透支子孙后代的福祉，也不能因为环境保护而甘于贫困、放弃发展。如果不注重改善民生，生态系统良性循环难以实现；如果只注重改善民生而忽视环境质量改善，民生也难以持续改善。因此，必须树立绿色发展理念，走可持续发展之路，迈向生态文明新时代。

一、"五位一体"与相关文明建设的关系

生态文明建设与经济、政治、文化、社会的建设是协调统一的关系。其中生态文明是生命力、承载力和整合力的融合，经济、政治、社会和文化建设应以生态文明建设为基础。

经济建设是物质文明的基础。以经济建设为中心，是解决我国所有问题的关键和兴国之要，是脱贫致富、跨越"中等收入陷阱"的根本举措。生态是自然与经济、社会、文化和政治的纽带，相辅相成、相互促进，并不矛盾。生态文明建

设要求谋全局、谋万世，通过统筹规划、长短衔接、政策措施配套，推动经济、政治、文化和社会建设的全面绿色转型，为人与人、人与社会、人与自然和谐共生提供强有力的制衡机制和前进方向。

政治文明为生态文明建设提明了前进方向，生态文明建设为我国当前的政治建设创造了条件。政治文明应当保护不同利益群体及其需求多元化，生态文明建设要渗透到政治文明建设之中，并成为体制改革的突破口。由于环境问题引发的群体性事件导致部分地方政府公信力下降或增加了群众的不满；体制改革从环境保护领域切入，不仅改革阻力小，还顺应了人民群众对美好生活的诉求。推动环境领域的群众参与，实行民主决策、民主管理和民主监督，为政治体制改革探索经验、奠定坚实的群众基础，不断开创生态文明新局面。

生态文明需要精神文明的支撑。精神文明是人们在改造客观世界的同时改造主观世界形成的有益成果，反映人类智慧、道德的进步程度。精神文明体现在两个方面：一是科学文化方面，包括社会的文化、知识、智慧状况，教育、科学、文化、艺术、卫生、体育等社会事业的发展规模和发展水平。二是思想道德方面，包括政治思想、道德面貌、社会风尚和人的世界观、理想、情操、觉悟、信念及组织性、纪律性状况。生态文明是精神文明的重要组成部分，精神文明建设可以为生态文明建设提供思想引导、精神动力和智力支持。

推进生态文明建设，既要抓住突出的环境问题，又要注重生态文明建设的系统性、整体性，从中国特色社会主义事业"五位一体"总体布局和"四个全面"战略布局的高度出发，融入经济建设、政治建设、文化建设、社会建设的各方面和全过程，优先解决影响群众健康的突出环境污染问题，打好打赢蓝天、碧水、净土攻坚战，统筹源头治理、过程严管与排污不达标严惩，协同推进资源节约、低碳发展、绿色发展理念传播、制度构建、技术创新与资金投入，使各环节各要素形成一个系统完整的整体，让绿水青山成为金山银山。

不能以为生态环境好就是生态文明了。生态是自然存在状态，文明是社会进步程度，生态文明是人与自然和谐状态。生态兴，则文明兴。生态文明不仅要有良好的生态环境，更要有精神文明的保障。世界上一些贫困地区的生态环境好，但因物质十分贫乏，人们不得不"砍柴烧"，导致水土流失和生态退化；反过来又加剧了贫困，形成"贫困-生态退化-贫困"的恶性循环。换言之，生态环境好了，精神文明也要跟上，才是生态文明的长久之计。

二、生态文明与传统文明的关系

人类文明是不断发展演化的。从时间上看，人类文明经历了原始文明、农业文明和工业文明。生态文明与传统文明的关系是传承、是扬弃、是超越、是创新。

人类从诞生起，就依附于自然。原始社会，人类生产活动靠简单的采集渔猎，必须依赖集体力量才能生存，人与生物、环境协同演进。到了近代社会，人类才逐步摆脱自然界及其生态条件的地域性限制。铁器出现和使用，标志人类利用和改造自然能力有了质的飞跃，进入农耕文明时代。古埃及文明、古巴比伦文明、美洲玛雅文明等古老湮灭，可能与过度放牧、过度垦荒和盲目灌溉等活动有关。

农业文明是我国悠久历史与灿烂文明的表征，天然的环境友好特性成为农业文明乃至华夏文明绵延数千年而不间断的前提。新中国成立以来，我们面临的一个重大挑战是，如何在经济社会现代化的过程中继承与弘扬优良的传统，走一条人与自然和谐共生的工业化和城市化道路。从新中国成立初期的农业现代化，到改革开放后的农村城市化，以及最近的新型工业化和新型城镇化，整体上看并没有摆脱"追赶型"的现代化思路。

英国的工业革命开启了工业文明时代。工业文明兴起，人类社会才逐渐"忘记"自然规律及其约束，追求一种超越自然资源制约和生态规律约束的普遍性（无论地域）、即时性（不分时节）和无限性（不加节制）。由于生产力发展，人类开始了对大自然空前规模的征服，创造了巨大财富，也导致严重的生态环境危机。20世纪"八大环境公害"（比利时马斯河谷污染事件、美国多诺拉污染事件、英国伦敦烟雾事件、美国洛杉矶光化学烟雾事件、日本水俣病事件及富山、四日市米糠油等有害气体与毒物事件），危害公众健康，引发人们对传统经济增长方式的深刻反思。

1962年，美国作家卡逊出版了《寂静的春天》一书，用触目惊心的案例阐述了大量使用杀虫剂对人类的危害，敲响了工业社会环境危机的警钟。20世纪

70 年代，发生两次世界性能源危机，经济增长与环境之间矛盾显现。1972 年，罗马俱乐部出版名为《增长的极限》的研究报告，首次向世界发出警告："如果让世界人口、工业化、污染、粮食生产和资源消耗按现在的趋势继续下去，这个行星上的增长极限将在今后一百年中发生"，引起世界各国高度重视。同年，联合国人类环境会议召开，发表《人类环境宣言》，提出了"只有一个地球"的口号，号召人类在开发利用自然的同时，也要承担维护自然的责任和义务（马凯，2005）。

1987 年，时任挪威首相的布伦特兰夫人在《我们共同的未来》报告系统地阐述了可持续发展理念的内涵。1992 年，在巴西里约热内卢召开的联合国环境与发展大会，通过了《里约宣言》和《21 世纪议程》等文件，号召世界各国在促进经济增长的同时，不仅要关注发展的数量和速度，更要重视发展的质量和可持续性。

不能以为生态文明就是一个全新的文明形态。生态文明中的理念，延续了农业文明以来的思想精华，"人与自然和谐共生"与我国先哲提出的"天人合一"一脉相承；尊重自然也是恩格斯《自然辩证法》一书中提出的理论。我国的生态文明建设，要运用现代科技以及大数据、移动互联网的最新成果，走可持续发展之路，迈进生态文明的新时代。

三、生态文明建设与社会建设的关系

生态文明建设是改善民生的重要手段。习近平总书记指出，环境就是民生。生态文明建设可使人民群众公平地享受发展成果，使社会更加和谐。多谋民生之利，多解民生之忧，解决好人民最关心最直接最现实的利益问题，在学有所教、劳有所得、病有所医、老有所养、住有所居上持续取得新进展。把生态文明建设作为实现好、维护好、发展好人民群众根本利益的一项重要任务，把维护人民群众的环境权益作为判断工作成果的最高标准，通过全党全国的共同努力，开创一个社会和谐人人有责、和谐社会人人共享的生动局面。

在生态建设中改善民生，在改善民生中保护环境。随着我国居民生活水平的提高，群众对民生的要求，不再单纯是"吃饱穿暖"，而是有了更高层次的需求。如对于良好生态环境的诉求越来越多，人们关注流域生态保护、关注饮用水水源，也关注雾霾天气等与生活相关的议题。生态环境质量的优劣直接影响群众的生命安全，一些疾病的发生与蔓延也源于环境恶化。只有加强生态建设，实现自然资源的可持续利用和生态环境的良性循环，才能不断改善民生。如果不注重改善民生，难以实现生态环境的良性循环；如果只注重改善民生而忽视生态环境改善，民生也难以得到持续改善。因此，我们必须兼顾生态环境保护与民生建设，走出一条生产发展、生活富裕、生态良好的文明发展之路。

生态文明建设要服务社会建设。在项目审批、环境违法案件和污染纠纷处理中，必须把握一条底线：是不是维护了群众的环境权益，是不是把群众的健康和安全放到了第一位。因为人民群众的民主权利应当包括环境权利，所以必须切实维护好；另一方面，人民群众有依法实行民主监督的权利，管理包括环境保护在内的公共事务和公益事业，是人民当家做主最有效、最广泛的途径。在具体工作中，要确保人民群众喝上干净水，不断加大水源地保护和农村生态环境保护和建设力度；确保人民群众呼吸到新鲜空气，减少雾霾天气的发生和不利影响；确保人民群众吃上放心食物，扶持和激励生态农业建设和生态产品开发，进一步加大农业面源污染治理和食品安全监管力度，对粮食、蔬菜、肉类、海产品的生产、加工、流通各环节和全过程加强监管，大力发展特色经济林果、蔬菜、药材和畜牧业，实现"三农"互动多赢。

不能以为生态文明建设等同于环境保护工作。广义的生态文明建设，包括生态建设、生态经济建设、生态安全、生态文化建设等方面；狭义的生态文明建设，包括国土空间布局及其优化、资源节约、保护与可持续利用，环境保护、污染治理，制度建设等方面。环境保护是生态文明建设的一部分。在严峻的环境形势下，环境保护是生态文明建设的重中之重，但不能把生态文明建设仅看成是对环境保护工作的提升，否则就可能与其他相关环节脱节。与之相对应，生态文明建设绝非仅是生态环境部门的职责，所有政府部门均要担负起相应职责。空间优化、资源节约、环境保护、产业升级、绿色建筑、绿色交通、社会转型、科技创新、生态文化、绿色消费、绿色财税、绿色金融等，都是生态文明建设的重要内容。2018

年的国务院机构改革，为建立健全生态文明建设的领导体制和部门联动，创造了有利条件。

四、经济发展与环境保护的关系

环境保护与经济发展对立统一。人类的生产生活会带来环境污染和生态破坏，甚至导致生态危机；另外，生态环境保护需要资金，因而会在一定程度上影响经济增长数量和速度。只有经济发展，才能不断满足人民群众日益增长的物质文化需要。没有经济的数量增长，就不可能有"量变到质变"，不可能有物质财富的积累。没有经济发展基础，谈不上生态文明建设。如果一味追求经济增长的规模和速度，不重视发展的质量和效益，无度地索取自然资源、肆无忌惮地破坏生态环境，以牺牲资源环境为代价换取经济增长，结果只能是自然资源枯竭加快，生态环境被破坏，发展难以为继。因此，我们既不能为眼前的利益和一时的增长而竭泽而渔、杀鸡取卵，透支子孙后代的福祉，也不能因为生态环境保护而甘于贫困放弃发展，或坐等别人援助，关键是把握发展与保护的"度"。

协调好人与自然关系，关乎中国特色社会主义事业的伟大胜利，关乎"两个一百年"奋斗目标的实现，关乎中华民族伟大复兴及人类命运共同体的构建。我国人口众多、人均资源不足、生态环境承载能力薄弱是基本国情。随着我国经济增长和人口不断增加，特别是工业化和城市化的快速发展，水、土地、能源、矿产等资源不足与经济快速发展之间的矛盾愈发突出，生态环境保护形势相当严峻。如果让传统的发展方式继续下去，资源支撑不了，环境难以容纳，发展也难以持续。只有让良好生态环境成为群众生活改善的增长点，成为经济社会持续健康发展的支撑点，成为展现我国良好形象的发力点，才能满足人民群众对美好生态环境的新期待。

不能把生态文明与经济发展对立起来。一些人"只谈绿水青山，不谈金山银山"，强调环境保护的重要性，而忽视经济发展的基础性。生态文明建设并不是不要发展，而是要低消耗、高效益、高质量的发展。发展也不仅指经济发展，更不能简单等同于 GDP 增长。资源节约、环境保护、科技创新、文化繁荣和社会进步等，都是发展的内涵。"绿水青山就是金山银山"是一个完整表述。"既要绿水青山，也要金山银山"，强调在发展中保护，在保护中发展。生活富裕但生态退化不是生态文明，山清水秀但贫穷落后也不是生态文明。要平衡好经济发展与环境保护的关系，把握好"度"。

五、生态文明建设途径及其相互关系

党的十八届三中全会提出，生态文明建设途径是绿色发展、循环发展、低碳发展。进入新时代，我国不断深化对生态文明建设内涵的认识。绿色发展提升为发展理念，资源节约型、环境友好型社会建设是其中的重要方面，并统领节能减排、循环经济、环境质量改善、低碳经济等项工作。

循环经济，是指在生产、流通和消费等过程中进行的减量化、再利用、资源化活动的总称，是从资源利用效率角度评价发展的。传统的经济增长将地球看成为无穷大的资源库和排污场，经济系统的一端从地球大量开采资源、生产产品，另一端向环境排放大量废水、废气和废渣，是一种线性增长模式，表现为"资源—产品—废弃"形式；按"物质代谢""过程耦合"和"资源共享"关系延伸产业链，经济增长从依赖自然资源开发利用转向自然资源和再生资源利用，是一种集约的增长模式，以"资源—产品—废弃—再生资源"为表现形式。

低碳经济，核心是能源技术创新、制度创新和人类生存发展观念的根本性转变，是以低能耗、低污染、低排放为特征的经济增长模式，涉及生产方式、生活方式和价值观念的根本性变革。低碳经济在 2003 年英国出版的《我们能源的未来：创建低碳经济》一书中的定义是：通过更少的自然资源消耗和更少的环境污染物排放，获得更多的经济产出，创造更高生活水准和更好生活质量的途径，为发展、应用和输出先进技术创造机会，也创造新的商机和更多的就业机会。通过税收、融资等优惠，引导社会资金增加对低碳技术研发投入，大力发展以生物质能、太阳能、风力发电、节能装备、水电环境保护等为重点产业（周宏春，2012）。

绿色发展是新发展理念之一。绿色发展，也是发展，是资源环境容量约束下的发展，是一种可持续的生产方式和消费模式。生态环境没有替代品，用之不觉，

失之难存。我国经济已由高速增长转向高质量发展,绿色发展成为普遍形态。全面建成小康社会,既不能只讲环境保护、守护"绿水青山"而放弃发展,也不能走"先污染后治理""边污染边治理"的老路,更不能"吃祖宗饭、断子孙路"。要调整产业结构,培育新动能,改变传统的"大量生产、大量消耗、大量排放"生产模式和消费模式,走一条绿色、低碳、可持续发展之路,实现经济社会发展和生态环境保护协调统一,人与自然和谐共生的中国特色社会主义现代化。

处理好当前建设与长远发展的关系。既要立足当前,又要着眼长远;既要短期谋划,又要长远安排;既要采取有力有效的行动,解决紧迫的环境问题,又应坚持预防为主原则,避免环境污染影响群众健康和生态系统。既要着眼全面建成小康社会目标,贯彻落实十九大报告提出的今后 5 年生态文明建设的阶段性任务,形成节约资源与保护环境的空间格局、产业格局、生产方式和生活方式,又要着眼建成社会主义现代化强国、实现中华民族伟大复兴中国梦,筹划中长期生态文明建设的战略目标、原则和路径,努力实现人与自然和谐共生的现代化。要结合各地各行业实际,将宏观战略细化深化分化优化,形成切实可行的生态文明建设的施工图、路线图,确保生态文明建设目标如期实现。

六、生态文明建设的技术创新和社会治理关系

科技是第一生产力,发展动力决定发展速度、效能、可持续性。从我国经济发展及体量出发,如果动力问题解决不好,实现经济持续健康发展和"两个翻番"是很难的。

20 世纪科技革命开启了传统工业文明时代,而大量绿色技术的研发和应用,正开启着生态工业文明的新时代。如果不抛弃科技万能论,会给人们一种印象:我们现有生活方式是没有问题的,科技能摆平一切,资源短缺、物种减少、气候变化、环境污染等都不是什么问题;随着科技进步,这些问题都能得到有效解决。如果不能摒弃科技万能论,我们就不可能超越物质主义,更不可能从根本上改变文明发展的方向。

在生态文明建设中,必须充分依靠和积极发挥科技创新的作用,把绿色技术

推广应用与加强自主研发紧密结合起来，把整合现有科技资源与布局未来科技创新紧密结合起来，把原始创新与系统集成创新和引进消化吸收再创新紧密结合起来，把加强生态环境治理和修复与促进经济产业结构调整紧密结合起来，着力突破制约经济发展方式转变和可持续发展的重大科学问题和关键技术，为生态文明建设不断提供知识基础、科学依据和技术支撑。科技的作用，一是可以使人们系统和深刻地认识自然规律和人与自然相互作用的规律，认识我国自然资源与生态环境的现状及其变化的趋势，认识社会复杂系统的演化和调控规律，以便及时调整人与自然关系；二是可以促进科学技术在资源环境和可持续发展领域的推广与应用，推动经济社会向资源节约型、环境友好型社会转变；三是可以为转变经济发展方式、推进经济结构调整和产业技术升级，实现又好又快发展提供支撑条件。

现代科技作为生态文明建设和改善生态环境质量的利器，但并非生态文明建设的全部手段。科技是一柄"双刃剑"：一方面，20世纪以来传统工业化对自然资源高强度、掠夺性地开发和使用，以及由此造成的严重生态破坏和环境污染，在很大程度上是由于现代科技革命的推动。另一方面，科学技术在节约资源、保护生态、改善环境等方面，发挥着越来越显著的作用。建设生态文明要摒弃科技万能论。在强调科技进步在生态文明建设中的同时，也不应迷信现代科学技术手段，把生态文明建设这个复杂的经济社会过程等同于一个简单的技术治理过程，忽视文化影响和作用。

不能以为科技是万能的。摒弃科技万能论，就不会认为任何东西都有替代物，就会承认"我们只有一个地球"，进而保护地球我们的唯一的家园。生态系统管理的理论和方法为解决人口、资源、环境、经济、社会巨系统提供了突破口。它运用系统工程的手段和人类生态学原理探讨复合生态系统的动力学机制和控制论方法，协调人与自然、经济与环境、局部与整体在时间、空间、数量、结构、序理上复杂的系统耦合关系，促进物质、能量、信息的高效利用，技术和自然的充分融合，人的创造力和生产力得到最大限度的发挥，使生态系统功能和居民身心健康得到最大限度保护，经济、自然和文化得以持续、健康发展。在中国特色的优越管理体制基础上，推进生态系统管理将更加有助于我国生态文明建设取得各项成效。

七、生态安全与生态文化的关系

我国的生态功能区规划，提出了建设生态安全的空间格局，是以青藏高原生态屏障、黄土高原川滇生态屏障、东北森林带、北方防沙带和南方丘陵土地带及大江大河重要水系为骨架，以点状分布的国家禁止开发区域为重要组成部分的"两屏三带"。

生态系统是支撑人类生存和发展的物质基础，生态文明是遵循生态学和社会学规律的人类自觉，是在生产力高度发达、物质极其丰富的基础上，实现人与自然和谐共生的实践和成果。人类生存和发展是自然演进的组成部分；恩格斯曾经指出："我们连同我们的肉、血和头脑都是属于自然界和存在于自然界之中的。"人与自然的辩证关系表现为：一方面，人类从自然界索取资源与空间，享受生态系统提供的服务功能，向自然排放废弃物，人类活动影响自然的结构、功能与演化进程；另一方面，自然界向人类提供生存和发展所需要的资源和环境，容纳和消化人类活动产生的废弃物；自然变化，如自然灾害、环境污染和生态破坏等又会反作用于人类，制约人类生存和发展。

树牢理念与自觉践行的关系。推进生态文明建设，必须树立绿色发展理念，不断增强社会大众的生态文明意识。生态文明理念不会自发形成，而需要一个长期过程。我们必须加大生态文明理念宣传教育的广度、力度和深度，切实增强全民的节约意识、环境保护意识、生态意识，营造爱护生态的良好社会风尚，使生态文明理念真正成为每个社会成员的广泛共识和行为准则。同时，我们"既要改变思维方式，又要改变行为方式；既要改变生产方式，又要改变生活方式；既要改变经济发展方式，又要改变社会发展方式"。无论政府、社会、企业还是个人，都要从长远着眼、从细节入手，落实保护环境人人有责的理念，以自觉的行动来贯彻和体现生态文明观，身体力行推动人与自然和谐发展。

把生态文明纳入教育体系，全面融入社会建设，推进生态环境知识普及和民众知识水平提高，注重基础性、广泛性、持久性、针对性和趣味性；普遍、常态、永久地开展敬畏自然、保护生态环境、节约资源、协同共生的宣传和教育；在全社会牢固确立人人遵循、人人监督的生态公平正义的道德规范和制度激励体系。

利用好市场机制，健全资源消耗最小化、效用和服务最大化的长效机制，所有人都无权多占有资源，从而把平等、效率、正义有机地统一起来，使所有人都能实现各尽所能、各得其所。大力开展生态文明系列创建活动，使广大人民群众主动参与生态建设和环境保护。积极发挥各类社团组织的推动作用，形成有利于节约资源、保护生态环境的生产方式、生活方式和消费模式。

生态文明建设是一项系统工程，直接关系到国计民生和社会经济发展，不仅需要各级党政的高度重视和坚强领导、有效指导，也需要各部门密切配合，需要全社会共同努力。随着我国经济持续快速发展和人民生活水平提高，人们对生产安全、食品安全、供水安全及环境质量等有了更高诉求。解决或缓解资源环境问题，不但要加强水利、林业、农业、工业、环境保护、土地等部门的专业管理水平，还需加强社会管理。专业管理应侧重正常情况下的管理，坚持依法管理、统一管理和科学管理；社会管理应侧重于特殊紧急重大情况下的危机管理，要通过多种途径，不断提高管理能力和管理水平。

八、生态文明建设中政府与市场的关系

2019年3月5日，习近平总书记在参加内蒙古代表团审议时，首次提出了生态文明建设的"四个一"：在"五位一体"总体布局中生态文明建设是其中一位，在新时代坚持和发展中国特色社会主义基本方略中坚持人与自然和谐共生是其中一条基本方略，在新发展理念中绿色是其中一大理念，在三大攻坚战中污染防治是其中一大攻坚战，这一论述不仅丰富了习近平生态文明思想，也是我国生态文明建设的基本遵循和行动指南。

生态文明建设中，既要充分发挥市场在资源配置中的基础性作用，以增强经济增长的活力和效率；也要充分发挥政府宏观管理和调控作用，以克服或弥补市场缺陷和不足，解决市场不能解决的问题。在工业化、城镇化、市场化、信息化、全球经济一体化进程加快和改革攻坚过程中，应发挥政府在促进就业、调节分配、完善社会保障、实现社会公平、协调城乡和区域发展、保护生态环境、保持经济平稳运行中的作用。

加大政府的宏观调控，可以有效地节约资源，减少市场经济发展滞后给整个社会带来的巨大危害，避免重复建设、盲目投资带来的资源耗费，限制高消耗、高污染和严重影响生态环境的建设项目。加快政府职能转变，消除经济增长方式根本性转变的体制性障碍，有效解决政府职能越位、缺位和错位问题。全面、正确履行"经济调节、市场监管、社会管理、公共服务"等职能，树立公开透明、诚实信用、权责一致的管理理念，在抓好经济调节、市场监管的同时，做好社会管理和公共服务，在资源环境规划、价格机制、投资政策、管理体制中体现公平与效率，保证政府干预的公正、公开和公平。提高政府决策的科学化，在矫正市场失灵的同时，防止和避免政府失灵，避免无序竞争、过度竞争以及可能出现的垄断等低效率或不公正、不公平现象，尤其是重大的稀缺资源和国家作为所有者的公共资源配置，使其达到合理、公正的社会目标和经济活动秩序，实现治理能力现代化。

利用市场机制，可以用较低的成本和较高的效率建设生态文明。生态文明建设并不等同于政府主导、财政投入和政府购买服务。充分发挥市场在资源配置中的基础性作用。充分利用价格杠杆，使各种资源的价格充分反映生态、资源和环境的真实成本，让污染者、资源开发和使用者承担环境和生态破坏的损失、资源耗竭的成本。创建环境资源市场，如水市场、排污交易市场等，有效降低污染治理的成本。通过公共财政资金引导社会资金投入到生态文明建设领域。调动各类主体参与生态文明建设的主动性和积极性，使企业树立污染治理的主体意识，增强生态环境保护的社会责任感，以经济的途径实现人与自然和谐发展。

国内治理与国际合作的关系。必须统筹国内国际两个大局，构建以政府为主导、企业为主体、社会组织和公众共同参与的国内环境治理体系。立足中国国情，着力解决国内的生态环境问题，坚定走生产发展、生活富裕、生态良好的生态文明发展道路，建设美丽中国；积极参与全球环境治理，将我国生态文明建设纳入全球视野，推动各国开展生态文明领域的交流合作，争取国际话语权，为应对全球性生态挑战、推动世界可持续发展作出贡献。我国作为负责任的发展中大国将积极参与全球生态治理，承担同自身国情、发展阶段、实际能力相符的国际责任，充分运用"一带一路"倡议等多边合作机制，在管理模式、先进技术、经验成果

等方面与国际社会开展交流合作，共同探索全球生态文明建设之路。

参考文献

[1] 习近平. 深入理解新发展理念[J]. 求是，2019，（10）.

[2] 马凯. 贯彻和落实科学发展观，大力推进循环经济发展——在全国循环经济工作会议上的讲话[EB/OL]. http：//www.sdpc.gov.cn/hjbh/fzxhjj/t20050914_45796.htm [2012-12-20].

[3] 周宏春. 试论生态文明的若干关系[J]. 中国改革，2013（3）：90-99.

[4] 周宏春. 生态文明建设要统筹兼顾 避免误区[N]. 经济日报，2019-04-15.

一般可持续发展论[①]

⊙ 杨开忠

（中国社会科学院城市发展与环境研究所副所长）

一、持续发展概念

持续发展的提出是人类"环境哲学"的重大进步。20 世纪 50 年代以前，虽然曾经产生了著名的马尔萨斯人口理论，但是，从总体上讲，人类总是自觉和不自觉地认为，环境向人类社会提供自然资源和环境劳务的能力是无限的，不论如何支配和使用都不会破坏它的功能，从而危害人类、影响人类的福利和幸福。因此，作为受托管理者，人类对自然、社会和世代无所谓责任，对人类—环境系统无所谓管理。然而，随着人类对自然干预的广度和深度不断发展，环境危害日益严重，60 年代以来，人类开始认识到，地球自然资源和环境劳务并非无限供的，与资本、劳动一样，它是一种稀缺资源；如何支配、使用自然资源和环境劳务关系到人类的福利和幸福，当代人肩负着按照人类利益合理管理地球环境的责任；但是，一段时期内，尚没有充分认识到环境问题的实质，因而，环境管理采取了单纯的"事后治理"的工程方法。20 世纪 70 年代以来，人类开始逐渐认识到，环境问题植根于社会经济运行方式，环境问题的解决更多地取决于社会经济运行方式的调整，应当把环境管理直接纳入经济和社会发展政策。这就要求，把人口、经济与环境的关系从相反——通过对环境的破坏性开发来实现发展——转化为

---

① 本文原发表于《中国人口·资源与环境》1994 年第 1、2 期，入选时略作编辑。

相成，也就是既有利于环境保护也不妨碍发展。这样，经过 20 世纪七八十年代的探索，以 1987 年联合国世界环境与发展委员会（也称布伦特兰委员会）发表《我们共同的未来》为标志，持续发展便应运而生。蒙特利尔臭氧层议定书、国际科学协会理事会（ICSU）"国际地圈—生物圈计划"（IGBP）、国际高等研究机构联合会（IFIAS）、国际社会科学协会理事会（ISSC）和联合国大学主持的"全球性变化中的人类因素"，以及 1993 年巴西里约热内卢世界环境与发展大会，表明持续发展已成为自然科学、生命科学和社会科学跨学科研究，以及国际社会共同行动的重要纲领。

持续发展是对人类与环境系统关系变化的一种规范。然而如何规定它的内涵和外延，迄今众说纷纭。一个比较普遍引用的定义是有布伦特兰报告（WCED，1987）给出的，即：持续发展是既满足当代人需要，又不危及后代人满足自身需要能力的发展。但这个定义单纯强调了持续发展的时间维，忽视了持续发展的空间维度。这种空间维，在水平方向上从全球到区域变化，在垂直方向上从自然圈层到人类活动的各部门变换，这些空间既相对独立又相互作用，垂直空间的相互作用是不言自明的。水平空间的相互作用在区域尺度上表现为全球变化的区域影响，在全球尺度上表现为区域变化的全球影响。

因此，持续发展既要反映全球、区域和部门的相对独立性，又要反映他们之间的相互作用，空间维是其质的规定，定义应该体现这一规定性，作者认为，持续发展可更好的定义为：既满足当代人需求，又不危及后代人满足需要能力、既符合局部人口利益又符合全球人口利益的发展，它包括四个相互联系的重要方面：

（1）一般持续发展论：持续发展的一般理论研究方法和行动；

（2）部门持续发展：既满足本部门需要，又不危害全球满足需要能力的发展，例如，生态或持续农业、生态上可持续的工业、持续住宅以及持续交通等；

（3）区域持续发展：既满足本地人口需要，又不危害全球人口满足需要能力的发展。在这里，区域可以是国家集团，也可以是国家和国家内部的地区，包括城市；

（4）全球持续发展：满足全球需要的世界发展。

二、持续发展目标

经济增长和收入再分配是传统发展模式的基本目标。这种二维标准，无视自然资本的存在，对可持续发展是不适应的。持续发展基本准则包括广义的效率、公平和生态持续性三个方面。

（一）效率

持续发展并非禁欲主义，满足人的需要是它的基本目标。因此，用最小的稀缺资源成本得到最大的福利总量，即效率仍然是它的基本目标之一。不过，在这里，与传统发展不同，福利不仅包括人造产品和劳务（人类系统）的消费，也包括环境资本，成本不仅包括人造物质资本的投入，也包括环境资本的消耗。

效率提高可通过两种方式取得。一是在人造产品消费和环境资本两个组分中，一个增加而另一个减少，但正负相抵后总的净福利是增加的；另一种方式是，人造产品消费和环境资本都增加。一些学者称前者为"弱持续性"（Weak Sustainability），后者为"强调持续性"（Strong Sustainability）（Daly，1991；Opschoor and Reijnaers，1991；Giaoutzi and Nijkamp，1993）。弱持续性可以进一步区分为两种方式：人造产品的消费增加但环境资本减少，以及人造产品消费减少但环境资本增加，在实际中，或者很少存。一般来讲，由于生产力和人的需求发展阶段不同，发展中国家倾向于"弱持续性"，而发达国家倾向于"强持续性"。

（二）公平

富方（富裕阶层、地区、国家）能够将资本不断地投入新的领域，因而，为了最大利润，根本不顾环境的承受力；而贫方（贫困阶层、地区、国家）为谋求温饱问题则滥用自然资源和劳务。一些经验研究（如：Gallopin and Barrera）表明，最富裕和最贫穷的阶层比中间阶层造成更大的环境损害。因此，两级高度分化必然导致环境恶化。再者，它最终会导致贫富之间的尖锐冲突和社会革命，从而破坏生产力，葬送社会持续发展。然而，如果实行土地改革，采取在保证自然资本和社会福利更平等分配的其他措施，则可以避免这些风险。因此，促进公平分配应当作为持续发展的重要目标和准则。

公平分配不仅是空间的，而且也是时间的。常用的贴现率倾向于忽略长远未来的影响，最终可使环境系统造成显著的或不可逆的危害，持续发展强调代际平等。因此，建议采用低贴现率，从而对长远的环境危害给予较大的权重。然而，正如费雪尔和克鲁蒂拉（Fisher and Krutilla, 1957）所指出的，使用低贴现率可以导致较高的投资率，甚至造成更大的环境危害。另一种方法（Fisher and Krutilla, 1975）是恰当地低估价不可替代环境资本，如果经济发展危及这种资源时，那么长期的危害费用就会迅速上升。西拉西·沃特布等提出，应将专家们决定的"最低安全标准"纳入分析，以便防止重要资源的不可逆的危害。

（三）生态持续性

环境系统的维持取决于其物质和能量输入与输出的流量等级与节律，在一定限度内，人类活动可以改变这些流量，满足社会对自然资源、环境舒适和废物处理能力的需要。但是，一切环境系统都存在承受干扰的上限与下限，如果超过这些界限，就会造成环境破坏，危害人类。因此，保护环境，维持良好的人类生态，即生态持续性，是持续发展的基本目标和原则。

生态持续性标准最重要的要求包括：

（1）环境参量

生态持续性评价指标理论上可以是环境系统总的自然资本存量，也可以是环境系统的不同细分，如不可更新资源、可更新资源、生物多样性等。实践中，列入评价范围的参量常常要因时因地加以修订。但是，由于综合水平越高，次一级指标的权重系统的给定就越困难，甚至不可能，因此，正如环境影响评价经验所证明的（Blanlands and Duinker, 1983）至关重要的是把少数"环境参量"列入评价范围。这样，就有必要设计一套程序帮助不同社会集团识别他们认为最重要的参量，以及建立相应的论坛和协商渠道，以便使不同集团能够就共同关心的问题，所要探讨的重要环境参量达成协议。

（2）临界水平

由于对子孙后代负有的责任判断，包括风险和技术替代可能性评价的差异，对列入评价范围内的环境参量可持续性连接水平会有不同的理解：最小安全水平、自然水平，甚或最大众化的参考标准——现行水平。由于强持续性战略强调人造和自然资本的互补性，而弱持续性战略对用人造产品替代环境设施持更乐观态度，前者对利用自然资本的临界水平有更强的限制。

（3）可接受的风险水平

人对环境变化的理解不可避免不全面、不充分，这就意味着评价必然包含不确定性。因此，应当系统地阐明可接受的风险水平和不确定性，例如，是否允许无长期风险，是否仍然安全，由于可预期的技术进步某些风险是否可以接受。

（4）空间水平

人类活动空间水平有微观、宏观的区别与联系。自然资本持续利用怎样在人类活动空间上定义是极为重要的。如果生态持续性目标仅仅与超项目水平相联系，那么，只要系统内一些项目的非持续性可以由其他项目的持续性得到补偿，这些项目就是可以接受的。然而，如果持续性目标系统的定义在项目水平上，那么，任何一个非持续性的项目都是不可接受的。关于这个问题，有人主张定义在项目水平（例如，Klaassen and Botterwey，1976），也有人主张定义在超项目水平（例如，Pearce，Barbier and Markandya，1990）。无论什么持续性定义，项目水平总是比超项目水平的持续性政策意味着更多的项目将被抵制。在计划中究竟采取什么定义，应因时因地而异。例如，发展中国家可能倾向于超项目水平的定义，而发达国家则倾向于且有义务在项目水平上运用持续性标准。

效率、公平和生态持续性目标和原则是相辅相成的，应当为世界各国各地区所遵循。但是，不同国家和地区，发展阶段和任务不同，应当允许和鼓励他们根据自己的国情和区情赋予这些目标以及内部的一些要素以不同的权重，从而有机地把持续发展的原则性和灵活性结合起来，把持续发展的一般原理与各国各地区的实际结合起来。

三、持续发展的战略要素

影响持续发展的因素包括人类系统与环境系统之间的相互作用以及它们各自的内源动力。这些因素有些是可控的，有些则是不可控的。那些可控的、起关键作用的因素，称为持续发展的战略要素。其中，经济结构的生态现代化、以预防为主的环境管理、经济机制的生态现代化、有控制的人口转变以及反贫困是其基本的战略要素。

（一）经济结构的生态现代化

传统经济以从环境系统索取资源进行物质转化、满足社会对人造产品需要、向环境排出"三废"为基本结构。这种"牧童"经济是造成非持续性的基本原因。因此，改革经济结构，使经济增长与影响环境的投入（资源）逐渐脱钩，是持续发展最重要的战略要素。我们把这一过程称为经济结构的生态现代化。

根据经济增长与影响环境的投入的使用量增长的对比关系，我们可将经济结构的生态现代化区分为两种模式：

（1）绝对生态现代化：在经济增长的同时，影响环境的投入要素使用量持续下降；

（2）相对生态现代化：影响环境的投入要素使用量不变，或虽有增长，但小于经济增长率。

这两种模式分别对应于强持续性和弱持续性。

耶尼克（M. Janicre）等利用能源、钢铁、水泥和货运量对环境有很强负作用的投入要素，对经济互会和经济合作与发展组织 31 个成员国的经济结构变化与环境影响之间的关系进行研究，发现三种模式，即：

（1）结构绝对改进：GDP 正增长，影响环境的投入要素使用量负增长，预期取得绝对的环境效益；

（2）结构相对改进：影响环境的投入要素使量维持不变，或虽有增长，但其增长率低于 GDP 的增长率；预期取得相对的环境效益；

（3）结构恶化：影响环境的投入要素使用量增长率高于 GDP 增长率。

第一、二种模式分别与经济结构绝对和相对生态化对应；第三种模式则是非持续性的。经济结构生态现代化模式的选择取决于消费需求和研究与开发能力。发达国家和地区处于追求"生活质量"和信息化与服务化阶段，结构变化以提供劳务和增进"生活质量"的第三产业为主；同时，物资资本丰厚、人才荟萃，研究与开发能力强，系世界技术创新中心，技术先进。因此，发达国家和地区客观上进入生态现代化时期，理所当然应当选择和实行经济结构的绝对生态现代化。然而，发展中国家和地区尚处于追求衣、食、住、行用品和工业化时代，结构变化以生产有形产品的工业为主导；同时，物质资本不足、人才短缺，研究和开发能力薄弱，技术进步以引进为主，技术落后。因此，发展中国家和地区客观上只能选择和努力实行经济结构的相对生态现代化。

（二）实行以预防为主的环境政策

迄今，环境政策仍然是头痛医头的事后战略。这种政策针对具体污染媒介而发，治标不治本，且各项行动的具体目标、指标和制度之间缺乏协调，污染可能在各种环境媒介之间或地区间相互转嫁。因此，尽管它对治理业已产生的污染是必要的，但是，为了从根本上解决问题，必须开辟新的途径，实行以预防为主的环境政策。

环境损害日积月累、获取技术知识以及公众觉悟提高三个相互关联且同时发生的政策过程的时序，特别是它们达到临界水平的相对时间，对于整个预防为主的环境政策具有决定性意义。

加速技术知识积累和提高公众觉悟，可以通过增加环境技术研究与开发费用、环境教育投资等多种方法来实现，但在很大程度上取决于需要处理的具体环境问题。环境影响评估（EIA）可以使人们更多地了解建设项目可能产生的环境影响，进而争取在危害发生之前采取适当措施，并通常允许把有关经济负担加在建设项目的发起人身上，从而符合实施以预防为主的环境政策的一个前提条件——谁污染谁出钱防治的原则。因此，这种方法可以列为以预防为主的环境政策的重要组成部分。

技术知识和公众觉悟的阈值是随着人们对实际发生的和可能发生的环境损害的知识/觉悟的增长而变化，因此，环境标准的设定应当动态化。从横截面看，这意味着环境标准在不同国家、不同部门，甚至同一国家不同地区是应有所调整的。

（三）经济机制的生态现代化

计划经济责任权利不统一，企业缺乏追求经济效益的动力。建立市场经济，是持续发展的基本前提之一。但是，即使当今世界最发达的市场经济也并非是完善的，否则，市场经济国家就不会面临今天如此深重的环境问题。因此，按照生态持续性要求，改造现行市场经济的运行机制，实行经济机制的生态现代化，是持续发展又一重要的战略要素。

经济机制的生态现代化包括建立经济的生态自我调节和按生态要求调整经济政策的方向。

生产者和消费者可以从自然资源和环境劳务利用中获得利益，但可以不必为此付出全部代价，而把由此造成的资源缺乏和环境污染转嫁给社会、给未来的世代、给自然界。这种外部性的存在是造成人类—环境系统失调的基本动因。因此，实行持续发展，要求把生产和消费的外部性内在化，把环境代价划回给造成环境问题的生产者和消费者，把生态观点纳入一切生产和消费决策，使环境保护成为生产者和消费者的自觉行动。这就是要实行经济的生态自我调节。

如何实现经济的生态自我调节，是对理论和实际工作提出的一项挑战。目前，探讨的主要方向是：按照资源耗竭的边际机会成本设定充分有效的自然资源和环境劳务的价格和成本信号；在企业和国民核算层次上实行生态会计；通过法院和立法确定承担环境责任和造成环境损害要赔偿的规划。

传统的经济政策是以人造产品和劳务消费的增长和分配为基础的，因而失之偏颇，它的目标、指标、手段和机构需要按照持续发展的要求重新界定和补充。即：①自然资本的保护和增长应列入经济政策目标和指标体系，把持续发展作为经济发展的指导原则；②取消对农产品价格的不合理干预，开征资源开采税和污染税，健全经济政策的手段；③增强宏观管理机构的持续发展意识，加强环境保

护部门的能力，把环境影响评估纳入所有重大经济决策中去。

（四）实行有控制的人口转变

人口转变过程服从逻辑斯蒂曲线，分五个阶段。第一阶段，在高死亡率与高出生率相抵消的基础上达到人口数量的"马尔萨斯平衡"；或在自然经济条件下，人口没有流动，空间均匀分布。第二阶段，人口出生率很高但死亡率已下降，人口增长加快；或自然经济打破，人口分布趋于集中。第三阶段，人口出生率迅速下降；或由于分散力的对抗人口集中速率迅速下降。第四阶段，死亡率已降至很低水平，出生率也下降到与死亡率平衡；或人口集中与分散趋向平衡。第五阶段，出生与死亡，或集中与分散处于同一均衡水平点上，人口规模已相当稳定。经验表明，在这一过程的阶段二和阶段三，人口转变可能阻碍经济增长，导致贫困和环境恶化。因此，放弃完全放任家庭自由决定的模式，实行政府对人口转变过程的合理干预，是实现持续发展的重要要素。

人口转变过程控制的具体目标，就是根据资本积累、技术进步和自然资本变化，达到与环境、经济人口承载力和人均社会福利最大化相适应的适度人口规模和增长率。计划生育和人口再分布是它的两条途径。前者旨在通过影响家庭生育行为，使人口与各个时期自然、经济和社会发展相协调；后者旨在通过影响人口区位行为，使人口与各地自然、经济和社会发展相适应，与持续性相应的城市和区域人口规模和城市化、移民政策是其典型代表。

（五）反贫困

贫困既可能是一定社会经济方式下生产要素分配不均、地理环境差的结果，也可能是人口增长、掠夺性开发自然资源而导致环境恶化的产物。但它又是导致人类—环境系统恶化的重要动力：为了维持生计，穷人不得不日复一日过度开发环境资源，促使环境恶化；而这种结果又转而使贫困人口更加贫困，使他们的生计日益艰难，朝不保夕；这一切又反过来使环境更加恶化。因此，反贫困是持续发展不可缺少的战略要素。

参考文献

[1] 马尔科姆·吉利斯，德怀特·H. 帕金斯，迈克尔·罗默，等. 发展经济学[M]. 北京：经济科学出版社，1989.

[2] 朱利安·L. 西蒙. 人口增长经济学[M]. 北京：北京大学出版社，1984.

[3] 杨开忠. 中国区域发展研究[M]. 北京：海洋出版社，1989.

[4] 杨开忠. 迈向空间一体化——市场经济与中国区域发展[M]. 成都：四川人民出版社，1993.

[5] The World Commission on Environment and Development (WCED). Our Common Future[M]. Oxford: Oxford University Press, 1987: 383.

[6] Giaoutzi M, Nilkamp P. Decision Support Models for Regional Sustainable Development. Gower, Aldershou,U.K.,1993.

[7] Janicke M, Monch H, Ranneberg T, Simonis UE. Economics Structure and Environmental Impacts. Environmental Monitoring and Assessment, 1988.

[8] Fisher, A.C.，J.V.K Rutilla, Resource Conservation, Environmental preservation and the Rate of Discount[J]. Quarterly Journal of Economics, 1975 (89).

生态文明不等于绿色工业文明

⊙ 张永生
（国务院发展研究中心绿色发展基础领域首席专家、研究员）

　　毫无疑问，工业文明代表了人类的巨大进步。但是，由于传统工业化模式的不可持续，生态文明成为实现可持续发展的必然选择。在讨论生态文明时，一个代表性思路是将生态文明等同于绿色工业文明，冀望在原有传统工业化模式下通过技术进步解决环境问题（比如，Hallegatte et al.，2012；UNEP，2011；Acemoglu et al.，2012）。实际上，不可持续问题乃是源于传统工业化模式的内在局限，绿色技术进步和效率提高固然极其重要，但却不能从根本上解决人类的可持续问题。为此，必须跳出绿色工业文明的思路，按照生态文明的内在要求，推动发展范式的根本转变。本文无意对"文明"这个宏大概念进行全面讨论，只是从经济学视角，对生态文明和工业文明各自依托的经济模式的内在逻辑及其含义进行揭示。

一、为什么传统工业化模式难以持续

（一）大规模工业生产要求大规模消费

　　就生产什么（what）和如何生产（how）而言，传统工业化逻辑有如下本质特征：一是生产内容以物质财富为中心，创造的价值主要是满足人们的物质需求，而物质需求只是人们众多需求的一部分。二是采用大规模生产方式（mass production），生产单一同质化产品（identical products），以大幅提高物质生产力。三是工业化视野更多的只是局限于人与物之间的关系，不太考虑"人与自然"之间更为复杂的相互作用。这些特征，就决定了工业化扩张的逻辑及其系列后果。

工业化大规模生产带来的高物质生产力，必然要求大规模消费（mass consumption）为其开辟市场。但是，在工业革命前生产力低下的农耕和手工业时代，人们长期以来形成了节俭的消费习惯和文化宗教传统。而且，工业化以物质财富生产为中心，人们对物质产品的需求总有限度，不可能无限扩张。如果不能为大规模生产开辟市场，则建立在工业化基础之上的现代经济就无法持续。因此，传统的消费心理和消费模式，就成为大工业生产方式最大的阻碍之一。

（二）大规模消费必须系统改造社会消费心理

怎么办？出路就在于，将人们在农业和手工业时代长期形成的节俭的消费习惯，改造成同大规模生产相适应的大规模消费，以人为地创造大量市场需求。这就需要建立一个同大工业生产相适应的新的财富论述：虽然人们对物质的需求有限度，但如果让物质财富成为一个人事业成功和社会地位等的标志，则物质财富就不再只是满足人们有限的生理需求，而成为满足人们无限心理需求的手段，对物质的需求也就不会再有止境。

美国梦就是这种新财富论述的代表，财富成为事业成功和社会地位的标志。20世纪30年代欧美资本主义出现前所未有的大危机，成为重塑社会心理和人们消费模式的一个里程碑。为解决产品过剩危机，宏观上以刺激有效需求的凯恩斯主义的兴起、宽松货币政策为代表，微观上以广告营销为主，金融上则以消费信贷、信用卡等为代表。于是，围绕重塑"人与商品"之间的关系，重塑人们的社会心理和消费心理，就形成了一整套支持大规模消费的制度安排，消费主义就成为现代经济运行的基石，消费社会成为工业社会的标志（e.g. Ng，2003；Scitovsky，1992；Skidelsky and Skidelsky，2012；Goodwin，et al.，2008；Mukerji，1984；Atkinson，2012；Veblen，1899）。随着后发国家不断进入工业化和全球化的行列，物欲和消费主义就在全球蔓延开来。比如，中国的"双十一"购物狂欢。

（三）消费社会的形成是长期有意识的社会改造工程

高生产力的工业社会必须建立在消费主义的基础之上，而消费主义的兴起是整个经济体系的系统行为，不是某个单一个体的行为。只有所有人都"买得多、卖得多"，才会为所有生产者创造市场，出现皆大欢喜的局面。这种对社会心理的大规模改造，不是也不可能是依靠某个政府或单个企业有计划的"社会改造工程"或"阴谋论"的结果，而是工业化和资本的内在要求，因而具有"自我实现"（self-enforcing）的功能，是大量分散的市场主体共同作用的结果。与以往认识不同，现代消费实际上是长期有意识的社会改造工程的直接结果，却鲜为人知（Atkisson，2012）。正如诺贝尔奖得主 Akerlof 和 Shiller（2015）指出，消费者真正的偏好，与市场中被操纵的偏好实际上是有区别的。

现代经济学亦对这种不可持续的发展模式起到了推动作用。第一，消费主义内置于标准经济学的分析框架之中。在这个分析框架中，消费者的效用是商品消费量的函数，消费越多，效用越高，故消费多多益善，虽然在现实中人们对物质的消费并不是没有限度的。同时，厂家的利润亦依靠销量扩大。第二，基于物质产品"买得多、卖得多"的工业化逻辑中，人类福祉与生态环境的含义不在标准经济学狭隘的分析框架之中。一旦跳出标准经济学的局限，将经济学的结论放到"人与自然"更宏大的视野下进行审视，并引入福祉的标准，则标准经济学的很多结论往往就不再成立，或者存在一定误导。因此，只有对标准经济学进行反思和重构，才能真正理解可持续发展问题。

（四）工业化逻辑下的福祉和环境后果

工业化带来物质财富生产力的跃升，极大地促进了人类文明。但是，这种建立在物质财富消费主义基础之上的经济繁荣，却带来了福祉与环境等两个方面的影响。第一，消费的扩张与人类福祉往往发生背离。发展的终极目的，乃是提高人们的福祉或幸福感，经济增长和消费只是增进福祉的手段。大量研究表明，包括中国在内的很多国家，传统工业化模式下的经济发展并没有像人们以为的会持续同步提高国民幸福水平（e.g. Easterlin, et al.，2012；Ng，2003；Scitovsky，

1992；Jackson，2016；Skidelsky and Skidelsky，2012）。斯密（Smith，1759）则指出，市场经济的高生产力，乃是由一个误导的信念所驱动，即物质财富带来幸福。"正是这一欺骗，激发并保持了人类产业的不断进步……从而彻底改变了地球的面貌"。

第二，全球不可持续的生态环境危机。传统工业化模式对生态环境的冲击，表现在总量和逻辑两个方面。由于传统工业化模式必须建立在消费主义持续扩张的基础之上，这就决定人类将不可避免地突破生态环境容量。相对于生态环境容量突破的后果，传统工业化逻辑侵入生态环境系统产生的破坏，则较少被关注。生态体系是众多主体（agents）相互依赖形成的共生系统（包括自然系统及人与自然的关系），但传统工业化的逻辑，则是借助强大的工业技术和工业组织力量，将这个相互依赖的共生系统中人们认为"有用"的个别链条抽取出来，以大规模工业化的方式进行攫取或生产。当这个相互依赖的共生系统被破坏后，整个自然生态系统就可能出现系统性崩溃。

二、绿色工业文明能否解决可持续危机

实现可持续发展，目前最常见的思路是所谓的绿色工业文明，即在现有工业化模式下，用新的所谓绿色技术解决问题（比如，Acemoglu et al.，2012）。毫无疑问，绿色技术创新对提高生产力和国家竞争力均极其重要。但本文关注的重点，则是技术进步的另外一面。技术进步和效率提高后，人们是选择用更少的资源生产同样的物品，从而有利于环境的改善；还是用与目前相同或更多的资源生产更多的物品，从而加剧环境破坏？

不幸的是，工业资本的内在逻辑决定着，人们往往选择后者。因此，与人们直观认识相左的是，技术进步并不总是带来可持续的结果，甚至在某些情况下反而会加剧环境危机（Polimeni et al.，2009；Huesemann，2001；Huesemann and Huesemann，2011）。Jevens（1865）揭示英国煤炭行业效率提高反而带来煤炭消费提高的反直观的现象，并不是偶然的特例，而是源于发展背后的深层逻辑，即所谓发展的悖论。

　　为什么绿色技术进步有可能导致环境污染总量增加？原因其实很简单，虽然绿色技术和效率提高会降低单位产品的环境强度，但资本追逐利润最大化和消费者追求效用最大化的内在力量，一定会驱动总量不断扩张，总量扩张加剧环境污染的效果，最终会超过环境强度降低的效果。

　　具体而言，对追求效用最大化的消费者而言，消费总量越多，效用就越高。对于追求利润最大化的厂商而言，研发或购买绿色技术是为了获得更高的利润，当然生产总量越多越好。在这个过程中，厂商的逻辑和消费者的逻辑高度一致，都是总量越多越好。于是，在给定资源约束条件下，生产和消费总是不断扩张。长期来看，不会出现技术进步后资源消耗减少的结果。在标准经济学中，由于经济活动对生态环境（即"人与自然"的关系）的影响不在其分析框架之内，只要有资源和技术可以用来扩张生产和消费，就没有折中的力量限制这种扩张。

　　因此，在传统工业文明的框架下，技术进步并不足以从根本上实现可持续发展，而所谓的绿色工业文明也无法实现。只有改变生产和消费的内容，让增长内容很大程度上同生态环境破坏脱钩，才能避免经济扩张导致的环境不可持续。只有在生态文明这一更大的框架下进行转型，传统工业文明才有可能形成所谓绿色工业文明。至于通常所说的后工业社会，更多的是指生产侧的后工业化，其消费侧结构同工业社会并无实质区别，故称不上是工业文明的转型。

三、生态文明是发展范式的根本变革

　　从工业文明走向生态文明，是应对传统工业化模式不可持续危机的必然选择，意味着决定人类行为的底层逻辑发生根本变化。这种底层逻辑的变化，主要表现在视野和价值体系两个方面，由此带来发展范式的深刻转变。

　　第一，视野的变化。工业文明同生态文明的关系，有点像地心说与日心说的关系。经济是自然生态系统中的一个子集，而人们过去对世界的认识和改造，更多的是在狭隘的工业化视野和逻辑下进行。人类经济活动对自然造成的影响，则不在现有标准经济学分析框架之中。一旦在一个更宏大的视野下审视，则经济学中原先狭隘框架下形成的很多理论和决策行为，就要进行重新评估，关于成本-

收益的概念也要进行重新定义。一些过去被视为有效率（efficient，cost-effective）的行为可能就不再有效，而一些新的机会则会被重新认识。比如，过去人们一直认为现有工业化模式才是最有效率的经济，而绿色经济则是只有在经济发展到一定程度才能够负担得起的"奢侈品"。如果从新的视野来检视，则结论就会被改写，绿色经济才是更有效率的经济，而现有发展模式才是成本高昂。

第二，价值体系的变化。这意味着对"美好生活"和现代化标准的重新定义。人类社会发展的原动力，乃是对幸福和美好生活的追求，而不同观念或价值体系对幸福和美好生活的定义不同，又决定着不同的发展内容。前面指出，从农耕文明到工业文明的转变，是通过大规模改造社会心理（尤其消费心理）为大规模工业生产开辟道路的。同样，从工业文明到生态文明，亦需要相应的价值观念和社会心理的大规模转变来引领，以推动消费内容和生活方式的深刻转变。纵观历史，对于什么是美好生活，从来就是一个动态的概念。比如，在很长的世纪里，中国人追求的卓越，就不是获取物质财富，而是小康基础上对知识和艺术的培育（Etzioni，2012）。因此，现代发展概念和中国五千年文化哲学相结合，就有望演变出人与自然可持续且又有丰富人生意义的美好生活方式。

第三，发展范式的转变。上述新的视野和价值体系，构成生态文明下人类行为新的坐标系，它决定着人们如何以新的不同于传统工业时代的理念和视角认识和改造世界，以实现对幸福和美好生活的追求。这一变化意味着，传统工业时代形成的传统发展范式需要全面而深刻的转型，很多概念均需要重新定义，包括发展的内容（what）和方式（how），并以此带来系统转型，即从发展理念、发展内容，到资源概念、组织模式、商业模式、体制机制、政策体系等的系列转型。

四、结语

中国改革开放后取得的发展成就在世界历史上绝无仅有，可以说中国也是传统工业化模式最大的受益者之一。但是，传统工业化模式的不可持续，且传统工业时代的发展理论又难以提供有效的解释和解决方案，中国基于自身发展经验教训和文化传统孕育了生态文明的概念。就正如当人们发现不能用流行的地心说解释很多现

象时，日心说就应运而生一样，新发展理论出现是必然的。但是，现有的学科体系、学术体系及话语体系，很大程度上都是传统工业化模式的产物并为之服务的，不能适应全球可持续发展的要求，需要在生态文明基础上进行反思和重构。

在新发展理念下，发展内容转向满足人们"日益增长的美好生活需要"，意味着大量新的经济增长机遇出现，会促进而不是阻碍经济增长。只不过，增长的内容会发生大的改变。这些新需求要由新的供给侧结构性改革来满足，成为支撑经济增长新的重要内容。但是，从传统工业化模式向基于生态文明的绿色发展转型也是一个巨大的挑战，是对长期以来形成的发展概念及其支持体系的改变。如果说工业时代社会心理和市场体系的重新塑造乃是不同市场主体出于共同利益而"自我实现"的结果的话，那生态文明则更多的是因为传统工业化模式经过上百年发展，引发的生态环境危机和社会危机，催生了转型的倒逼机制。工业文明向生态文明转变，不是一个是否应该转变的问题，而是一个如何转变的问题。中国如果能够成功探索出生态文明的实现路径，则是对人类做出的重大贡献。

参考文献

[1] Acemoglu D，Aghion P，Bursztyn L，et al. The environment and directed technical change[J]. American Economic Review，2012（102）：131-166.

[2] George A，Shiller R. Phishing for Phools：The Economics of Manipulation and Deception[M]. Princeton University Press，2015.

[3] Atkisson A. Life beyond growth: Alternatives and complements to GDP-measured growth as a framing concept for social progress（2012 Annual Survey Report）. Tokyo: Institute for Studies in Happiness，Economy and Society，2012.

[4] Goodwin N，Nelson J，Ackerman F，et al. "Consumption and the Consumer Society"，Chapter 10 in Microeconomics in Context，M.E. Sharp，2008.

[5] Easterlin R A，Morgan R，Switek M，et al. China's life satisfaction，1990-2010[J]. Proceedings of the National Academy of Sciences of the United States of America，2012，9（25）：9775-9780.

[6] Etzioni A. "The Good Life: An International Perspective", https: //www.researchgate.net/publication/256065268_The_Good_Life_An_International_Perspective, 2012.

[7] Hallegatte S, Heal G, Fay M, et al. From growth to green growth: A framework (World Bank Policy Research Working Paper 5872). Washington, DC: World Bank, 2012.

[8] Huesemann M H. Can pollution problems be effectively solved by environmental science and technology? An analysis of critical limitations[J]. Ecological Economics, 2001, 37 (2) 2: 271-287.

[9] Michael Huesemann M, Huesemann J. Techno-Fix: Why Technology Won't Save Us Or the Environment, New Society Publishers, 2011.

[10] Jackson T. Prosperity Without Growth: Foundations for the Economy of Tomorrow. Taylor & Francis, 2016.

[11] Jevons W S. The Coal Question[M].1865/1965.

[12] Mukerji C S. The Eighteenth Century Vol. 25 No. 1. University of Pennsylvania Press, 1984: 88-94.

[13] Ng Y K. From preference to happiness: Towards a more complete welfare economics[J]. Social Choice & Welfare, 2003, (20): 307-350.

[14] Polimeni JM, Mayumi K, Giampietro M, et al. TheMyth of Resource Efficiecy: The Jevons Paradox, 2009.

[15] Scitovsky T. The Joyless Economy: The Psychology of Human Satisfaction[M]. Oxford University Press, 1992.

[16] Skidelsky E, Skidelsky R. How much is enough? : money and the good life. Penguin UK, 2012.

[17] Smith A. The theory of moral sentiments. Cited in: Ashraf, N., Camerer, C., and Loewenstein, G., 2005. Adam Smith, Behavioral Economist[J]. Journal of Economic Perspectives, 1759 [1981], 19 (5), 131-145.

[18] UNEP. Towards a green economy: Pathways to sustainable development and poverty eradication. Geneva: United, Nations Environment Programme. 2011.http: //www.unep.org/ greeneconomy/ Portals/88/documents/ger/ger_final_dec_2011/Green%20EconomyReport_Final_ Dec2011.pdf.

[19] Veblen T. The Theory of the Leisure Class[M]. Prometheus Books, 1899.

生态文明，中国道路

◎ 余谋昌

（生态伦理学家、中国社会科学院哲学研究所教授）

习近平主席说："道路决定命运。"历史已经证明，这是真理。中国道路，中华文明 5000 年，一路走来，从人类文明发展的角度，决定中国命运的道路走了三大步：一是农业文明时代，在农业文明社会核心价值观指引下，中华农业文明取得世界最高成就，站到世界史的巅峰，对人类作出伟大的贡献。二是工业文明时代，由于农业文明的道路惯性，中国没有及时实现道路转轨，成为先进的工业化国家的产品推销地和资源掠夺地，导致中国的百年屈辱。三是生态文明时代，在党的领导下，在世界上率先走向建设生态文明的道路，实现中华民族的伟大复兴，中国将重新伟大。

一、生态文化，生态文明的先声

文化是社会发展的先导和灵魂，是经济建设的主导和领导力量。生态文化兴起，标志人类新时代——生态文明时代的到来。20 世纪中叶，"八大公害"事件震撼世界。它导致一场伟大的环境保护运动。发达国家的学者思考公害事件，生态文化研究兴起，如环境哲学，环境政治学，环境伦理学，环境法学，环境经济学，生态神学，生态女权主义，生态马克思主义，等等。这是一种新文化——生态文化。

20 世纪 80 年代，中国生态文化研究起步，笔者发表生态文化问题的讲演、文章和著作，就生态文化问题提出中国学术界的观点。笔者的文章认为，文化是人类区别于动物的生存方式，现代文化是"人统治自然的文化"，新文化是"人与自然和谐发展的文化"。生态文化，从狭义理解，它是以生态价值观为指导的社会意识形态、人类精神、社会经济体制和制度，如生态政治学，生态哲学，生态伦理学，生态经济学，生态法学，生态文艺学，生态美学，等等。广义理解，它是人类新的生存方式，包括生态化的生产方式和生活方式，即人与自然和谐发展的生存方式。

人类文化是历史地发展的。人类文化形态，从自然文化—人文文化—科学文化—生态文化的发展，相应的人类文明形态，从史前文明—农业文明—工业文明—生态文明的发展。20 世纪中叶，以"八大公害事件"为代表的全球性生态危机，以及世界环境保护运动，生态文化的兴起，标志着工业文明开始走下坡路，以及人类新时代——生态文明时代的到来。

1996 年，余谋昌《文化新世纪——生态文化的理论阐释》一书，用两个表，表述了人类的文化形态、文明形态、社会形态，社会中心产业和社会中轴，以及生产方式、能源形式、社会主体和哲学表达式等的历史发展。例如，人类迄今为止的四种社会形态的社会中轴，即决定社会发展的要素是：原始社会的道德，奴隶和封建社会的权势，资本主义的资本，生态文明社会的智慧。生态文明社会，它的社会形态是生态社会主义社会，社会中心产业是生态产业，生产方式是信息化、智能化，技术工具是智能机，资源开发的主要方向是信息和智慧，主要能源形式是太阳能，社会的主要财产是知识，科学形态是信息，社会主体是知识分子，哲学表达式是尊重自然。这是从人类文化的历史发展分析作出的表述。

党的十八大报告指出："文化是民族的血脉，是人民的精神家园。全面建成小康社会，实现中华民族伟大复兴，必须推动社会主义文化大发展大繁荣，兴起社会主义文化建设新高潮，提高国家文化软实力，发挥文化引领风尚、教育人民、服务社会、推动发展的作用。"

现在，生态文化研究已经是国家主导、国家规模和国家水平的研究。涉及国家和各级别的生态文化研究机构，大学生态文化的系和专业课程设置，各专业的

学士、硕士和博士培养。这是实施党的十七大、十八大和十九大建设生态文明战略的要求。生态文化研究有重要进展，取得了许多可喜的成果，生态哲学、生态政治学、生态经济、生态法学、生态马克思主义，等等，生态文化专著、论文、文学艺术和影视作品，如雨后春笋百花齐放、百家争鸣，尽为国家建设生态文明服务，一派繁荣兴旺的景象。

二、生态文明，中国特色社会主义的道路

21 世纪初，伴随中国工业化的伟大成就，环境污染，特别是大气污染、水污染和重金属污染严重暴发，发生多次严重污染事故：①重金属污染事件恶性爆发，如湖南"浏阳镉污染事件"（2008—2009 年）；陕西"凤翔血铅事件"（2009）；水污染导致"癌症村"事件（2000—2006 年），如河南沈丘，安徽蒙城，山东汶上，安徽灵璧，广东韶关上坝村，江西德兴市和乐平市，癌症高发，癌症发病率和死亡率惊人上升。②食品安全事件，如"三鹿奶粉事件"（2008），毒饺子事件（2008），"瘦肉精事件"（广东河源，2006），"毒豇豆"事件（武汉，2010），"地沟油"事件（2010）。③空气污染"雾霾事件"（2013，北京，北方大城市，扩展到华中、华东和华南）。这些污染事故，它的区域范围、性质严重程度、导致死亡人数和对人体健康危害、对经济发展的损害，比"八大公害事件"更为严重。它震惊了中国政府和中国人民，开启建设生态文明的道路。

2007 年，胡锦涛总书记说："党的十七大强调要建设生态文明，这是我们党第一次把它作为一项战略任务明确提出来""建设生态文明，基本形成节约能源资源和保护生态环境的产业结构、增长方式、消费模式。循环经济形成较大规模，可再生能源比重显著上升。主要污染物排放得到有效控制，生态环境质量明显改善。生态文明观念在全社会牢固树立"。贯彻落实十七大的精神，全国兴起生态文化研究的热潮，生态哲学、生态伦理学、生态经济学、生态政治学、生态法学、生态文学艺术、生态文化研究取得成果，为启动生态文明建设做了思想和理论准备。同时，30 年改革开放，中国工业化取得伟大成就，成为全球最大的机器制造和工业化国家，为建设生态文明作了物质准备。30 年改革开放，中国科学技

术和教育取得伟大成就，一些领域达到世界先进水平，为建设生态文明作了科学技术和人才准备。

2012 年，党的十八大召开，提出建设生态文明"五位一体"的国家发展战略：生态文明深刻融入和全面贯穿经济建设、政治建设、文化建设和社会建设的"五位一体"总体布局；制定《生态文明体制改革总体方案》；发布中共中央、国务院《关于加快推进生态文明建设的意见》（2015）。实施这一战略、方案和意见，中国生态县、生态市、生态省和生态示范区建设全面启动，建设生态文明成为全国人民的伟大实践，中国在世界上率先走向建设生态文明的道路。

2017 年，习近平总书记在党的十九大报告中总结了生态文明建设经验，他说：五年来，我们统筹推进"五位一体"总体布局，全面开创新局面，生态文明建设成效显著。2018 年 5 月 18 日，全国生态环境保护大会上习近平总书记发表重要讲话。习近平总书记指出，大力度推进生态文明建设，全党全国贯彻绿色发展理念的自觉性和主动性显著增强，忽视生态环境保护的状况明显改变。大力推进绿色发展，着力解决突出环境问题，加大生态系统保护力度，改革生态环境监管体制，加快生态文明体制改革，生态文明制度体系加快形成，主体功能区制度逐步健全，国家公园体制试点积极推进；全面节约资源有效推进，能源资源消耗强度大幅下降；重大生态保护和修复工程进展顺利，森林覆盖率持续提高，生态环境治理明显加强，环境状况得到改善；引导应对气候变化国际合作，成为全球生态文明建设的重要参与者、贡献者、引领者。建设生态文明是中华民族永续发展的千年大计，中华民族正以崭新的姿态屹立于世界的东方，日益走近世界舞台的中央，为人类作出更大的贡献。

党的领导下，建设生态文明成为国家政府行为，成为全国人民的伟大实践，中国人民正走向建设生态文明的伟大道路。

三、生态文明，人类社会全面转型

什么是生态文明？学术界发表了各种观点，有不同的表述。我们认为，生态文明是人类新的社会形态。20 世纪中叶，全球性生态危机暴发，它对人类生存

提出严峻挑战，成为社会的中心问题。它表示世界历史一次根本性变革时代的到来。以环境污染、生态破坏和资源短缺表示的全球性生态危机表明，世界工业文明已经开始走下坡路，一种新的文明——生态文明正在成为上升中的人类新文明。建设生态文明，实现社会全面转型，在人类文化的社会制度层次、物质层次和精神层次的生态文明建设，人类将建设一个可持续发展的新社会，人与人社会和谐、人与自然生态和谐的生态文明社会。

《生态文明：人类社会全面转型》（2010）一书认为，生态文明是人类新社会，通过社会全面转型，建设人与自然生态和解、人与人社会和解的可持续发展的社会。

（1）价值观转型，走出人类中心主义，突破个人主义思想，确立人与自然和谐的社会核心价值观。

（2）哲学转型，从人统治自然的哲学，走向人与自然和谐的哲学。它超越现代"主—客二分"理论，走向人与自然统一的环境哲学，实现哲学范式转型。

（3）社会政治转型，从工业文明社会的"资本专制主义"，到生态文明社会的"以人为本"的人民民主主义。

（4）生产方式转型，创造高科技的生态技术和生态工艺，实现从线性非循环经济，向生态经济、循环经济和低碳经济的发展。

（5）生活方式转型，从高消费走向绿色消费，实行简朴生活，低碳生活，公正生活。这是可持续的更高级的生活结构。

（6）文化转型，伦理道德的生态转向。从社会伦理到环境伦理的发展，是人类道德的进步。

（7）文化转型，教育和科学技术发展的生态转向。从科学与教育只有人和经济—社会目标，向同时具有保护自然、保护生态环境的目标发展。

（8）文化转型，文学艺术的生态转向。文艺学从"人学"向"人与自然和谐"之学发展。

（9）医学模式转型，弘扬中华医学。超越现代"生物医学模式"，承传五千年中医学文化，走中华医学道路。

中国建设生态文明，为人类作出新贡献。工业化先进国家由于"道路惯性"未能实现向生态文明的道路转轨。中国生态问题的严重性促使中国率先走向建设生态文明的道路，将以生态文明之光引领世界的未来。

四、遵循习近平生态文明思想，争取生态文明建设新胜利

2018 年 5 月 18 日，全国生态环境保护大会上习近平总书记发表重要讲话，新华社发布消息："要认真学习领会习近平生态文明思想"。报道指出，习近平生态文明思想内涵丰富，深刻回答了为什么建设生态文明、建设什么样的生态文明、怎样建设生态文明的重大理论和实践问题，是我们党的重大理论和实践创新成果，是新时代推动生态文明建设的根本遵循。遵循习近平生态文明思想，坚持人与自然和谐共生理念，绿水青山就是金山银山，保护和改善生态环境就是保护和发展生产力理念，以社会主义生态文明观指导中国特色社会主义建设，中国走在建设生态文明的胜利的道路上。

（一）坚持人与自然和谐共生理念

人与自然和谐共生是生态文明建设的基本方略。2017 年，习近平总书记在党的十九大报告中指出，坚持人与自然和谐共生，建设生态文明，这是中华民族永续发展的千年大计，这是建设中国特色社会主义的基本方略。

2015 年，习近平总书记在联合国大会发表讲话，提出"人类命运共同体"理念。他指出："当今世界，各国相互依存、休戚与共。我们要继承和弘扬联合国宪章的宗旨和原则，构建以合作共赢为核心的新型国际关系，打造人类命运共同体。"这是处理国际关系的"中国方略"。

历史告诉我们，人与自然的命运是相连的。工业文明发展，遵循人统治自然的理念，导致全球性生态危机。我们需要确立和实行人与自然和谐共生的理念。因为人与自然的关系本质上是一种合作共生、和谐共生的命运共同体。人类开发利用自然，依赖自然界而生存，自然的力量支持人类发展；人类劳动改变自然，人类的力量创造了新的自然界。在这里，人与自然关系的正常状态、本质和规律是和谐共生。它的运动方向或目标是共生、共荣和共同进化。这是"人类命运共同体"理念的基础。

人与自然和谐共生既是我们的愿景，又是我们努力的方向和奋斗的目标。在国家关系层面，矛盾和对抗，对立和冲突，纷争甚至战争，导致各方利益的严重损害。现代战争机器发展，特别是核武战争甚至可能导致人类的毁灭。

"和"是中国文化的精髓，中国讲"和而不同"哲学。依据中国哲学，遵循"人类命运共同体"理念，中美贸易战是可以合理解决的，世界上各种各样大大小小的所有纷争，都是可以合理解决的。习近平总书记说："我衷心希望国际社会共同努力，多一份和平，多一份合作，变对抗为合作，化干戈为玉帛，共同构建各国人民共有共享的人类命运共同体。"我们面对各种各样的挑战，遵循人与自然和谐共生理念，遵循人类命运共同体理念，将开启中国新世纪，开启人类新纪元。这是世界最好的"中国方案"。

（二）坚持绿水青山就是金山银山理念

2005 年 8 月 15 日，时任浙江省委书记的习近平同志，在浙江安吉县余村考察，对余村为了环境保护关掉采石矿和水泥厂给予高度的肯定。他说："一定不要再去想走老路，还是迷恋过去那种发展模式。所以刚才你们讲到下决心停掉一些矿山，这个都是高明之举，绿水青山就是金山银山。我们过去讲既要绿水青山，也要金山银山，实际上绿水青山就是金山银山，本身，它有含金量。"这是习近平总书记提出的，中国新发展观，中国发展的新道路。遵循"金山银山"理念，大家共同努力，使天更蓝、山更绿、水更清、生态环境更美好，携手走进社会主义生态文明新时代。

习近平的这一新发展理念，对于经济发展与环境保护的关系，关于经济发展是不是一定会造成环境破坏，这样的长期争论不休的问题，作出了明确的结论：绿水青山是金山银山，绿水青山可以转变为金山银山，绿水青山就是金山银山。遵循并坚持这一新发展理念，我们的经济发展、社会发展与环境保护三者是可以统一的，经济效益、社会效益和生态效益，三者是可以同时做到的。

（三）坚持保护和改善生态环境就是保护和发展生产力理念

2013 年 4 月 10 日，习近平总书记在海南考察时说："纵观世界发展史，保护生态环境就是保护生产力，改善生态环境就是发展生产力。"2016 年 5 月 23日，在黑龙江省伊春市考察调研时，他又说："生态就是资源、生态就是生产力。"

生态就是生产力的理念，颠覆了现代经济学的生产力定义。现代经济学认为，生产力即社会生产力，只有一种生产力，即人类劳动生产力。这是不全面的。习近平总书记提出"生态就是生产力"理念，这是习近平新经济理论，是经济学理论创新，是经济学的重大进步。

遵循"生态就是资源、生态就是生产力"的理念，正确处理经济建设与环境保护的关系，对投入物质生产的自然资源和环境质量进行经济统计，实行自然资源有偿使用的政策；对开发利用资源和环境进行生态评价，对资源和环境的损害进行生态补偿，实行生态平衡的发展。依据新的经济学理论，按照循环经济的原则，创造和发明生态技术和工艺，使经济生产投入的资源，经过多次利用或重复利用，争取尽量多的产出，减少废弃物排放，实现最大的经济效益、社会效益和生态效益，保护和发展生态生产力，在创造足够多的经济产品和经济价值支持人的现代化生活，同时保护自然价值的生态价值，维护人、社会和自然的持续发展，推动人、社会和自然命运共同体发展和繁荣。这是必要和可能的，是生态文明经济发展的基础。

（四）遵循社会主义生态文明观，走中国特色社会主义的道路

习近平总书记在十九大报告指出，"生态文明建设功在当代、利在千秋。我们要牢固树立社会主义生态文明观，推动形成人与自然和谐发展现代化建设新格局。"我们党生态文明建设思想，一是"五位一体"总体布局，二是人与自然和谐共生基本方略，三是绿色新发展理念，四是污染防治攻坚战。他强调："这'四个一'体现了我们党对生态文明建设的把握，体现了生态文明建设在新时代党和国家事业发展中的地位，体现了党对建设生态文明的部署和要求。"

2018 年 5 月，习近平总书记在全国生态环境保护大会上，阐述了社会主义生态文明观的重要观点，他说："要自觉把经济社会发展同生态文明建设统筹起来，新时代推进生态文明建设，必须坚持好以下原则。一是坚持人与自然和谐共生，坚持节约优先、保护优先、自然恢复为主的方针，像保护眼睛一样保护生态

环境，像对待生命一样对待生态环境，让自然生态美景永驻人间，还自然以宁静、和谐、美丽。二是绿水青山就是金山银山，贯彻创新、协调、绿色、开放、共享的发展理念，加快形成节约资源和保护环境的空间格局、产业结构、生产方式、生活方式，给自然生态留下休养生息的时间和空间。三是良好生态环境是最普惠的民生福祉，坚持生态惠民、生态利民、生态为民，重点解决损害群众健康的突出环境问题，不断满足人民日益增长的优美生态环境需要。四是山水林田湖草是生命共同体，要统筹兼顾、整体施策、多措并举，全方位、全地域、全过程开展生态文明建设。五是用最严格制度、最严密法治保护生态环境，加快制度创新，强化制度执行，让制度成为刚性的约束和不可触碰的高压线。六是共谋全球生态文明建设，深度参与全球环境治理，形成世界环境保护和可持续发展的解决方案，引导应对气候变化国际合作。"这是社会主义生态文明观的根本观点。

社会主义生态文明观是科学的历史观。人类思想史上，社会主义思想是历史地发展的：首先，16—17 世纪空想社会主义；接着，19 世纪民主社会主义和马克思的科学社会主义；现在，社会主义生态文明观，这是新的社会主义思想，习近平生态文明思想。

遵循习近平生态文明思想，坚定不移地贯彻创新、协调、绿色、开放、共享的新发展理念，建设生态社会主义的国家。这是中国特色社会主义的道路。遵循习近平新发展理念，创新是新发展的第一动力，协调是新发展的内在要求，绿色是新发展的根本途径，开放是新发展的必由之路，共享是新发展的根本目标。

习近平总书记说，环境就是民生，青山就是美丽，蓝天也是幸福，建设生态文明，这是关系中国人民福祉、关乎中华民族未来的长远大计。遵循社会主义生态文明理念，遵循生态社会主义新发展观，我们一定要坚持以人民为中心，以普惠民生福祉为目标宗旨。我们一定要更加自觉地珍爱自然，更加积极地保护生态，更加努力构建中国特色的社会主义和谐社会。我们一定要加快建设以生态价值观念为指导的生态文化体系，创造以高科技的生态技术为基础的、以生态产业为中心的循环经济、绿色经济和低碳经济的经济体系，以改善生态环境质量为核心的目标责任体系，以治理体系和治理能力现代化为保障的生态文明制度体系，以生态系统良性循环和环境风险有效防控为重点的生态安全体系。我们一定要加快建设生态文明的进程，努力走向社会主义生态文明新时代，走生态文明的中国道路。中华儿女共同努力，中华民族伟大复兴的中国梦，一定能实现，一定会实现。

参考文献

[1]　余谋昌. 生态学与社会[M]//科学与社会. 北京：科学出版社，1988.

[2]　余谋昌. 生态文化问题（讲演摘要）[J]. 学坛，1986（12）.

[3]　余谋昌. 生态文化问题[J]. 自然辩证法研究，1989（4）.

[4]　余谋昌. 文化新世纪—生态文化的理论阐释[M]. 北京：中国林业大学出版社，1996.

[5]　余谋昌. 生态文明是人类新文明[M]//生态文明论. 北京：中国编译出版社，2010：9.

[6]　黄承梁，余谋昌. 生态文明：人类社会全面转型[M]. 北京：中共中央党校出版社，2010.

新时代生态文明建设战略的理论认知与逻辑表述

⊙ 刘思华

（生态经济学家、中南财经政法大学生态文明与可持续经济研究中心名誉主任）

党的十八大、十九大都把生态文明建设上升为我国社会主义事业"五位一体"总体布局和国家发展战略，并确立了它在建设美丽中国，实现中华民族伟大复兴中国梦中的重大战略地位。习近平总书记在十三届全国人大二次会议内蒙古代表团审议时的讲话，特别强调"要保持加强生态文明建设的战略定力"。在 2019 年中国北京世界园艺博览会开幕式上的讲话中，他进一步提出"现在，生态文明建设已经纳入中国国家发展总体布局。"依笔者的认识，生态文明建设不仅被纳入新时代现代化建设"五位一体"总体布局，而且是整个国家发展总体布局，已成为国家发展重大战略。所以，习近平总书记关于新时代生态文明建设的一系列论断，是新时代生态文明建设战略全面推进的指导思想。下面就新时代生态文明建设战略 8 个重要理论与实践创新问题作简要论述与系统阐释。

一、新时代生态文明建设战略的战略定位与战略方向

从党的十八大报告到十九大报告，从《习近平谈治国理政》的重要论述到在全国生态环境保护大会上的讲话都阐明了"走向生态文明新时代，建设美丽中国，是实现中华民族伟大复兴的中国梦的重要内容。"因此，党的十八大后，美丽中国建设上升为我国社会主义现代化建设的全局性重大战略，并着眼于国家和民族

永续发展的长远大计，强调了"生态文明建设是关系中华民族永续发展的根本大计"这一战略定位，指明了新时代生态文明建设的战略方向。因此，无论政界马克思主义还是学界马克思主义，都在反复阐述中华民族能否在新时代社会主义现代化实践中贞下起元，再铸辉煌，不断开创美丽中国建设新局，实现伟大复兴，生态文明建设是关键。没有优良的生态环境，建设美丽中国难的实现，中国梦也就不可能真正实现。

二、新时代生态文明建设战略的根本战略目标与主要标志

生态文明建设战略作为国家发展全局性重大战略，必须也应当有明确的根本战略目标指引全面推进生态文明建设战略实践。在建设美丽中国，实现中华民族永续发展的时代大势下，生态文明建设战略仍然是社会主义初级阶段的生态文明建设战略，其根本战略目标，必须也应该符合现阶段基本国情。新时代我国基本国情仍然是"人口与经济大国、资源小国、生态与环境弱国"没有变。今日中国面临着资源短缺约束趋紧，环境污染严重，生态系统退化脆弱的严峻现状，决定了资源环境问题尤其是生态问题，是我国经济社会发展和生态文明建设面临的最大挑战与最大约束。我们直面这一基本国情，理所当然应该确定建设资源节约型、环境友好型、生态优良型社会的根本战略目标。这是关系我国经济社会可持续发展和中华民族永续发展以及早日进入生态文明社会，具有方向性与道路性的重大问题，是生态文明建设战略的理论创新，也是新时代生态文明建设理论发展更加完善的重要标志。

三、新时代生态文明建设战略实践的新指向与新道路

这是党的十八大以后，建设生态文明与生态文明建设实践中提出的新课题，在学术界包括笔者内的一些马克思主义学者都进行过深入的理论探索。例如，方时姣等 2015 年撰写的国家社科基金报告中，就对这个问题做了深刻阐述："当今人类生存与发展需要进行一场深刻的生态经济社会革命，走绿色发展新道路，推

进入类的生产方式和生活方式的生态化、绿色化转型，实现人类生存方式的全面生态化即绿色化发展，故要求人们的经济、科技、文教、政治、社会活动等经济社会运行与发展的全面生态化即绿色化发展。在当代中国就是要大力推进中国特色社会主义经济社会体系运行朝着生态化、绿色化转型的方向发展，它就成为中国生态经济社会有机整体运行与发展的内在机制、主要内容、基本路径与绿色结果。"因此，"当今中国经济社会发展必须也应当走生态化、绿色化转型创新发展之路，这是势不可挡的生态化、绿色化发展大趋势。"依此而言，经济社会生态化、绿色化发展就成为建设生态文明与生态文明建设内在机制的基本内容与实现路径，这是迈向生态文明经济社会发展道路的必由之路。在此，有四点值得我们重视：一是使生态化、绿色化发展成为建设生态文明与生态文明建设的核心要素与内在动力，才能赋予我国经济社会发展道路的生态时代特征、生态内涵与绿色导向；二是经济社会生态化、绿色化发展正在成为加快当下中国以发达工业文明为主导的经济社会形态与中华文明发展道路向生态文明的经济社会形态与中华文明发展道路根本转变的主要驱动力。三是新时代生态文明建设战略全面推进，关键在于谋求既要实现整个现代化建设尤其是经济建设、政治建设、文化建设、社会建设生态化、绿色化发展，又要实现物质文明、政治文明、精神文明、社会文明与生态文明建设的生态化、绿色化发展，这是新时代生态文明建设战略全面推进的真谛与要义。四是生态文明建设实践的基本方向是生态化、绿色化，生态文明建设已成为整个国家发展的驱动力和引擎，即成为整个经济社会发展和中华文明演进的重要驱动力和引擎。

四、新时代生态文明建设战略实践的新内涵与新思想

党的十八大报告为了突出生态文明建设的战略地位，提出了著名的"融入论"。十九大报告对"融入论"创新、升级提出了著名的"融合论"，形成了习近平融合发展的新理念新思想新战略。恩格斯在《路德维希·费尔巴哈和德国古典哲学的终结》一书中把发展称之为"一个伟大的基本思想"。其后他又说："整个伟大的发展进程是在相互作用的形式中进行"。在笔者看来，这个作用的形式包

括 "融合发展"形式。可见，习近平总书记提出的"融合发展论"确实是一个伟大的光辉思想。因为，按照马克思主义观点，融合发展是发展的一条根本规律，甚至可以说是发展的普遍规律。新时代生态文明建设战略全面推进为这个客观规律开辟了广阔的现实道路。在坚持和发展中国特色社会主义的语境下，我国社会主义经济社会形态内部各组成部分、各领域之间相互依存、相互作用、相互融合，形成不可分割的统一整体，推动着整个社会有序发展和中华文明演进。这突出表现在"五位一体"总体布局的"五项建设"的全面融合发展中，构成生态文明建设战略的新内涵，赋予战略实践的新指向。因此，"五位一体"总体布局中的生态文明建设不仅自身同现实经济社会运行与发展融为一体，融合发展；而且要与其他"四项建设"融为一体，合而为一，融合发展；在生态化、绿色化发展过程，不仅使生产力生态解放与绿色发展，而且使生产力与生产关系、经济基础与上层建筑相互适应、相互协调，实现生态经济社会有机整体的生态化、绿色化全面融合发展。

五、新时代生态文明建设战略的新格局与新举措

从国家发展战略的高度来说，新时代生态文明建设涉及经济、政治、文化、社会等各个领域的发展战略，是一项宏大的战略格局与战略举措。目前我国处于从"富起来"到"强起来"的发展时期，我们完全有条件、有能力从根本上解决生态环境资源难题，而解决这种难题的格局与举措，必然具有同生态化、绿色化发展相融合的时代特征，也就是绿色战略格局与绿色战略举措。正是在这个意义上，对新时代解决生态环境资源"老难题"的战略部署，可以称之为新格局、新举措。它的战略内容很丰富，其中战略重点简述以下四个方面：第一，节约资源与保护是根本之策。如前文所言，我国是资源小国，资源利用率不高，资源短缺常态化，故节约使用资源，提高其利用效率，促进全面资源节约与保护是生态文明建设战略的重中之重。第二，目前我国环境总体恶化的趋势尚未得到根本遏制，一些主要污染物排放远远超出环境容量，这是生态文明建设战略全面推进的关键。我们必须全力抓住这个关键，坚决打好环境治理与保护攻坚战。第三，生态

修复与改善、生态建设与保护是我国较长历史时间内生态文明建设战略实践的战略重点，坚决打好生态修复、改善和保护攻坚战，不断夯实经济社会发展的生态基础，才能保证满足全体人民过美好、幸福生活的生态需要，才能真正形成与自然和谐发展、融合发展的现代化建设新格局。第四，全力构建生态文明建设战略体系，本质上与习近平总书记提出的"五大体系""加快建立健全以生态价值观念为准则的生态文化体系，以产业生态化和生态产业化为主体的生态经济体系，以改善生态环境质量为核心的目标责任体系，以治理体系和治理能力现代化为保障的生态文明制度体系，以生态系统良性循环和环境风险有效防控为重点的生态安全体系"相一致。

六、新时代生态文明建设战略的新选择与新任务

在习近平生态优先、绿色发展的战略思想指引下，长江经济带要在一个相当长的历史时期，把修复长江生态环境摆在压倒性位置，共抓大保护、不搞大开发，走出一条生态优先、绿色发展的新道路。现在，全国各地即使是经济欠发达的地区和贫困山区，都在探索生态优绿色发展新路，作出生态优先、绿色发展、融合共生、绿色创新的战略抉择。这在本质上是生态主导型现代化发展战略选择，是"一个绿色大战略""一个绿色大思路"。这个新战略内容丰富，战略任务涉及面广，从生态文明建设战略实践指向来说，本文主要简述五个方面：

（1）生态优先发展战略，是马克思自然界对人类优先地位思想在当代的战略表述。当今人类遵循生态优先发展规律，实施生态优先发展战略。据此而言，新时代生态文明建设战略实践理所当然要围绕着完成优先发展战略任务，全面推进优先发展战略。

（2）现时代生态特征还突出表现在现时代是一个绿色创新密集的时代。实施绿色创新驱动发展战略，使生态变革、绿色创新与转型成为生态文明建设战略的强大驱动力与引擎，达到全面实施绿色创新驱动发展战略与全面推进生态文明建设战略的有机统一。

（3）绿色产业发展战略，是 21 世纪生态变革与绿色创新转型时代的主导产

业，是开创新时代生态文明建设绿色创新发展的内在要求、必然选择与战略任务。因此，全面实施绿色产业发展战略，是生态文明建设战略全面推进的一个着力点，应当也必须有效形成绿色产业迅速崛起并成长成为主导产业的新格局。

（4）绿色能源发展战略，是能源发展规律内在要求。从高碳走向低碳，从低效走向高效，从不清洁走向清洁，从黑色走向绿色，是能源格局演进的大趋势和能源发展的基本规律。因此，实施以优先发展清洁能源，积极发展绿色能源为基本内容的绿色能源发展战略，是当今世界无论是发达国家还是发展中国家的共识，是当今中国实施能源发展战略的根本战略任务。使生态文明建设战略全面推进的又一个着力点，就是全力推进能源与能源经济结构由高碳黑色能源与能源经济结构向低碳无碳能源与能源经济结构的根本转变，在高碳能源低碳化利用的同时，积极发展可再生能源、丰富气体燃料，努力走向绿色能源和绿色能源经济发展新时代。

（5）绿色科技发展战略，是改革开放后我国实施的科教兴国战略在新时代的创新发展。早在 17 年前，笔者就说过：现代科技生态化的趋势是现代科技进步和经济发展的根本方向，现代科技必须围绕着保护环境、改善生态、建设自然而发展。"当前包括中国在内的世界各国现代科技生态化、绿色化发展已成为势不可挡的时代潮流，它要求新时代"全面推进生态文明建设"（习近平语），这同全面推进绿色科技发展战略一样，都必须围绕着节约资源、保护环境、改善生态、建设自然而进行，这些都是绿色科技创新的根本战略任务，必然成为全面推进生态文明建设战略的科技支撑力量，推动国家发展重大战略实施绿色科技、绿色产业、绿色能源融合发展战略。

七、新时代生态文明建设战略实践的根本遵循与基本原则

我国马克思主义学者有一个共识：习近平社会主义生态文明建设思想是具有严密逻辑的完整科学理论体系，是从整体上审视中国共产党对生态文明建设的理论思索，是中国特色社会主义进入新时代生态文明建设战略实践的理论表述。这就要求我们要牢牢记住，坚持以习近平新时代中国特色社会主义思想为指导，以

习近平社会主义生态文明建设理论为指引,这是生态文明建设战略实践的根本遵循。

习近平总书记提出的加强生态文明建设的原则,也是指导新时代生态文明建设战略实践的基本原则:一是坚持人与自然和谐共生,坚持节约优先、保护优先、自然恢复为主的方针,保护眼睛一样保护生态环境,像对待生命一样对待生态环境,让自然生态美景永驻人间,还自然以宁静、和谐、美丽。二是绿水青山就是金山银山,从根本上解决生态环境问题,必须贯彻创新、协调、绿色、开放、共享的发展理念,加快形成节约资源和保护环境的空间格局、产业结构、生产方式,生活方式,给自然生态留下休养生息的时间和空间。三是坚持生态惠民、生态利民、生态为民,不断满足人民日益增长的优美生态环境需要。四是山水林田湖草是生命共同体,要统筹兼顾、整体施策、多措并举、全方位、全地域、全过程开展生态文明建设。五是用最严格制度、最严密法治保护生态环境,让制度成为刚性的约束和不可触碰的高压线。六是共谋全球生态文明建设要深度参与全球环境治理,形成世界环境保护和可持续发展的解决方案,引导应对气候变化国际合作。

八、新时代生态文明建设战略实践的战略保障与体制机制创新

目前生态文明建设战略全面推进最主要的问题,是现存的体制机制同生态文明建设的战略保障制度建设不适应、不协调、不融洽。因此,创新体制机制是全面实施生态文明建设战略最重要的制度保证;而战略保障作用也主要是通过创新体制机制的调节作用来实现的。"全面推进生态文明建设"要进行体制机制创新,形成绿色创新驱动的有效运行的体制机制尤为重要。这主要包括:"产业结构绿化的体制机制创新,环境保护产业和生态建设产业发展的体制机制创新,绿色科技与绿色能源技术的体制机制创新,资源有偿使与生态补偿的体制机制创新,绿色信贷与投资体系的体制机制创新,绿色价格体系的体制机制创新,绿色财政税收体系的体制机制创新,绿色财富及其评价体系的体制机制创新,包括建立绿色GDP 核算制度、绿色会计制度、绿色审计制度在内一套适应绿色经济发展的经济核算体制机制创新,绿色经济发展与自然生态环境保护的绿色管理与法制保障

的体系机制创新，企业家、干部、政府绿色业绩考核的体制机制创新等。"在此，笔者还要加绿色金融体系的体制机制创新和绿色服务业体系的体制机制创新。我坚信，在改革开放的伟大进程中，生态文明建设实践不断发展，是一定会逐步变成美丽中国建设的绿色现实。

参考文献

[1] 习近平在参加内蒙古代表团审议时强调：保持加强生态文明建设的战略定力 守护好祖国北疆这道亮丽风景线[N]. 光明日报，2019-03-06（01）.

[2] 习近平谈治国理政[M]. 北京：外文出版社，2014：211.

[3] 韩庆祥，等. 读懂新时代[M]. 北京：中国方正出版社，2018：173.

[4] 方时姣，等. 社会主义生态文明创新经济发展道路研究（内部印刷）：219.

[5] 韩庆祥，等. 读懂新时代[M]. 北京：中国方正出版社，2018：183-184.

[6] 中共中央马克思恩格斯列宁斯大林著作编译局. 马克思恩格斯选集（第4卷）（第2版）[M]. 北京：人民出版社，1995：244，705.

[7] 习近平. 在全国生态环境保护大会上的讲话[J]. 求是，2019（3）.

[8] 方时姣. 生态文明创新经济[M]. 北京：中国环境出版社，2016：220-227.

[9] 刘思华，等. 企业经济可持续发展论[M]. 北京：中国环境科学出版社，2002：170.

走向新文明：生态文明抑或信息文明

⊙ 卢　风

（清华大学生态文明研究中心执行主任）

　　现代科技进步的加速和全球性生态危机的出现都让人们意识到，一个旧时代即将结束，一个新时代即将来临，我们正从工业文明走向一种崭新的文明。对于新时代或新文明的根本特征是什么以及该如何命名这个新时代或新文明，人们则见仁见智。有两种观点特别值得关注，一种认为新时代是生态文明新时代，新文明就是生态文明；另一种认为新时代是信息时代，新文明是信息文明。本文将比较这两种观点，并简略描绘新文明的愿景。

一、生态文明论

　　国外最早提出"生态文明"（Ecological Civilization）概念的学者或许是德国法兰克福大学政治系教授费切尔（Iring Fetscher），他在 1978 年发表的《论人类生存的条件——兼论进步的辩证法》一文中指出："期盼中的、被认为亟须的生态文明——不像舍尔斯基（Schelsky）的技术国家——预设了一种有意识地调控体制的社会主体。它将以人道的、自由的方式得以实现，而不是由服务于世界范围之生态专制的专家团队去做。如今，热望无限进步的时代即将结束。人类认为自己可以无止境地征服自然的时代也已受到质疑。正因为人类和非人自然之间和平共生的仁慈生活方式是完全可能的，所以对无节制的技术进步才必须加以控制并设限。"费切尔的这篇文章代表人类思想史的一个里程碑。在这篇文章中，费切尔针对西方现代性思想的根本错误——人类凭科技进步可无止境地征服自然——初步提出了生态文明的设想，并预言"热望无限进步的时代即将结束"，指出"人类认为自己可以无止境地征服自然的时代业已受到质疑"，从而认为一个新时代即将开始。

虽然最早提出"生态文明"概念的人是西方学者，但迄今为止使用这个概念并认为这方面研究重要的西方学者却寥若晨星。其中小约翰•柯布（John B. Cobb，Jr.）无疑是最为今日中国人所熟识的一位，他多次说，人类必须走向生态文明才能免遭毁灭的厄运；生态文明建设的希望在中国。

澳大利亚斯威本科技大学的阿伦•盖尔（Arran Gare）是这些寥若晨星的西方学者中的一位，他明确认为未来的文明是生态文明。他说，我们正面临的以大规模环境问题为焦点的危机是"现代西方文明"（Modern Western Civilization）的危机。摆脱这种危机需要来一场"彻底的启蒙"（The Radical Enlightenment）。这场启蒙将诉诸受到后还原论（Post-Reductionist）自然哲学和科学支持的过程-关系形而上学（A Process-Relational Metaphysics），从而将人类安置于通过历史而在大自然之内进行人性之自我创造的境遇之中，并走向一种新的文明，在其中部落之间、文明之间以及民族之间的破坏性冲突将得以克服，并要求全人类承诺促进全球生态系统的健康，并承认人类共同体该臣服于全球生态系统。这场彻底启蒙的目标应该被理解为全球生态文明（A Global Ecological Civilization）建设。

美国学者罗伊•莫里森（Roy Morrison）也是认同生态文明的西方学者中的一位，他也主张称未来的文明为生态文明。他声称他的《生态民主》（1995年出版）一书是一本关于"从工业文明走向生态文明"的"根本变革"的书。在这本书中他对工业主义（Industrialism）和工业文明进行了尖锐的批判。他认为工业文明是不可持续的，不仅因为它致力于无限增长，也因为它具有内在的战争倾向。他认为，生态文明奠基于多种多样的生活方式，这些生活方式使互相关联的自然生态和社会生态得以持续。这样的文明具有两个基本属性。第一，它运用欣欣向荣的生物界的动态和可持续平衡的观点看待人类生活。人类与自然不是处于对立状态，人类就生活于自然之中。第二，生态文明意味着我们生活方式的根本变革：

这取决于我们做出新的社会选择的能力。他认为，命名一种文明就是树立一面旗帜。建设生态文明是一场伟大的变革，这次变革和从农业文明转向工业文明一样重要。

当然，除上述几位学者以外，西方或许还有其他的认同生态文明论的学者，但总的来说寥寥无几。

国内最早提出这个概念的学者或许是叶谦吉先生。叶谦吉曾以《论生态文明》为题在 1986 年下半年召开的三峡库区水土保持会议上做大会报告。他的《生态需要与生态文明建设》一文被收录于郭书田主编的《中国生态农业》一书之中（北京：中国展望出版社 1988 年版）。在该文中他写道："所谓生态文明，就是人类既获利于自然，又还利于自然，在改造自然的同时又保护自然，人与自然之间保持着和谐统一的关系。""生态文明的提出，使建设物质文明的活动成为既改造自然又保护自然的活动。建设精神文明既要建立人与人的同志式的关系，又要建立人与自然的伙伴式的关系。"

显然，叶谦吉对"生态文明"的界定与费切尔的界定有所不同。20 世纪 80 年代，我国意识形态提出建设社会主义物质文明和精神文明。叶谦吉提出建设生态文明，意在补充物质文明和精神文明之不足。在当时的话语体系中，整个文明社会由物质文明和精神文明这两部分构成。但叶先生认为，这是不全面的，必须补以生态文明，才构成一个完整的文明社会。按叶先生的意思，物质文明、精神文明和生态文明都是同一个文明社会的共时的维度（也有人称其为要素）。今日意识形态话语体系中又增添了政治文明和社会文明。沿袭叶先生的定义，则生态文明是与物质文明、精神文明、政治文明、社会文明共时态的一个维度。费切尔显然不是在这种意义上使用"生态文明"，而是在历时态的意义上使用这个词，即生态文明指一个全新的社会形态，这种全新社会形态的出现和发展就是一个全新的时代。费切尔与叶先生的定义的区别是不可忽视的，只有费切尔表述的历时态意义的"生态文明"才标志着一个历史学意义上的新时代。

在 2007 年中共十七大正式提出生态文明建设战略之前，国内也只有少数学者研究生态文明。

1990 年李绍东在《西南民族学院学报》（哲学社会科学版）上发表了题为《论

生态意识和生态文明》的文章。该文认为，文明是指物质建设和精神建设的进步状态，与野蛮、丑恶、落后相对。生态文明就是把对生态环境的理性认识及其积极的实践成果引入精神文明建设，并成为一个重要的组成部分。生态文明是由纯真的生态道德观、崇高的生态理想、科学的生态文化和良好的生态行为构成的。为建构生态文明，必须有明确的指导思想，要强化生态知识的覆盖面，要建设良好的社会生态生理环境，要使生态文明制度化。李绍东的定义与叶先生的定义比较一致，即生态文明就是人类在对待生态环境时所表现出来的"与野蛮、丑恶、落后相对立"的"进步状态"，是与物质文明和精神文明并列的，可以渗透在物质文明和精神文明之中。

1992年谢光前在《社会主义研究》发表了《社会主义生态文明初探》，1993年沈孝辉在《太阳能》发表了《走向生态文明》，同一年刘宗超和刘粤生在《自然杂志》发表了《全球生态文明观——地球表层信息增殖范型》。沈孝辉认为，古代几大农业文明的衰落都是由自然系统的衰落、人与周围环境的生态平衡破坏而导致的结果。可是历史上的生态破坏毕竟是局部的，此地破坏了，彼地仍然良好，因此文明的消逝也是局部的，此地的文明衰落或覆灭了，彼地仍会产生和发展出文明来。然而当代的问题不同了，无论是生态破坏，还是环境污染，都是全球性的。全球环境的恶化必将对世界文明带来意想不到的恶果。解决环境恶化问题的关键在于人类能否正视自己的行为所招致和可能招致的环境后果，并对大自然的逆变肩负起不可推脱的责任。为拯救世界和人类自己，人类传统的生活方式、生产方式和思维方式均需进行一场深刻的环境革命，这样才能找到一条新的发展途径，建立一个与大自然和谐相处，互不损害，共同繁荣，以环境保护为旗帜的人类新文明——这就是生态文明。沈孝辉显然是在历时态的意义上使用"生态文明"。

我们在国家图书馆馆藏目录中检索到的最早论述生态文明的专著是，1992年农业出版社出版的张海源著的《生产实践和生态文明》。该书应是我国最早的书名包含"生态文明"的一本书。该书把环境保护上升到生态文明建设的高度，作者在引言中说："根据环境污染的现实，保护环境已成为每个国家的政府、社会公民共同的紧迫任务。完成这个任务的前提和结果就是建设现时代的生态文

明。"该书声称"回答了为什么要建设生态文明、如何建设生态文明以及为何能够建设生态文明的问题",但没有仔细界定何谓生态文明,谈论的主要是生产实践中的环境保护问题。故该书还不是专论生态文明的专著。

最早的论述生态文明的专著应是 1999 年出版的刘湘溶编的《生态文明论》。该书认为,生态文明是文明的一种形态,是一种高级形态的文明。生态文明不仅追求经济、社会的进步,而且追求生态进步,它是一种人类与自然协同进化、经济－社会与生物圈协同进化的文明。建设生态文明是人类摆脱生态危机的总对策。建设生态文明是一场文明的全面变革,它既是历史的必然,又是主体的自觉选择,既是我们所憧憬的理想境地,又是已经发生在我们身边的现实。该书论述的生态文明也是费切尔意义上的历时态的生态文明。

2007 年党的十七大的召开既是生态文明研究的转折点也是生态文明建设的转折点。在这之前,不仅只有极少数人研究生态文明,而且他们的研究工作和成果不受重视。党的十七大提出了生态文明建设战略,十八大把生态文明建设提到了"五位一体"总体布局的高度,十九大又特别强调"建设生态文明是中华民族永续发展的千年大计"。如今,生态文明研究和建设都受到了高度重视。胡锦涛在十八大报告中明确提出"努力走向社会主义生态文明新时代"。习近平总书记说:"人类经历了原始文明、农业文明、工业文明,生态文明是工业文明发展到一定阶段的产物,是实现人与自然和谐发展的新要求。"习近平总书记在这里所讲的"生态文明"显然是历时态的。可见,我国意识形态承认,将会替代工业文明的新文明是生态文明,我们正开启的新时代是社会主义生态文明新时代。

二、信息文明论

20 世纪八九十年代,阿尔温·托夫勒(Alvin Toffler)的未来学曾对中国学术界产生过较大影响。托夫勒在 80 年代提出了"第三次浪潮"的大历史观。托夫勒夫妇在其 1995 年出版的《创造一个新的文明:第三次浪潮的政治》一书中写道:"一个新的文明正在我们的生活中出现,而视而不见者则处处企图予以压制。这种新文明带来了新的家庭样式,改变了工作、爱情和生活方式,新文明还带来了新的经济、新的政治冲突，尤其是带来了一种不同的思想意识。"他们称这种新文明的兴起为"第三次浪潮"。他们认为，人类已经历了两次巨大的变迁浪潮：第一次浪潮是农业革命，历时数千年；第二次浪潮是工业文明的兴起，历时不过 300 年。如今，"我们这些正好生活在同一星球上这一大变革关头的人们会终身感到第三次浪潮对我们的全面冲击。""我们是旧文明的最后一代，又是新文明的第一代"。他们认为，"工业文明行将结束""工业主义总危机"已经十分明显。第一次浪潮带来了农业文明，第二次浪潮带来了工业文明。"锄头象征着第一种文明，流水线象征着第二种文明，电脑象征着第三种文明。""土地、劳动、原材料和资本，是过去第二次浪潮经济的主要生产要素，而知识——广义地说，包括数据、信息、影像、文化、意识形态以及价值观——是现在第三次浪潮经济的核心资源。"可见，新文明的经济就是世纪之交曾被热议过的"知识经济"或"信息经济"，托夫勒夫妇也称其为"超级符号性的第三次浪潮经济"。如果说铁路、高速公路等是工业文明的基础设施，那么"信息高速公路"或"电子通道"则构成了新文明的基础设施。可见托夫勒夫妇倾向于把新文明（即第三种文明）称作信息文明。

被尊为"管理学教父"的德鲁克（Peter F. Drucker）对新时代和新经济有类似的看法。但德鲁克称这个新时代为"后资本主义社会"（Post-Capitalism Society）时代。德鲁克说，我们明显地处于历史的转型过程中。这次历史转型已改变了世界的政治、经济、社会以及道德视域。经过这次历史转型，价值观、信念、社会和经济结构、政治观念和体制以及世界观的改变之大将是我们今天所难以想象的。在后资本主义社会，真正支配性的资源和绝对决定性的"生产要素"将既不是资本，也不是土地，也不是劳动力，而是知识。所以，后资本主义社会也就是信息社会，后资本主义社会的经济也就是信息经济。如果说后资本主义社会仍是资本主义社会，那么它就是以"信息资本主义"（Information Capitalism）为主导的社会。

多年研究并宣传绿色资本主义和商业生态学的保罗·霍肯（Paul Hawken）在其 20 世纪 80 年代出版的《未来经济》（*The Next Economy*）一书中宣称，工业主义的经济是物质经济，即大量生产、大量消费、大量废弃的经济，这种经济是

不可持续的。物质经济增长依赖于矿物资源的廉价。随着 20 世纪 80 年代石油价格的上扬和计算机技术的兴起,物质经济将日趋式微,一种全新的经济将会兴起,这种全新的经济便是信息经济。

随着信息技术(包括人工智能技术)的发展,很多人认定未来的新文明就是信息文明。有国内学者说:"一般认为,原始文明、农业文明和工业文明是人类历史已经经历或还在经历的文明形态,我们这个时代已经跨入了信息文明,它是工业文明之后新的人类文明形态。"这正好与谈论生态文明的人们的说法相对应,他们也认为,原始文明、农业文明和工业文明是人类历史已经经历或还在经历的文明形态,但认为我们这个时代已经跨入生态文明,或说我们必须走向生态文明,生态文明是工业文明之后新的文明形态。

三、两论的共同观点

生态文明论和信息文明论都各有其理论依据和现实依据。就现实依据而言,全球性的环境污染、生态破坏和气候变化是事实,信息技术和人工智能技术正对世界各国的经济、政治、军事、文化、教育等产生日益深刻的影响也是事实。

这两种新文明论都要诉诸新科学以寻求科学依据。生态文明论诉诸量子物理学和蕴含生态学的复杂性科学,而信息文明论则诉诸图灵(Alan Mathison Turing)以后的认知科学和信息科学。

两种文明论都必须获得新哲学的辩护。生态文明论对应的新哲学是生态哲学,信息文明论对应的新哲学是信息哲学。这两种哲学都自命为新时代的新哲学,都对支持工业文明的现代性哲学有所批判,例如,都拒斥笛卡尔、康德以来支持人类中心主义的主客二分。主客二分或人与非人事物的截然二分是现代性哲学的基石,拒斥这种二分是生态文明论和信息文明论的共同思想。

利奥波德(Aldo Leopold)是生态哲学的先驱。利奥波德的"土地伦理"把土地看作一个共同体,这个共同体的成员包括土壤、水、植物和动物。"土地伦理"主张把人由征服者转变成这个共同体中的平等一员和公民。深生态学创始人奈斯(Arne Naess)认为,在人和自然物乃至大自然之间没有什么不可逾越的界限，每一个人都是与大自然息息相关的。一切生命形式的权利都是不可量化的普遍权利。没有任何一个特定的生物物种拥有比其他物种更多的生存和发展的权利。生态哲学家普遍认为，人与非人生物之间的区别没有笛卡尔和康德所说得那么大，非人生物也有道德资格，从而和人同属于道德共同体。

信息哲学家则根据人工智能技术的发展成果而拒斥主客二分。弗洛里迪（Luciano Floridi）是当代最为活跃的信息哲学家之一。弗洛里迪认为，地球正在变成一个信息圈，或者它一直就是一个信息圈，在这个信息圈中，显然并非仅仅人类才具有智能，即就智能而言人并不占有"独一无二"的地位。如今，人们正逐渐接受关于"自我"的后图灵观念（Post-Turing Idea）：我们不是像鲁滨孙身处一个孤岛中那样的独一无二的能动者（Agents），而是在信息圈中互相关联、互相植入的信息有机体（Inforgs，这是个新创的英语单词）。信息圈是我们与其他信息能动者所共享的，其他信息能动者既包括自然的能动者，也包括人造的能动者，他们都能逻辑地和自主地处理信息。这里自然的能动者就指非人动物，而人造的能动者就指各种智能机器或机器人。可见，经过图灵革命，笛卡尔、康德乃至萨特等哲学家所重视的"主体"（Subjects）和"主体性"（Subjectivity）概念不重要了，已被代以"能动者"（Agents）和"能动性"（Agency）概念。在康德、萨特等人看来，只有人才是主体，才具有主体性，但在信息哲学家看来，所有的动物（特别是高等动物，当然包括人）和智能机器都是能动者，都具有能动性。所谓能动者就是能和多种其他存在者互动的存在者（Beings），他们承认其他类似的存在者具有和他们自己平等的地位；他们就通过置身于其他存在者中间而体验其身份和自由。

可见，信息哲学家与生态哲学家具有共同的观点：并非仅仅人类才具有道德资格，非人事物也具有道德资格。生态哲学家说，生态系统也具有道德资格，人类应该出于道德自觉而保护生态系统的健康；信息哲学家则说，非人动物和智能机器都是能动者，从而也都享有道德资格，故人类不仅应该友善地对待非人动物，也应该友善地对待各种智能机器。有些信息哲学家也主张节能减排、保护环境。霍肯主张由物质经济走向信息经济就有保护环境的考虑。弗洛里迪说：信息哲学的任务之一是构建一个伦理框架，在这个框架内信息圈将被居于其中的人类信息

有机体（The Human Inforgs）看作值得给予道德关注和关怀的新环境。这样的伦理框架必须明确揭示并应对新环境中前所未有的挑战。它必须是关于整个信息圈的一种 e-环境伦理学（An E-Nvironmental Ethics）。这种综合（既有整体主义或包容之意也有人工之意）的环境主义要求改变我们的自我意识和在现实中的角色，要求考虑什么是值得我们尊重和关心的，要求考虑如何让自然事物和人工事物结成同盟。

四、结束语：新文明愿景

文明既然包罗人类超越非人动物生存状态所创造的一切，便是无比丰富、无比复杂的。有人把文明分成器物、制度、观念三大维度。我国意识形态把文明分成共时态的物质文明、精神文明、政治文明、社会文明和生态文明，按这种划分，文明则包括物质、精神、政治、社会和生态这五大维度。塞缪尔•亨廷顿（Samuel Phillips Huntington）认为，文明包括语言、历史、宗教、风俗和体制等维度。伊朗的一位长期潜心思考文明主题的学者认为，文明包括两个不可分割的部分，第一部分是一套清晰的世界观，它可以表现为一种文化体系，一种意识形态，或者一种宗教；第二部分由一套连贯的政治、军事和经济体系表现出来，而这种体系又常以一个帝国或一种历史体制的面貌展现出来。但每一种划分都只代表理解文明整体的一种视角，却没有任何一种视角能对文明整体一览无余。正因为文明是无比复杂的，是多维度、多面相的，所以没有任何一个名词或形容词足以让所有人都承认它就是正出现的新文明的恰当名称。人们对现实有不同的判断，对未来有不同的预期，对新时代或新文明就会有不同的命名。

根据生态文明论，未来的文明必须改变能源结构，即越来越多地使用太阳能、风能等清洁能源；必须改变产业结构，即淘汰所有的重污染产业；必须改变经济增长模式，变线性经济为循环经济；必须大力促进经济的非物质化；必须改变制度建设和制度创新的指导思想，即超越"资本的逻辑"，摒弃 GDP 至上观念，让生态法则也成为制度建设和制度创新的指导思想；必须创造繁荣、多样的生态文化；必须大力倡导绿色消费，抵制物质主义的消费主义；必须实现世界观、价值观、发展观的根本转变，即来一次新启蒙。归根结底，必须超越"大量开发、大量生产、大量消费、大量排放"的生产生活方式。

根据信息文明论，未来的文明必然是以信息为基础的文明，知识和信息将成为最重要的生产要素和生活"用品"，经济非物质化也便是经济信息化的一个面相。如今，我们若买一本在美国出版的新书，大可不必让纸板书漂洋过海地从美国运到中国，在 kindle 阅读器上下载电子版即可。如果像弗洛里迪等人预言的那样，将来线上、线下无区别，虚拟世界与物理世界合一，那么游览九寨沟、黄山等风景区，就不必乘飞机、火车，动一下鼠标即可。信息技术确实将深刻改变我们的生产方式、生活方式和思维方式。

两种新文明论各自描绘了未来文明或新时代的愿景，也都将接受未来人类实践的检验。两种新文明论既然都试图取代现代性，便必然受到仍居于主导地位的现代性的顽强抵制。如托夫勒所言："一个新的文明正在我们的生活中出现，而视而不见者则处处企图予以压制"。

参考文献

[1] Iring Fetscher. Conditions for the Survival of Humanity：On the Dialectics of Progress[J]. Universitas，1978，20（3）：161-172.

[2] Arran Gare. The Philosophical Foundations of Ecological Civilization：A Manifesto for The Future[M].London and New York：Routledge，2017.

[3] 叶谦吉. 叶谦吉文集[M]. 北京：社会科学文献出版社，2014.

[4] 中共中央宣传部. 习近平总书记系列重要讲话读本[M]. 北京：学习出版社，人民出版社，2014.

[5] 张易帆，张怡. 信息文明的新特点及其虚拟形态[J]. 信息技术，2015（7）.

[6] Aldo Leopold. A Sand County Almanac，And Sketches Here and There[M]. Oxford University Press，1987.

[7] Arne Naess. Ecology，community and lifestyle：Outline of An Ecosophy[M]. Cambridge University Press，1989.

[8]   Luciano Floridi. The Fourth Revolution：How the Infosphere is Reshaping Human Reality[M].
        Oxford University Press，2014.

[9]   Luciano Floridi. The Onlife Manifesto，Being Human in a Hyperconnected Era，Springer
        Open，2015.

[10]   铁铮. 中国引领着世界的生态文明——记美国国家人文科学院院士小约翰·柯布[J]. 绿
        色中国，2018，8A，：34-37.

[11]   Roy Morrison. Ecological Democracy[M]. Boston：South End Press，1995：3，8，10，11.

[12]   叶谦吉. 叶谦吉文集[M]. 北京：社会科学文献出版社，2014：80-81.

[13]   李绍东. 论生态意识和生态文明，[J]. 西南民族学院学报（哲学社会科学版），1990（2）.

[14]   沈孝辉. 走向生态文明[J]. 太阳能，1993（3）.

[15]   张海潮. 生产实践与生态文明——关于环境问题的哲学思考[M]. 北京：农业出版社，
        1992：引言，4.

[16]   刘湘溶. 生态文明论[M]. 长沙：湖南教育出版社，1999：30.

[17]   中共中央宣传部. 习近平总书记系列重要讲话读本[M]. 北京：学习出版社,人民出版社，
        2014：121-122.

[18]   Alvin，Heidi Toffler. Creating a New Civilization：The Politics of the Third Wave[M]. Atlanta：
        Turner Publishing，Inc.，1995：19，21，27，31，36，42.

[19]   Peter F Drucker. Post-capitalist Society[M]. Butterworth-Heinemann Ltd，1993：2-3，5，166.

[20]   Paul Hawken. The Next Economy[M]. New York：Holt，Rinehart and Winston，1983：78.

[21]   张易帆，张怡. 信息文明的新特点及其虚拟形态[J]. 信息技术，2015（7）：101.

历史视野中的生态文明

⊙ 王利华

（长江学者、南开大学中国生态文明史研究中心主任）

现实是历史的延续和发展，文明是历史的积淀与更新。生态文明建设是当代最宏伟、壮丽的人类事业，也是最复杂、庞大的系统工程。中国率先提出"建设生态文明"，既具有现实必要性，也具有历史必然性，功在当代，利在千秋。其巨大而深远的意义，应从不同的时间尺度和历史脉络之中加以全面认识和深刻理解，以便作出充分正确的历史评判。

一、从人类生存发展的全部历史认识生态文明

人与自然关系和人与人的关系是人类社会的两大基本关系，始终处在动态发展变化之中。尊重自然、顺应自然、爱护自然，是人类唯一正确的"生生之道"；纠正以往失误特别是工业革命以来的严重错误，促进人与自然和谐共生，是文明永续发展的唯一正确方向。这是因为：人类是地球生命系统演化的产物，是自然界的一部分，必须依赖地球生物圈而存活。

早在 100 多年前，马克思、恩格斯就清楚地指出："任何人类历史的第一个前提无疑是有生命的个人的存在。因此第一个需要确定的具体事实就是这些个人的肉体组织，以及受肉体组织制约的他们与自然界的关系……任何历史记载都应当从这些自然基础以及它们在历史进程中由于人们的活动而发生的变更出发。"

"……自然界就它本身不是人的身体而言，是人的无机的身体。人靠自然界来生活。这就是说，自然界是人为了不致死亡而必须与之形影不离的身体。说人的物质生活和精神生活同自然界不可分离，就等于说，自然界同自己本身不可分离，因为人是自然界的一部分。"他们把人类生命和肉体组织及其与自然界的关系作为历史唯物主义建构的第一个前提，并由此出发，深刻论述社会生产方式、劳动分工、财产所有制、阶级矛盾、城乡关系、国家政治、军事战争、思想观念、意识形态……生成、发展和演变的历史。

早在数百万年甚至一千多万年前，人类祖先就在地球上诞生，随之产生了人与自然关系。人类历史始终沿着两条相互缠结的主线而展开：在社会内部，以人与人的社会关系为主线，以生产方式为基轴，先后完成由采集捕猎到农耕畜牧、由农业文明到工业文明的历史转型，如今正在急速迈向信息化、智能化时代；在生物圈中，以人与自然关系演变为脉络，以自然资源开发和物质文明进步为标志，人类的技能逐渐提高，劳动实践的范围、规模和强度不断增加，对地球生态系统的扰动和改造也不断加强，在同其他物种的竞争中取得了完全胜利，最终具有足以摧毁地球母亲的超强能力。这一漫长历史大致可以划分为四个阶段。

第一阶段，人类作为地球生命演化的偶然结果，在绝大多数时间里与其他动物一样游荡觅食，蒙昧、懵懂，无知、无记，只因自然演化为之提供了一个适宜生存的"窗口期"——宇宙射线、阳光、大气、水分、温度、土地、植物、动物、微生物、矿物……以及其他尚未知晓的自然条件，都恰好支持这种既普通又特殊的灵长类动物栖身活命，人类才得以不断进化和生息。

第二阶段，人类从众多自然物种中脱颖而出，获得了制造和使用工具的能力，掌握了人工取火的方法，同时逐渐区分物我，具有自我意识，拥有精神意志，从而成为"文化的动物"，通过文化（而非体质）进化不断增强对其他物种的竞争优势，愈来愈超迈卓越，成为"万物灵长"。

第三阶段，从大约距今一万年前开始，人类凭借其在漫长采集、捕猎生活中逐渐积累的植物、动物、水土、气候知识和相应的工具技术，在若干地区相继开展"农业革命"，耕作种植，饲养放牧，通过主动干预自然界的生命过程谋取食物能量以及其他生活资料，而不再完全仰赖大自然恩赐。从此，人类根据自己的意愿和理想不断改变世界，同时改变自身，人与自然关系模式因此发生根本变革。

第四阶段，大约从 18 世纪中期开始，人类社会以前后叠进、不断加速甚至弹跳跃迁方式，接连发动四次科技—产业革命，在短短 200 多年中就几乎改变了地球上的一切。如今人类活动已经超越自然营力，成为地球环境变迁的主因，故地质学家宣告地球变化已经进入"人类世"。

历史告诉我们：自从人类诞生，便产生了各种环境问题，"人猿揖别"之后，问题逐渐增多。但不同时代的环境问题，表现形式和影响程度千差万别，古今对比实有本质差异。采集捕猎时代，人口十分稀少，工具极其简陋，人类意识模糊，生活游荡不定，对自然界的适应和扰动能力都很微弱，与毒虫、猛兽争夺食物和居所并无显著优势，生命随时遭遇威胁，自然崇拜和"万物有灵"观念盛行。农业时代，人类不断增强自我意识，思考分辨天人关系，既讲人定胜天，也讲天人感应。经济生产以植物种植和动物驯养为主，社会生活顺应自然节律，生态环境甚少污染，但盲目无序的资源开发和环境改造已然造成局部地区资源耗减、水系紊乱、水土流失和地力衰竭，一些古老文明因此相继衰亡。最近 200 多年来，工业革命和科技进步极大增强了人类能力。在物质消费和资本利润嗜欲驱使之下，人们运用强大科技武装，钻天入地，涂炭生灵，粗暴鲁莽对待自然，彻底搅翻了地球生命系统。曾几何时，人们似乎忘记自己究为何物？何所从来？在精神上疏离自然，在行为上灭裂自然，人与自然矛盾迅速加剧，文明发展陷入严重悖论。其必然结果，是缺乏生态道德约束的能力，通过自然界的严厉报复不断反噬人类自身，对社会经济发展和生命健康安全造成日益严重挑战。

早在 100 多年前，恩格斯就发出了明确警告："……我们不要过分陶醉于我们对自然界的胜利。对于每一次这样的胜利，自然界都报复了我们。每一次胜利，在第一步都确实取得了我们预期的结果，但是在第二步和第三步却有了完全不同的、出乎预料的影响，常常把第一个结果又取消了。""……我们必须时时记住：我们统治自然界，决不像征服者统治异民族一样，决不像站在自然界以外的人一样，——相反地，我们连同我们的肉、血和头脑都是属于自然界，存在于自然界的；我们对自然界的整个统治，是在于我们比其他一切动物强，能够认识和正确运用自然规律"。

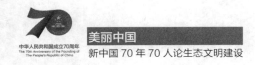

　　然而，由于科技、工业、资本和市场不断取得巨大成功，工具主义和消费主义日益盛行，导致人类对待自然的态度愈来愈傲慢，环境行为日益肆意任性，终于招致大自然的激烈反馈和报复。20 世纪以来，环境灾害接踵而至，西方国家更发生了著名的"八大环境污染（公害）事件"，全球气候变化尤其令人担忧文明发展的前景。50 多年前，英国历史学家汤因比就评论说："在 1763—1973 年这 200 多年间，人们获得了征服生物圈的力量，这一点就是史无前例的。在这些使人迷惑的情况下，只有一个判断是确定的。人类，这个大地母亲的孩子，如果继续他的弑母之罪的话，他将是不可能生存下去的。他所面临的惩罚将是人类的自我毁灭。"在汤因比发表上述评论之时，人们悲叹"寂静的春天"，担忧"增长的极限"，国际社会开始意识到环境问题的严重性并且努力采取一些行动。但由于物质欲望与发展惯性过于强大，自那以来，人们仍以更快速率和更大规模不断损害着地球生态，至今仍然不能确定何时才能有效遏止环境恶化趋势。

　　将迄今以往的各种文明形态放置于人类生命长河之中进行观察，可在不同时空尺度上发现不同的历史面相，贯穿古今的，是人类力量与自然力量彼此消长。工业革命以来，人类力量迅速增强，物质文明突飞猛进，自然生态系统损害随之迅速加剧。成千上万年来，社会发展和文明进步的主要方向是人类不断挣脱自然束缚，最大化地攫取自然资源，追求日益充裕甚至奢华的生活。时至今日，情形大变：当今世界最大困局，并非不断增长的物质需求与落后社会生产力之间的矛盾，而是无限膨胀的物质消费欲望与地球生态系统有限承载能力之间的矛盾。人类必须以高度精神自觉约束无限物质欲望，顺应自然、尊重自然、爱护自然，主动化解人类与自然之间的矛盾冲突，实现人与自然和谐共生的永续发展——这正是中国生态文明建设孜孜以求的远大目标。历史终将证明：这也是人类未来发展的唯一正确方向。

二、从五千年中华文明发展经历认识生态文明

　　一部中国文明史，就是一部中华民族与所在自然环境协同演化的历史。

　　由于青藏高原隆起、喜马拉雅山脉形成、气候冷暖旋回、东部海面升降、黄

土地带和黄土高原风尘堆积，以及黄河、淮河、长江大江大河形成演变……一系列自然运动和变化，营造了一个适宜的人类生存环境。在地质学上的第三纪至第四纪之间（大约距今 300 万年前），中国境内开始出现人类活动，考古学家陆续发现不少属于这个时代的古人类遗迹。不过，最新分子人类学特别是 Y 染色体 DAN 研究认为：那些古人类只是我们的远古近亲而非直系先祖。我们的直系祖先是在距今 5 万～10 万年前的第四纪冰川期结束后才从非洲大陆迁徙而来，他们是第二批甚至更多批次的"非洲来华移民"。这些远古人类一直在莽原密林之中移徙流浪，采集渔猎。距今一万年前，南北各地开始出现作物种植和畜禽饲养，先民逐渐改变生计策略，并对自然物种和水土环境实施控制和改造。

及至距今五千年前，中国跨进了文明门槛。此后，中华民族不断开发自然资源，改变生态环境，发展农牧经济，创立华夏文明。自上古三代，历秦汉隋唐，至宋元明清，民族、国家不断发展整合，形成了庞大的文明体系。五千年来，青铜、礼乐、长城、运河、诗词、绘画、农学、中医、四大发明……无数灿烂的文明成果独步天下，让炎黄子孙由衷自豪；波澜壮阔的社会运动，血雨腥风的战争动荡，风云诡谲的政治变局，乖舛不定的命运沉浮……令古今史家追怀幽思。所有这些文明成果和人间故事，都是发生在千姿百态的自然环境之中，与共生在这片辽阔疆土上的万类生灵息息相关。

最为本底的历史，或许并非人间的悲欢离合，而是人与自然关系的深刻变化。自从进入农业时代，中国先民确立了定居生活，从远古宛若晨星散布的农业村落，到如今密集成带的大小城市，人们似乎在渐渐地远离自然；农业的发明和发展，既彻底改变了资源利用方式，也极大提高了生态承载能力：成千上万年来，数以十百计的动物和植物种类被驯化家养和栽培，以五谷六畜为代表的植物和动物与人类互利共生，共同进化，成为中华民族的主要生命支撑，远古稀少的人群因此不断孳繁，如今已有将近 14 亿的庞大人口，绝大部分一直聚居在适宜农耕的"胡焕庸线"以东地区。为了求取食物和衣料，人们把林地、草原、湖沼、丘陵、山地……开垦为旱地、水田、梯田，修凿了无数灌溉、航运和防洪工程，不断开采和利用盐、煤、石油、黏土、金属矿石……各种地下矿藏，为中华文明发展奠定了物质基础。在漫长的生存实践中，中华民族不断思考天人关系，积累了丰富的

生态文化，形成了独特的思想智慧，古贤相继提出并不断阐释的天、地、人"三才"有机统一的系统观，"生生之德"和"民胞物与"的生态伦理，"取用有节"的资源保护和可持续发展观，以及亿万农民四千年来始终持守的"变废为宝"物质循环利用传统等，都是非常珍贵的生态文化遗产。它们不仅体现了先民对人与自然关系的深邃思考和理性实践，而且隐含着中华文明绵延不绝的重要奥秘。

毋庸讳言，迄今为止的所有文明发展都付出了相应的环境代价。由于得天独厚的自然条件，中华文明 5000 年延绵不断，但古今环境变迁之巨可谓沧海桑田、天翻地覆。其中既有符合人类生存需要的积极改善，也有后果恶劣令人慨叹的鲁莽破坏。数千年来，中国 80% 以上的山林草泽因不断砍伐、垦辟和堙淤而消失，数百万平方公里土地被侵蚀成荒漠，曾经辽远广阔、坦荡如砥的黄土高原逐渐支离破碎、沟壑纵横；森林植被破坏造成水源涵蓄能力下降，水土流失导致众多河流水系紊乱直至干涸断流，黄河在 2500 年中决溢、泛滥多达 1500 余次并且多次发生严重改道，长江洪涝灾害在最近几个世纪亦渐趋严重；难以数计的湖泊洼淀逐渐瓦解、堙废直至完全消失；由于长期猎杀和栖息地破坏，大量野生动物种类悄然绝迹，曾经广泛分布的麋鹿、大象、熊猫、鳄鱼……已成珍稀物种。

历史资料显示：人与自然的矛盾冲突并非只在当代发生，中华民族至少曾两度遭遇相当严重的环境资源危机。第一次发生在周秦之际：当时中国文明中心区域——黄河中下游，人口增长和土地垦辟导致山林川泽资源渐趋枯竭，皮、革、筋、角、齿、羽、箭、干、脂、胶、丹、漆等重要物资供给匮乏，社会普遍担忧樵采、捕猎和"百工"（手工业）生产难以为继，诸侯国家则害怕"山泽之征"失去保障导致国力贫弱。作为应对策略，国家设置各种礼法禁令节制樵采、捕猎，维护山泽资源再生能力。随着统一国家建立和社会经济转型，危机得以化解。

第二次发生在清朝中期以后。明清时期，中国人口持续增加，至鸦片战争前夕已达 4.3 亿，平原地区人满为患，大量流民涌入深山大壑，盲目毁林垦荒，导致森林减耗，水土流失，山区岩石裸露，平原水系紊乱，生态环境全面恶化，水旱灾害渐趋频繁，环境—经济—社会关系开始严重失衡，意味着已持续几千年的人口（劳动力）增加—农区扩张—经济增长的发展模式逐渐走到了尽头。在此情形下，有识之士发表大量议论，指出自然灾害的根源，强调山泽保护的意义，甚至提出控制人口的思想。朝廷和地方官府推行不少政策举措，试图禁垦禁围，鼓励植树造林，各地护林、禁猎、限垦的乡规民约大量涌现，但并未遏止环境恶化趋势。进入 19 世纪以后，经济凋敝，灾荒荐至，国家积贫积弱，百姓生计维艰，西方殖民者用"坚船利炮"轰开了中国大门，更使中华民族陷入内忧外患的深渊，曾经长期领先于世界的中华文明跌落到历史的谷底。

近代民族国家危机固是众多因素共同作用所致，但传统生产方式的生态困境，包括环境恶化和资源匮乏也是重要原因。正因如此，中华文明复兴的重要基础条件之一，是全面调适人与自然关系，走出长期渐积所至的经济危机和生态困境。这意味着：生态文明建设，不仅是现实发展的需要，而且是历史深处的呼唤；是中华文明全面振兴的必由之路，也具有深厚的历史底蕴和强大的内生动力。

三、从中国共产党百年奋斗历程认识生态文明

鸦片战争爆发后，古老中国遭遇数千年来未有之强敌，面临数千年来未有之变局，内陷困蹙，外遭欺侮，环境恶化，灾害频仍，亿万民众在水深火热中挣扎。仁人志士为了救亡图存，谋求复兴，上下而求索，经历了无数的彷徨和挫折。历史大浪淘沙，最终作出了正确选择：在中国共产党英明领导下，中华民族经过浴血抗争，终于在半封建半殖民地的废墟上建立了独立、自由、民主的新中国。

中国共产党是古今中外最具历史使命感的伟大政党，自诞生之日即以争取民族独立解放、国家繁荣富强为己任，以谋求最广大人民的幸福生活为初心，百年以来奋斗不息，先后完成不同阶段的重大历史使命，领导中国由贫变富、由弱变强，创造了人类史上一个又一个伟大奇迹。建设生态文明，是新时代中国共产党人的新使命，关乎中华民族长远福祉，关乎"两个一百年"奋斗目标的实现，需要放到党的百年奋斗历程之中加以深刻认识。

新中国建设是在积贫积弱、满目疮痍的艰难条件下起步的。作为工业化进程中的后发国家，中国在短短几十年中就完成了西方国家经历多个世纪才完成的文明转型，70 年经济发展和社会进步的规模与速率，旷古未有，举世惊叹！

历史总是充满矛盾和曲折，世事往往利弊相兼、福祸相倚。"落后就要挨打"

的惨痛教训，不断激发中华民族对工业化和现代化的急切期盼，不可避免地造成某种"时代焦虑"。摆脱贫穷、繁荣经济对于劫后重生的中国及其执政党来说，既容不得片刻迟缓亦难以事事从容。一段时期，中国社会对 GDP 增长过度热衷，对生态环境和自然资源承载能力认知不足，对人口—经济—环境矛盾协调不够，和对资源管理和环境保护设计不周、体制不全，在社会经济发展取得空前巨大成就的同时，亦导致自然环境承受了空前沉重的负荷和压力：自然资源损耗，空气、水体和土地污染，这些在经济急速发展过程中难以避免的环境问题，呈现出了结构性、叠加性、压缩性和复合性等多重不利特征。若不能迅速坚决予以扼制，势将导致生态风险和社会风险交叠增加，甚至动摇中华民族生存发展的自然根基！

日益严峻的环境挑战，必然地引起了文明忧思：社会进步和经济发展是否必然导致生态环境破坏？发展的目的究竟是什么？5000 年中华文明能否永续发展？这些文明危机意识，促进了社会觉醒，也引导了环境保护实践。从环境史角度来看，当代环境危机是长期历史累积的结果，尤其是近代以来的特殊历史情势所推致，也是国人在享受现代化、工业化福利的同时不得不承受的代价，必须基于历史理性给予"理解之同情"和"同情之理解"。同时，必须清醒地认识到：环境问题攸关中华民族生死存亡，攸关千秋万代生活福祉。化解环境生态危机，促进人与自然和谐共生，是中华文明继续前进的必由之路，是炎黄子孙福泽绵长的根本大计。中国共产党人再次决然、坚毅地担当起这一新时代的伟大使命。

一般认为，我国现代科学意义上的环境保护开创于 1972 年，其标志性事件是中国派遣代表团参加当年在瑞典首都斯德哥尔摩举行的第一次人类环境大会。不过，早在新中国成立之初，国家就开始了大规模的河流治理、植树造林、水土保持、野生动植物资源保护、"三废"污染调查和治理等等重要工作，为当代中国环境保护事业兴起奏响了序曲。20 世纪 70 年代，随着环境保护被提上国家管理议事日程，进而被确定为基本国策，各项事业从无到有，不断展开。1974 年国务院成立环境保护领导小组，此后各级各类环境保护机构和组织纷纷建立，并不断调整、发展形成完整体系；自 1979 年国家颁布和实施《中华人民共和国环境保护法（试行）》，相关法律、法规体系不断健全、完整和绵密；也是从 1970 年代开始，环境科学研究、专业人才培养、环境宣传教育、环境保护对外交流、环境评价和环境质量监测……各项专门事业渐次开展，不断走向专业化、系统化和常规化；环境保护企业、绿色产业、生态园区、环境保护示范工程、自然资源和生态保护区……犹如雨后春笋迅速成长。从 1973 年第一届全国环境保护大会开始，历次会议作为重要节点，见证了不同阶段环境保护的主要问题、重要方略和重大成就，见证了这项事业是如何从具体部门业务上升到国家重大战略，如何从环保人的专职工作扩展到全民族的共同行动。

由于国情特殊，中国环保事业发展具有若干显著特点。作为一项人类共同事业的环境保护，肇始于 20 世纪 70 年代，中国积极参与了其开创。但那时西方国家已经完成工业化进程，成为富裕发达的现代化社会，中国人民则仍在为解决温饱问题而顽强努力。故 80 年代以后中国环境保护是与经济腾飞同步推进的，发展与保护的矛盾异常尖锐，决策和行动处处面临两难选择。西方国家解决环境问题的主要途径，是将本国高消耗、高排放和重污染和落后低端产业（甚至直接地是污废物质）向发展中国家转移；中国家底薄弱、技术落后，在大量招商引资、成为“世界工厂”的同时，被迫承接巨量废物污染并付出沉重环境代价。如果说，西方环境保护主要由民间力量推动，中国环境保护事业则主要通过国家力量组织动员广大民众共同参与。因此，中国环境保护，一方面遭遇了远比西方巨大的困难和复杂的矛盾，另一方面体现出更加强大的民族愿望和国家意志，其事业领导者具有更加宏阔的文明视野和人类情怀。正是中国共产党人率先提出“建设生态文明”，将其上升为国家发展最高战略，并且作为共同构建“人类命运共同体”的一个远大目标。这些历史事实必须永远铭记！

党的十七大首次提出“建设生态文明”的战略任务，党的十八大更将其纳入中国特色社会主义建设“五位一体”总体布局，要求“把生态文明建设放在突出地位，融入经济建设、政治建设、文化建设、社会建设各方面和全过程，努力建设美丽中国，实现中华民族永续发展”，初步擘画了一个崭新的文明发展蓝图。

以习近平同志为核心的党中央把“生态文明建设”提升到更高的战略地位，写入《中国共产党党章》和《中华人民共和国宪法》，这一体现新时代亿万民众愿望的新文明抉择，因而成为不可动摇的国家意志。多年来，习近平总书记在众多场合对生态文明作了大量精辟论述，形成了习近平生态文明思想的完整体系。

这一思想体系，反映了五千年中华文明的深厚历史底蕴，体现了对中华民族永续发展和人民生活幸福的深谋远虑，饱含着对人类共同命运的深切关怀。其深邃哲学思辨、理性问题分析和坚卓实践精神，开辟了马克思主义人与自然关系理论与中国实际国情和人类崇高理想紧密结合的崭新境界，占据了人类道德和自然道德的制高点，上应天道，下顺民心。正是在这一先进思想指引下，近年来中国生态文明建设突飞猛进，对整个世界都产生了十分广泛的影响。

许多世纪以后，当未来历史学家重新回望"过去"，他们必将发现这样一段艰苦卓绝的峥嵘岁月：21 世纪，有一个古老的东方大国，在历尽磨难之后浴火重生，不仅建成了一个富强、民主、文明、和谐、美丽的国家，实现了民族全面复兴，而且引领人类经历一场万年巨变，跨入人与自然和谐共生的生态文明新时代！

参考文献

[1] 马克思，恩格斯. 德意志意识形态[M]//中共中央马克思恩格斯列宁斯大林著作编译局. 马克思恩格斯全集（第一版第 3 卷）. 北京：人民出版社，1956：23-24.

[2] 马克思. 1844 年经济学—哲学手稿[M]. 刘丕坤译. 北京：人民出版社，1979：49.

[3] 恩格斯. 自然辩证法[M]//中共中央马克思恩格斯列宁斯大林著作编译局. 马克思恩格斯全集（第 20 卷）. 北京：人民出版社，1971：519.

[4] 阿诺德·汤因比. 人类与大地母亲：一部叙事体世界历史[M]. 徐波等译. 上海：上海人民出版社，2001：523.

[5] 胡锦涛. 坚定不移沿着中国特色社会主义道路前进，为全面建成小康社会而奋斗——在中国共产党第十八次全国代表大会上的报告（单行本）[M]. 北京：人民出版社，2012.

推动高等院校生态文明教育的若干思考

⊙ 温宗国
（清华大学生态文明研究中心秘书长）

　　党的十九大报告指出，建设生态文明是中华民族永续发展的千年大计，是破解人民群众日益增长的生态环境需求与生态产品有效供给不足之间的矛盾的必然之路。2018 年全国生态环境保护大会确立了习近平生态文明思想，成为生态文明建设的指路明灯。围绕生态文明建设的重大需求，高校作为科学研究和人才培养的机构，一方面要做好推进绿色发展、循环发展、低碳发展的先行者与引导者，为我国乃至全球的可持续发展做出应有的贡献，另一方面要充分发挥自身优势与作用，积极推进生态文明教育教学工作，积极探索"绿色大学"建设之路，实施校园节能减排，推动区域生态环境建设。

一、高等教育在生态文明建设中的重要使命

　　生态文明建设需要政府、高校、传播媒体、社会团体等多元化力量的共同参与。由于教育具有先导性，高等院校首先应发挥在生态文明教育中的先导作用。当今之所以出现如此严重的环境问题甚至生态灾难，很大程度上是因为以往缺乏足够的、系统的生态教育。建立不同层次的生态文明教育体系、呼吁更广泛的大众参与，在当今时代尤为重要。高等教育机构作为社会高级专门人才培养和输出的专门机构，对国家经济和社会发展具有不容忽视的重要作用。高校毕业生肩负

实现经济、社会可持续发展的重任，他们的生态文明意识和思想观念直接影响着经济社会可持续发展进程。

（一）发挥在生态文明教育中的先导作用，加快教研体系改革

对生态文明建设的理论、方法和重点领域的教学、宣传和研究，是国家生态文明建设的重大需求以及高等院校、科研机构的重要任务。一是在专业教育中体现生态文明，使得经济社会各领域都能建立生态文明意识，掌握基本技能，推进产业升级；二是大力发展资源环境相关学科发展及人才培养，推进生态文明在各领域的建设，促进节能环境保护等新兴产业的发展；三是利用高校的学科优势，推进科普教育，帮助公众树立新的价值观，提高人们对自然环境的情感、审美情趣的鉴赏能力，建立生态伦理规范和生态道德观念。尤其要尽快形成具有中国特色的生态文明教育体系，包括课程、教材、教师、教学方法等，并在全社会的教学实践中不断完善提升。例如，清华大学积极推动高校生态文明建设及可持续发展战略素质教育，开发了《环境保护与可持续发展》（1997 年起开设，涉及生态学、资源学、环境学、伦理学、经济学、管理学以及工程技术等诸多学科，2006 年被评为北京市和国家级精品课程）、《生态文明十五讲》（2015 年开设）等。

近年来，以"生态文明教育"和"绿色大学教育"为主题的高水平学术论文发表也在逐渐增多，开展了相关的积极探索。例如，北京大学的黄柏玮等以碳足迹量化标准，发现北京大学校园食堂碳足迹排放可观，提出用生态标签标明校园使用者饮食足迹的排放量，以减少食物浪费和不必要的食物需求，优化调整食材碳排放结构，全面减少碳排放，推动绿色大学教育，达到构建绿色生态校园目标。清华大学的梁立军、刘超等研究了清华大学建设绿色大学的理论和实践工作，总结了清华大学十多年来建设绿色校园和开展绿色大学教育的模式，归纳了清华大学绿色校园建设的"环境友好型校园""节约型校园"以及"园林景观型校园"的三大理念和实践。

（二）依托绿色大学创建，推动高校发展的绿色转型

将绿色理念和生态文明意识渗透到学校教学、科研、服务社会与文化引领的

过程中。所谓"绿色大学"建设，就是指围绕人的教育这一核心，将可持续发展和环境保护的原则、指导思想落实到大学各项活动中，融入大学教育的全过程。绿色大学建设作为在高等教育层面推进生态文明建设的具体行动，是生态文明建设的重要组成部分。一定程度上讲，努力全面实现绿色大学建设，其意义不仅在于本身，更重要的是以其模范行动对我国生态文明建设起到良好的示范和引领作用。

世界各著名大学均把培养具有环境保护意识的新型人才作为自己的使命。继耶鲁大学召开的"校园地球高峰会议"创作了"绿色校园的蓝图"后，美国布朗大学的"绿色 Brown"、英国爱丁堡大学的"环境议程"、加拿大滑铁卢大学的"校园绿色行动'等，旨在推动校园内外环境保护和可持续发展进程的单项行动计划也开展起来。美国密歇根大学的综合式课程跨学科教学的课题选题，大多是涉及世界或地区环境、能源和资源等可持续发展问题，以及生态文明和生态产业等。亚洲国家进行"绿色"实践的大学数量也逐步增加。日本有名城大学、东海大学、东海大学教育学部等，韩国有汉阳大学，印度有新德里大学、印度统计学院等共9 所大学；马来西亚有马来亚大学；菲律宾有马尼拉大学等；泰国有清迈大学等；越南有位于河内的国际关系学院等。

从国内来看，清华大学于1998 年率先提出创建绿色大学的构想，并向国家环境保护局提交了具体"创建绿色示范工程"的建设方案。根据国内大学建设发展实际需要，清华大学提出围绕人的教育这一核心，将可持续发展和环境保护原则落实到大学的各项教学活动中，制定了用"绿色教育"思想培养人，用"绿色科技"意识开展科学研究和推进环境保护产业，用"绿色校园"示范工程熏陶人的三个层次的绿色大学建设实践。其中，绿色教育是绿色大学建设与实施的核心组成部分，旨在将资源循环利用、环境保护等可持续发展思想和理念渗透到全校非环境学科专业教育并内蕴于大学素质教育之中，使之成为全校学生基础知识和综合素质的重要组成部分。

我国高度重视绿色大学的创建工作。2011 年出台的《全国环境宣传教育行动纲要（2011—2015 年)》中明确强调，"推进高等学校开展环境教育，将环境教育作为高校学生素质教育的重要内容纳入教学计划，组织开展'绿色大学'创

建活动"。党的十九大报告提出,"开展创建节约型机关、绿色家庭、绿色学校、绿色社区和绿色出行等行动"。现阶段,绿色大学建设理念逐渐深入人心,各高校也积极行动起来,踊跃参与到绿色大学的创建活动中来,绿色大学建设活动取得系列显著成效。今后,还应坚持不断改进与优化人才培养的结构要素,为社会培育和输送具备生态文明理念与相关知识的各类人才。

（三）加强绿色节能校园建设,形成陶冶人文精神的校园景观

高等院校人均能耗高于普通居民水平,且能源消耗总量大,需注重节水节能,构建生态优美校园,充分发挥环境育人功能。为顺利实现生态文明校园的创建目标,高校应该基于可持续发展和生态学的基本原理与方法,建立将可持续发展的环境教育思想贯穿于生态景观好、生态技术优良、生态文化健康、生态管理完善、生态舒适度高的新型校园,应该将校园建成一个集人才培养、资源节约、环境友好、生态良性循环与具备绿色校园文化为一体的模范社区。

高校校园还是城市生态系统的一个子系统和特殊的环境单元,具有较强的开放性。资源、能源从校园系统外输入,人才向社会输出,其废弃物的排放量和排放强度会影响整个城市的生态环境质量。绿色大学建设以生态文明倡导为自身价值诉求,建设过程中资源、能源的利用方式和利用效率必将对社会生态文明建设产生巨大的辐射作用和示范效应。因此,高校作为城市高素质群体密集的组织,应充分践行生态文明要求、绿色生态理念,切实发挥模范带头作用。

绿色大学校园已经不再是单一的建造以降低能耗为出发点的节能建筑,而是包括节能、节水、节地、节材、减少或消除温室气体的排放和对环境的负面影响、促进生物多样性,以及增加环境舒适度等多方面的新型校园。例如,实施水、电、煤、汽、油的实时在线计量,构建绿色校园数字化平台,各部门能源资源使用采取定额化管理方式,进行给排水系统优化,完善中心广场布局、道路交通系统、生态技术的应用等,同时包括师生良好环境保护习惯和素质的培养。

（四）创造先进生态科技,当好生态文化推广的先锋

大学是人类先进文化精神传承的重要殿堂。高等院校在推进生态文明建设历

史进程中，既要承担起生态建设的重任，同时也要当好生态文化推广的先锋。学校师生应积极开展为促进校园和社会实现可持续发展的实践活动，营造爱护生态环境的良好风气，倡导有利于环境的生产和消费方式，真正将绿色校园的构建落实到行动上来，并将其积极延伸至校园周边，实现绿色大学与所在社区的共同发展与良性循环。

在生态技术的创造过程中，高等教育机构应坚持科技发展要体现生态文明的理念，组织相关科研人员和教师加强对生态文明相关问题的研究，从生态发展的角度考虑科技创新，把研究成果直接反馈于社会，直接或间接推进生态文明建设。

在生态文明的推广过程中，高等教育应将科学教育与人文教育统一起来，重视对学生生态文明意识及可持续发展理念的培养，积极塑造与倡导绿色文化所蕴含的公平、责任、可持续发展等核心价值观。同时，为更好地向社会传播绿色文化，高校应不断提高和优化广大师生的综合素质，为推动绿色文化建设积极贡献力量。

二、加强生态文明教育和研究的若干建议

高校是人才第一资源、科技第一生产力、创新第一动力和文化第一软实力的重要结合点，在服务生态文明建设方面将发挥特殊重要的作用。高等院校作为育人的主阵地，一切教育活动都必须要以学生的成长成才为出发点和落脚点。培育高素质绿色人才是建设绿色大学的根本目标，也是实现生态文明建设目标的关键所在。近年来，许多高校非常重视生态文明教育研究，先后成立了多家生态文明研究机构，开展数量众多的课题研究，出版了一系列论文和著作。除此之外，这些机构依托新媒体力量（如微信公众号、慕课平台等），生态文明教育和研究的信息传播渠道已初具规模，发挥了良好的社会影响和教育作用。在当前"五位一体"总布局下，高等院校应更加理性地认识新时代下生态文明建设的意义，从人才培养、科学研究、社会服务和学科建设上为生态文明建设做出更大贡献。

（一）加快绿色课程建设和相关人才培养

生态文明建设，不光要树木、更要树人。要抓好生态文明建设、栽好树，必须强化生态文明教育、育好人。生态文明教育是一项基础性、战略性、长期性工作，高校是人才培养的高地、科技创新的高地、文明文化的高地，承载着人才培养、科学研究、社会服务和文明传承创新的使命任务，肩负着为社会主义现代化建设服务的重要职责，在生态文明建设中理应有作为、有担当。

树立尊重自然、顺应自然、保护自然的理念，是推进生态文明建设的重要思想基础，体现了新的价值取向和生态伦理。高校要培养懂环境保护、爱环境、重生态的绿色人才，特别是培养从事绿色科学研究的人才，让学生明白把生态文明建设放在突出地位的战略意义。首先，在课程体系设置上，教育部门应该颁布和实施环境教育制度，严格要求所有高校必须把绿色教育课程设置为非环境专业的必修公共课程。尤其是师范院校，更要开设与专业相结合的课程，使将来从事各种教学工作的教师具备一定的环境教育的基本知识和技能。

其次，在课程内容安排上，要把生态文明教育的思想和理念融入课程和有关的教学内容当中，始终坚持把可持续发展理念贯穿于教育教学的全过程，通过在课堂教学中增加可持续发展、绿色环境保护理论和技能的传授，帮助学生树立工业文明向生态文明转型、发展绿色经济、实现包容增长的理念，并为学生提供必备的相关知识和技能。2015 年清华大学开设了本科生通识教育课程《生态文明十五讲》，全校约 9%的本科生选修了该课，2018 年出版了《生态文明理论与实践》等作为新版课程教材。

（二）主动提升环境友好型科技创新意识和水平

高校的科学研究已经成为国家科学事业及其创新体系的重要组成部分，在国家科学技术进步中发挥着关键作用。正是科技上的重大突破和创新，不断为经济增长提供新的增长引擎，并推动经济结构的重大调整，使经济在更优化的结构基础上达到更高的稳定水平。在近代科学发展以后，人类对于生存资源的竞争变得更加激烈，科学成为各国争夺资源和经济发展更为有效的工具。在自然化石、矿物资源、环境资源短缺成为 21 世纪世界重大特征的时代，推动环境友好型科技的创新，尤其是在中国更是科学研究者肩负的重要社会责任之一。

　　近年来，全国各地各高校相继成立了"生态文明教育"研究机构，开展相关研究工作，取得了系列研究成果。新时代高校绿色科技创新过程中，首先应增强广大教师的绿色科研工作意识，把绿色精神孕育和绿色技术研发的社会重心前移，为社会生态文明建设提供关键技术和建设性决策依据，不断提高对生态文明建设的社会贡献度。习近平总书记在全国生态环境保护大会上指出，推动我国生态文明建设迈上新台阶，要加大重大项目科技攻关，对涉及经济社会发展的重大生态环境问题开展对策性研究。高校必须充分发挥自身的学科优势、专业优势、人才优势，深入研究生态文明领域的理论体系与实用技术，深入研究生态文明建设与生态环境保护之间的辩证关系，整合相关科技领域的力量，不断推动工艺革新、技术进步，着力推动人与自然和谐、发展与环境双赢、经济社会发展成果人人共享、公众幸福指数不断提升。

　　其次，教育及科技工作者推进绿色科技创新，不仅要面向国家经济社会的实际需求，还应自觉审慎地评估科研成果可能产生的资源、环境和能源的生态效应。负责任的科研工作者不仅要从个人好奇心出发进行技术创新，还要对科研成果应用所带来的风险和危害保持高度警觉，尤其是在工艺产品研发中应融合资源节约、循环利用和环境友好的原则，主动对研究课题进行生态效应、伦理道德和社会价值评估。要扎根于基本国情、资源禀赋、环境保护需求与产业转型的国家需求，推动绿色科技创新。从国际上看，已有许多发达国家通过以标准和规范等形式的环保措施，形成了对现代技术设计和发展的新约束，有关的环境政策借此把技术发展调整到能反映生态目标和优先选择的方向上。在我国，也应推动科研工作者在工艺产品研发中考虑生态效率和生态效用的创新，即怎样把产品生产工艺改进得更好，以生态和经济上最合理的方式利用资源；怎样设计生态和经济上更合理的产品，进一步变产品导向为服务导向的创新，以最大限度地满足市场的需求。

　　（三）积极承担绿色低碳循环发展决策支撑和社会服务

　　高等院校同时承担着大量面向政府的决策支撑以及公众、企业的社会服务工

作，在此过程中，高校教育工作者应承担起相应的社会责任，在社会管理决策过程中，以科学的视角积极建言献策；立足于经济社会实际需求，推进生态科技创新；以科学客观的精神推动公众生态环境意识的培养教育。

主动承担起绿色低碳循环发展重大管理决策的社会责任。当前，国内外形势要求决策管理的过程有更坚实的科学信息支持，赋予了高校工作者更为重要的社会责任。从国内看，根据生态文明建设的要求，制定各项经济社会政策、推动各项工作、编制各类规划都必须遵循"坚持资源节约和环境保护"的基本国策，并坚持"节约优先，保护优先，自然恢复为主"的根本方针，为资源开发利用、环境保护和生态系统保护工作提出基本方向。从国际看，循环经济、绿色环境保护是国际上许多国家经济社会发展过程中的重大战略，也是当前各国在金融和债务后危机时代占领经济制高点的重要举措，而与其他国家相比，我国发展的问题涉及的因素更多、关系更复杂，经济增长与环境、资源和能源之间的矛盾比较突出，科学决策的难度更大。社会运行管理过程存在许多科研工作者不问"政治"、不参与"决策"，而政府面对复杂问题的决策往往又需要科学技术支撑的矛盾，现代的科研工作者不仅要从事自己的专业工作，作为社会精英，要经常参与政府和工业的重大决策和管理。

其次，积极主动进行公众宣传教育与舆论引导。许多作为现代技术的副产品而进入环境的污染物是导致人类疾病和生态破坏的根源，一些环境损害和风险往往需要通过采取措施来避免。由于科研工作者掌握了专业科学知识，比其他人能更准确、全面地预见这些科学知识的可能应用前景，有责任去预测评估有关科学技术的正面和负面的影响。我国当前工业生产造成严重的资源浪费、环境污染的事件不断增多，重大的生态安全隐患频繁引发严重的社会群体事件。面对这些问题，高校科研工作者不应该躲在象牙塔中仅做自己感兴趣的研究，而是应该为大众服务、为大众理解，以科学教育大众，对于社会有争议的热点问题以客观科学的精神积极引导舆论，而非哗众取宠。

（四）探索搭建学科交叉的生态文明教育研究平台

生态文明建设是一项系统工程，需要政府、高校、媒体、社会等多方力量的共同参与。我国现在面对的生态环境问题十分复杂。空气、水、土壤等环境污染风险事故及生态系统退化等各种现象的原因错综复杂，经济要发展、资源要开发、城乡居民生活水平要不断提升，政府决策、企业生产、大众生活三者间既有矛盾交织、需要综合平衡，又有发展共识、需要统筹考虑。加强生态文明建设，最根本、最重要的，是唤起全社会的生态文明意识，提升全社会的节约意识、环境意识、生态意识，倡导健康合理、低碳环境保护的生活方式和消费模式，建立有利于研发绿色技术、孕育绿色精神的制度机制，使得每个公民、每个家庭、每个机构、每个企业，都自觉成为生态文明的倡导者、实践者、推动者。因此，生态文明建设具有空前的复杂性和广域性，因而生态文明教育需要众多学科共同参与、建设联合教育研究团队。

　　然而现实情况是，众多学科都有学者探讨生态环境问题并开展相关教学，但研究对象、问题界定、理论工具和学术脉络存在诸多差异，在生态文明教育和研究工作中，普遍存在单兵作战、交叉重复等诸多分散研究的现象和问题，迫切需要高校努力突破学科界限，打造多学科交流平台，凝聚共识、融会思想、整合队伍、集中资源，实现生态文明相关理论知识精练化、系统化。2015 年 11 月，南开大学成立生态文明研究院，整合了环境科学、化学、历史学、经济学等 10 多个学科研究团队，旨在中国环境保护与生态文明建设中发挥资政辅政、创新理论、保存历史、传播教育等方面作用。2016 年 4 月，清华大学环境学院、人文学院、低碳能源实验室等 10 多个院系共同发起成立清华大学生态文明研究中心，发挥了学科交叉优势，联合工科、理科和文科的一批学者进行深度合作，针对生态文明建设的理论、方法和实践开展了许多探索性工作。此外，全国各地也陆续成立了多家生态文明研究机构，如中国社会科学院生态文明智库中心、厦门大学生态文明研究院、环境保护部华南所生态文明研究中心、湖南师范大学生态文明研究院、徐州市生态文明建设研究院、中国环境科学研究院生态文明研究中心、北京生态文明工程研究院、贵州省生态文明研究院等。

　　在前期各种已有的生态文明教育研究机构的基础上，2018 年中国高等教育学会生态文明教育研究分会成立，从而有助于更深入发挥高校面向生态文明建设开展人才培养的能力，更强有力巩固高校在基础研究、前沿探索和共性技术领域

的优势特色，更进一步深化企业与政府部门在政策制定、核心关键技术等方面的协同创新。依托已有生态文明相关研究机构，生态文明教育分会形成服务于生态文明教育和研究的交流合作平台，充分发挥各高校的学科、人才和科研优势：一是聚焦热点难点，积极开展有关生态文明教育的理论、方法和实践，也包括了科学技术、制度变革、生活方式和思想观念的变革，涉及自然科学、工程技术、社会科学、人文学、法学等，联合工科、理科和文科的一批学者进行深度合作，发挥学科交叉优势，建构完整、科学的生态文明教育体系、理论体系和实践路径。二是聚焦平台建设，紧跟生态文明建设步伐，联合广大会员和高校，积极搭建各种交流合作平台，促进高校交流合作，同时深化校企深度合作，促进生态成果推广，加强产学研用结合，促进复合人才培养，提升生态文明教育。三是聚焦教育教学，开展校际合作、成立教学联盟、整合优质资源和打造共享平台，开设优质课程，编写优秀教材，将尊重自然、顺应自然、保护自然的生态文明理念贯彻到学生培养的方方面面。

城乡生态文明建设系统差异及关联作用研究

⊙ 欧阳志远

（中国人民大学哲学院教授）

　　党的十八大以后，生态文明建设作为国家重大战略全面落实，环境保护出现了前所未有的大好形势。在中央政府的严厉督导之下，污染源纷纷关闭，许多沉渍顽垢被迅速涤荡，但由于环境问题是社会问题的综合反映，所以又经常出现反复。这种情况在城乡都有，但农村的生态文明建设进展明显优于城市。由此，关于生态文明建设走"农村包围城市"道路的议论，陆续见诸媒体，笔者也早有此见，但仅停留在一般呼吁是远不够的，必须进行规律性研究，否则没有理论意义和实际意义。另一方面，近些年来，关于农村环境保护自组织的研究也在不断进行，但对它的系统科学审视，以及它对农村整体发展的意义和生态文明建设全局发展的意义，都需要进行理论提升。本文拟就上述问题做一尝试。

一、问题缘由

　　目前为社会瞩目的环境问题是污染问题，污染的本质是资源的低效利用或无效利用，污染物本质是变态的自然资源。眼下采用的治理方式主要是末端治理，即对污染物进行无害化处理。由于末端治理对污染方来说只有投入，而受益方是整个社会，所以总是处在非常被动状态。如果要彻底治理，那么就得采用清洁化生产，让资源在生产中充分转化，实现全程治理，让生产得利、社会受益。清洁

化生产已经提倡多年，但至今收效不大。究其原因，一是前期投入，二是经营意愿，主要还是后者，因为技术改造总要随时进行。从深度看，是社会对企业责任的要求不够。发达国家企业之所以采用清洁化生产，一开始是出于对法律的规避，然后是加上对效益的考量，最后是受到公众心理的挤压。当这三者都起作用、特别是后者起作用的时候，企业就不能不改弦更张了。消费者希望通过购买行为，表达对绿色生活的期望，这种愿望不仅表现在要求商品对本人无害，而且要求商品对环境无害，甚至要求生产对环境无害。这些要求催生了环境标志产品认证制度，而且认证受到严格监督。这其中不仅有生理需要，更是有心理需要。但需要说明的是，环境破坏投下的阴影，不是在每个人心理上都会映现的。它不仅取决于经济收入，而且取决于文化教养，文化教养可以从生理需要与心理需要的比例看出。当公众素质还在低层次徘徊时，这种社会氛围不会形成，也就很难对生产者形成压力。环境标志制度也被我们引进，但消费者关心的只是产品本身，对生产排放及其治理很少有人在购买时问津。除非末端治理出现问题，否则公众不会投诉。

　　污染排放不仅出现在生产过程，而且出现在生活过程，随着消费水平的不断上扬，各类固体废弃物的数量和质量都在猛增，其中危险性废弃物的增长特别迅速。废弃物处理的方式一是填埋，二是焚烧，三是回收。填埋从操作讲最为简单，因此不少地方仍在沿用，但可用土地越来越少，所留隐患越来越深。焚烧可获取能量，但选址遇到的障碍日难跨越，因为公众对焚烧技术一直存有疑虑。而且随着危险性废弃物威胁加大，焚烧技术实际上的安全性也存在争议。即使焚烧安全问题解决，诸多元素混烧，余烬利用价值也很低。回收是相对彻底的处理方式，笔者反对"循环经济"的提法，因为能源不可循环利用，物料循环有相当局限，所以主张建立包括尽量循环利用在内的资源节约型经济。回收利用的关键是分类，发达国家对垃圾分类回收有一套严格制度，所分类型达几十种之多，同种类型还有尺寸之分。回收成功固然有法律力量，但基础是公众配合。关于分类回收，包括笔者在内的学者在多年前就开始呼吁，进入 21 世纪后多地陆续开始实施，但就是粗略分类也困难重重。这里有两方面原因：一是管理责任。不少试验小区积极进行分类，结果又被混合清运，严重挫伤参与热情。二是公众认同。当管理跟进之后，多数居民也并不理会，城市分类设施普遍形同虚设。垃圾分类参照国外也要用法治手段，但在责任区分和惩罚力度上都举步维艰。有地区已开始采用人工智能辅助分类回收，但公众的配合仍然不可或缺。否则基于垃圾的特殊性，要在广袤国土上覆盖这种高技术设施，仅维护成本就不可想象。

生态问题还表现在人工自然过分扩张，集中表现在城镇与农村的边界逐渐消失。笔者 2019 年发表的一篇文章提出，自然界有一种"合生自组织"功能，它是自然界长期进化的结果。"合生自组织"是包含生命活动的自组织，这种功能一旦丧失，世界将重返洪荒。按照合生自组织功能保持程度，现实的自然可分为原生自然、人化自然和人工自然。原生自然和人工自然分别是保持程度最高和最低的两极，人化自然处于两者间。城市是人工自然的典型，农村是人化自然的典型。生态文明的本质，就是在最大限度地保护合生自组织功能的前提下利用自然资源。工业化与城市化是孪生兄弟，亚当·斯密（Smith A.）在《国富论》中把劳动生产力的最大增进归结为分工的作用，分工的客观要求就是人力和物力的高度集中，所以城市化带来了经济效率，但其代价是合生自组织功能的丧失，当集聚规模不大时，可以借助周边和内部有限的人化自然进行补偿。而只要达到一定规模、特别是城市带形成之后，"城市病"就急剧上升。城市病的本质，就是合生自组织功能的匮乏，它不是可以通过清洁卫生手段简单消除的。当初以"城镇化"取代"城市化"，就有尽量保留人化自然的考量。现在的问题是主观力量自视过高，把人工自然推向"更大""更强""更快""更高""更深""更便"，结果是合生自组织功能被无限消减。德国地理学家洪堡（Humboldt A.）提出的"景观"概念，实际上就是三个自然的存在状况及其相互比例。不少曾经是沃野延绵的地带，景观早已破损不堪。如果城镇扩张得不到遏制，"乡愁"将彻底消失。

二、问题分析

在很长一段时期内，农村成为城市的"三废"消纳场地，城市的点污染转为农村的面污染，加上田园和建筑的败落，使得社会深陷对农村环境的失望。2008

年汶川地震之后，中央政府发挥制度优势，采用全国对口支援的方式，迅速高效地进行了重建。重建以后的新村民众，在生态文明建设上普遍表现出了惊人的认同，环境面貌和精神面貌都焕然一新。特别是党的十八大以后，美丽乡村建设成为国家行为，农村的生态文明建设很快大面见效，在起色明显的农村，不仅山水林田湖草得到村民自觉维护，污染治理也进入了制度化的常态。在城市很难推行的垃圾分类回收，在农村却陆续得到比较顺利的推行。这个深刻变化与中央决策直接相关，但值得研究的是，在国家层面上除了"美丽乡村"建设外，还有"美丽中国"建设任务，两者的内涵都一致，而且城市的外部投入和本身条件都远高于农村，为何生态文明建设在城市就如此耗力？有观点认为，这是因为生态建设与村民收益直接相关。此说当然有理，但与自身收益并不直接相关的自愿环境保护，特别在少数民族地区农村，发展势头为何远超城市？还有一个现象是，不少外流人员，对城市环境保护可能并不一定循规，但只要回到有范的农村一般都蹈矩，甚至还能推助。如果再退到治沙第一线，村民的环境行为就更加普遍自觉。有人会说，这是因为直面自然，但这种说法不能解释计划经济下也是直面自然的人员，为何不具备这种特征。为了寻找答案，有必要应用哈肯（Haken H.）在20 世纪 70 年代创立的协同学，虽然它脱颖于自然科学，但对社会现象同样能进行合理说明。

协同学研究了远离平衡态（稳定均匀的规则状态）的开放系统，在与外界有物质或能量交换的情况下，如何通过自己内部的协同作用，自发地出现时间、空间和功能上的有序结构。哈肯认为，从组织的进化形式来看，可以把它分为两类：他组织和自组织。如果一个系统靠外部指令而进行编排，就是他组织；如果不存在外部指令，单元按照相互默契的某种规则，各尽其责而又彼此协调地自动形成有序结构，就是自组织。前面谈到的合生自组织，就是典型的自组织。针对所涉社会现象，这里只根据基本原理做定性描述。改革开放以后，农村原有的僵化组织解体，村民成为经济活动中自由度很大的个体。经过几十年在不同地方不同场合的历练，具有各自的生活侧面。当他们再度聚合时，各个成员对这些生活侧面的态度可视为系统的"宏观参量"。加上文化传统，合作整治环境走生态致富的态度，很可能成为主导态度，这种主导态度就是协同学所称的"序参量"。序参量会强烈影响各个成员的思想和行为，经过循环往复形成普遍意愿。在这种背景下，只要有时势变化及大政催化，成员就容易受到激励而协调行为，推动系统趋向一个共同目标，使系统由无序变为有序即发生"相变"。产生激励作用的外在因素称为"控制参量"，这种"控制"按照哈肯的说法是引导和调节，决定系统如何相变的因素是成员之间的合作，表现为建立"共同体"，如"生态利益共同体"。共同体不一定是经济实体，也可能是通过利益关系结成的群体。群体中每个成员既是行动者，也是管理者。通常其中总有人领军，但不干涉成员的具体行动。

城市是一个复杂巨系统，大城市更是超级复杂巨系统，公众社会活动的种类和范围远非农村可以比。城市是工业化的中心，工业化有三大特点：第一是集约化，指空间的高度压缩，从人员到设备被紧凑利用；第二是同步化，指时间的高度压缩，从工作到生活被齐律安排；第三是标准化，指结构的高度压缩，从细节到总成被完备规整。人的专长在这"三化"中得到单向延伸，从而使产品从数量到质量都不断抬举。"三化"的本质就是他组织，附着于生产系统的消费，也是他组织的一部分，看似无联，其实有系：狂热消费和狂热生产互为因果。这就是"人对物的依赖"，结果是人与自然都发生异变。马克思把人的个体发展分为："人对人的依赖—人对物的依赖—人的全面发展"三个阶段。早期"人对人的依赖"阶段，是人本质力量低下的表现。人的本质力量只有在第二阶段，才能得到锤炼，从而向自然、社会和思想全面健康的第三阶段过渡。面对激烈的国际竞争，无论从国家安全还是从公众需要看，工业化与市场化都还要快速发展。生态文明建设，就是为了抵消工业化和市场化的负面作用，为人的全面发展创造条件。中国发展面临工业化和生态化的双重任务，两者既有统一性，又有对立性，这对矛盾在城市得到集中反映。要想在繁复应对中形成环境保护合作场，实在太不容易，而环境保护对合作的要求又恰恰很高。公众协同，往往只在"三废"污染的重大事件上才出现，而且时过则境迁。发达国家也是经过长期砥砺，才有了优良的环境质量。同时这种环境质量需要不断进行高额投入和废物转移，才能得到维持。

三、问题解决

改革开放以来，西方经济学关于"城乡二元结构"的理论曾经风靡一时，该理论揭示了工业化的一些规律，有一定的参考价值，但其致命弱点是无视了生态环境的根本作用，并把西方模式绝对化。回头看几十年的实践，"三农"问题一直如影随形地出现在整个进程当中。"三农"问题不断提出，说明国家对二元结构理论保持着距离。农村发展一直处于低谷有多种原因，二元结构理论的神化是根本原因。不少地方把"消灭农村"作为潜在目标，更有甚者，公然把打造"无粮镇"作为行动准则。对国际市场的粮食依赖是普遍的社会心理，但一个显见的事实是，所有工业大国同时也是农业大国，而且是粮食生产大国。为什么人家没有调整结构，却对我们就百般挑剔？有人会说，这是因为他们采用了现代化方式进行生产，这就是先进，我们是落后。从实际上看，工业化农业早已暴露其难以持续性，而传统农业只要适当改造，就是富有生命力的有机农业。先进与落后，实际上在市场已见分晓。蛊惑的真正目的是泯灭自信，为农产品输出开路。幸亏没有完全听任摆布，国内粮食生产才连年丰收。但目前的境况是不容乐观的：许多农地早已撂荒，或者转为工地；不少工地，接连废弃；而仅有的农地又大量转种经济作物。种植经济作物并非坏事，因为它毕竟为农民找到了一条致富道路。但中国耕地相当稀缺，一个十几亿人口的大国，粮食不能自给，那是非常危险的。如果要扭转局面，就首先要在理论上破除对西方经济学的迷信，让"三农"的社会地位凸显。

实际上，解决"三农"问题的真正现实突破口，就是美丽乡村建设，其理由有三。第一，乡村不仅是食品和生物原料的生产场地，而且是自然资源的更新场地，以及人与自然密切交融的直接天地。美丽乡村建设，在观念上就给人以愉悦感受。生态环境的恶化和工作节奏的紧张，以及对人工自然的厌倦，使得市民普遍产生回归自然的强烈愿望。回归自然有多种方式，但最普适的选择还是下乡。从生态文明切入容易引起公众消费观念转变，从而在理论基础上冲决西方经济学设定的思想禁锢。第二，解决"三农"问题的传统途径是高投入，这是工业化农业的思路作崇所致。如果在审美上进行格式塔转换，让传统乡村的文化价值凸显，达到质朴和清洁即可见效。农村系统比较简单，环境整治相对城市容易，主要依靠人力投入而不是资金投入。只要生态致富见效，外流人员就会源源回乡。所带回的观念和技术，是随身的资源。中国土地所有制的特色，决定了比发达国家"反城市化"潮流有更强的势头。第三，目前农村致富主要靠副食生产和杂物生产，但至少其中的养殖业大规模扩展，对景观光和健康都有危害。从起源看，类人猿的生理结构就是素食，肉食使人类营养改善和居所拓张，也使搏格力量增强，但从长远看，素食为主的营养结构肯定要复归。谷物生产不仅有物质意义，而且有精神意义，生态旅游能使两者结合。若"绿遍山原白满川，子规声里雨如烟"之美景开始复苏，其乡愁魅力便将势不可挡。美丽乡村建设，必须以农村生态利益共同体为支柱才能力推，否则难以持久有效地调动村民的参与积极性。

社会再生产是由"自然再生产、人口再生产和经济再生产"这三种紧密相关的方面组成的，以农村生态利益共同体为支柱的美丽乡村建设，使它们得到有效协调。首先，国民经济有了稳定可靠的战略后方，意义如前所述。其次，从人口看，随着智能技术的高速发展，大批劳力面临剩余，就业矛盾将日渐尖锐。对此，笔者在《"人口红利"还是"人脑红利"？》一文中已有论述。届时，美丽乡村将成剩余劳力施展的可能空间。最后，从生态看美丽乡村建设有三个作用。第一，为城市环境治理提供示范和压力，城市污染和督查的"猫鼠游戏"在美丽乡村面前将无地自容，从而使社会心理的天平发生倾斜；第二，对城镇蔓延和污染转移构筑壁垒，失范行为往往是在城市优先的前提下得逞的，而美丽乡村的建设在道义和操作上都会高踞上峰；第三，美丽乡村一旦成型，将对城市游客的环境行为产生约束，参与性旅游更会让市民观念转变，其反馈作用将深刻影响城市环境管理。以上三点能构成生态文明建设的"农村包围城市"态势，政府主管部门可考虑转变战略思想，选取事物运动中的薄弱环节，抓住主要矛盾，一举突破，振兴全局。宜积极创造有利条件，促进农村生态共同体健康成长。农村生态利益共同体有三个要鉴：首先，树立正确生态价值观念，防止迷信活动浸染和宗族势力操控；其次，坚持生态效益优先，经济效益服从综合效益，防止急功近利；最后，人工自然的改造要适度和渐进，防止景观和生活与城市同构。党组织和党员要积

极而潜在地进行引导和调节，发挥"控制参量"的作用。

四、结论

农村和城市生态文明建设的差异，在于自组织和他组织的不同效果。基于农村系统的特殊条件，在新形势下容易通过相互协同，建立具有自组织功能的生态利益共同体。以它为支柱进行美丽乡村建设，不仅有利于传统"三农"问题的解决，而且有利于农村环境问题的解决，同时还会对城市生态文明建设产生强劲推力。相对关于生态文明建设"农村包围城市"的一般议论，本文属于系统性理论探讨；相对农村环境保护自组织的专门研究，本文属于城乡生态文明建设的大格局求索。本研究结果可供相关领域宏观决策参考。城市生态文明建设，在大格局下如何实现自组织，是进一步研究方向。

参考文献

[1] 欧阳志远. 论"三个自然"与生态文明[J]. 宁夏党校学报，2019（2）：5-11.

[2] 哈肯. H. 大自然成功的奥秘：协同学[M]. 凌复华，译. 上海：上海译文出版社，2018.

[3] 宋言奇. 我国农村生态环境保护社区"自组织"载体刍议[J]. 中国人口•资源与环境，2010（1）：81-86.

[4] 马克思. 政治经济学批判（1857—1858 年手稿）[M]//马克思，恩格斯. 马克思恩格斯文集：第 8 卷. 中共中央编译局，编译. 北京：人民出版社，2009：52.

[5] 辛格. P. 动物解放[M]. 孟祥森，钱永祥，译. 北京：光明日报出版社，1999.

[6] 欧阳志远. "人口红利"还是"人脑红利"？[J]. 南京林业大学学报：人文社会科学版，2017（1）：1-10.

生态文明是基于东方智慧的新文明之路

⊙ 张孝德

[中央党校（国家行政学院）经济学部教授]

党的十八大提出中国走生态文明之路，在世界范围内首次高举生态文明大旗，是 21 世纪具有时代意义的里程碑大事件，是以习近平同志为核心的党中央，顺应时代要求，以东方智慧探索不同于西方工业文明之路的文明自信与担当。

一个新时代的到来，就像春天到来一样，往往是在人们不经意间悄悄地发生的。15 世纪哥伦布发现新大陆，开启了近代西方工业文明主导世界的新时代，但对于当时的哥伦布而言，当他航船登陆美洲的时候，他并没有意识到他所到的是一个新大陆，临死他仍然认为是亚洲。

类似的事情总是重复发生。目前更多人对生态文明的理解，仍停留在生态文明建设等同于环境保护的层次，并未意识到生态文明是开启新时代的文明。党的十八大提出的"五位一体"生态文明建设战略，确实是源于环境治理危机，但绝不能把生态文明建设等同于环境治理。党的十八大提出"五位一体"的生态文明建设战略，是以中国道法自然的生态智慧、系统辩证的马克思主义哲学思维为指导，对决定中国世界命运的新时代、新文明道路的探索。

一、生态文明提出的时代背景：成本外化的西方工业文明是不可持续的文明

如果以中医系统辩证思维看当代人类遇到的环境危机，则可以发现，环境危机不是当代工业文明危机根源，而是工业文明系统危机的结果之一。就像人的眼睛有病，不能就眼睛治疗眼睛，眼是肝脏的表，眼睛的病根在肝脏。所以党的十八大提出的"五位一体"的生态文明建设战略，不是对工业文明的局部的改进，而是要从系统整体的高度探索不同于工业文明的新文明模式。党的十八大提出生态文明的时代大背景，源于西方的工业文明是不可持续的文明。尽管到目前为止，西方所创立的工业文明仍有许多值得我们借鉴和学习的东西，但在整体上，始于西方的工业文明模式的使命已经完成，并且陷入成本大于收益的困境。

（一）西方工业文明是一种"成本外化的工业化模式"

由于西方发达国家是在已经完成工业化后，遇到了资源和环境的约束问题，所以起始于西方的工业化模式，从一开始并没有把资源与环境看作工业化需要承担的成本来对待。从经济学角度看，西方工业化模式是在假定资源可以无限供给，环境有足够的自净化能力的前提下，建立起来的工业化模式。这种假定在一定时间内也许能够成立，一旦工业化发展所消耗的能源和造成的环境污染超出自然承受的边界时，这个假定就出现了问题。在这个模式中，工业化不需要为使用能源和造成污染而付费，把生产系统内消耗能源和污染环境的代价转让给自然和社会来承担。从这个意义上看，西方工业化模式是一种利己害人"成本外化"的工业化模式。如果不对这种成本外化的经济模式进行根本性改变，单纯从外部来解决环境污染问题，是不可能从根本上解决人与自然的矛盾的。

（二）现代工业化经济是缺乏消费制约的追求生产无限扩展的资本经济

在市场竞争与科技创新推动下，围绕如何以最小的投入实现产出最大化是整个工业经济体系运行的内在机制与目标。在这个目标的导控下，以最大限度地激发人类的物资消费欲望为动力，通过消费的不断膨胀，来满足生产规模不断扩张，成为西方工业化内在驱动力，也是满足资本经济的内在驱动力。生产的最终目的是满足人类生活的需求，这是任何时代人类生产的基本目标，也是最终目标，但在现代资本主导的工业化系统中，则异化为消费为资本增值而存在，消费行为被市场所左右。缺乏消费目标制约的工业化生产，成为一个无限增长和无限扩张的生产。由此形成了工业经济时代特有的现象：在竞争作用下，无限制、无止境的追求 GDP 增长，追求超出生理需求的物质消费，成为全球性的无法遏制的文明病。

在现代工业化生产体系中，一方面，我们为资源与环境的危机而担忧，另一方面我们所有的政策和制度设计又在为满足无限的物质需求的 GDP 增长而努力。在这样缺乏消费目标制约的工业经济体系中，如果这种努力发生在温饱问题尚未解决的发展中国家，还可以理解，问题是即使在人均 GDP 超过 4 万美元的美国，一旦发现经济增长在减速，全社会就会惊恐不已。现代人类普遍患有经济增长病。追求无限增长已经成为一种现代工业化文明时代的一种文化。在现行的工业化体系下，如果不对病态的满足资本增长的消费模式进行变革，仅仅在生产的一端，搞清洁生产、搞降低能耗的生产，都不能从根本上解决现代工业化的困境。

（三）西方式工业化是适于少数人或少数国家独享的工业化

在市场竞争机制作用下的工业化增长模式，是一个让强者更强、弱者更弱的两极分化模式。竞争导致的两极分化，引发的周期性经济危机，在 20 世纪初，曾经成为西方发达国家经济与社会发展的巨大障碍。在经历了 1929 年起始于美国蔓延到所有西方发达国家的世界性经济危机之后，出现了政府干预的宏观调控和政府主导的公共产品供给管理新体系，对竞争导致的两极分化问题给予了有效矫正和解决。但是这种宏观调控与公共产品供给的管理体系，只存在于国家的范围内。

第二次世界大战之后，随着许多发展中国家的独立和西方市场经济向全世界拓展，伴随着经济全球化、市场世界化而来的，则是市场竞争的极化效应在全世

界范围内出现，这就是工业强国与发展中国家之间的两极分化不断加强。由于目前尚无法在全世界范围内建立矫正竞争极化的全球性的调控体系，那么工业化则成为少数发达国家和跨国公司控制与独享的文明。而少数工业化国家在独享工业化带来好处的同时，以先入为主的竞争优势，不仅过多地占有了世界能源，而且通过产业转移，把能源消耗和污染转移到发展中国家。如果地球能源和环境具有无限的支持力，新兴工业化国家也可以按照西方的模式逐个进入工业化的行列，但是在地球的资源与环境已经濒临危机的情况下，地球不允许在这种极化竞争中，新型市场经济的国家也像先入为主的西方发达国家那样不断转移下去。

西方式工业化是一种只能满足和容纳少数国家的工业化。工业化进行了 200 多年，而真正享用工业文明好处的西方发达国家，只占世界人口的 16%，而占世界人口 16%的发达国家，已经消耗了地球资源的 60%以上，形成的生态足迹已经超出地球承载力的 50%。在地球已经处在严重环境危机的背景下，正在崛起的占世界人口 20%的当代中国的工业化，如果继续走西方式的工业化之路，这将是一条使中国与世界面临共同危机的道路。

在西方的少数国家独享的工业化弊端已经暴露的情况下，中国工业化面临的最大挑战，就是中国能否创造一种属于大多数人口新文明之路。这既是中国的工业化难题，也是人类文明进化遇到的难题。如果这个问题解决了，不仅是中国现代化的福音，而且也是人类文明的福音。

（四）西方的工业化是以扼杀和抑制人类文化和文明多元化发展、严重破坏了人类文明和文化生态为代价的工业化

成本外化的工业化的发展不仅严重地破坏了自然生态环境，同时也严重地破坏了人类文明生态与文化生态。在工业化出现之前的古代社会是一个多元文化与文明共存的生态世界。起始于西方工业化，依托技术创新和市场竞争形成巨大的物质财富生产力，促使古代生产方式和生产关系快速瓦解。从人类文明进步看，工业化对古代生产方式和生产关系的替代和瓦解，是人类文明进步必须付出的代价。由于古代农业文明是在相对封闭的环境中发展的，分散于世界各地的民族几乎在大体相同的时间内在平行中完成了农业文明的进化。而工业文明的发展轨

迹，则是首先在西方诞生，然后推广到全世界。西方依托工业化迅速地崛起，形成经济、文化和军事上的强势，使西方工业化向世界推进的过程，不仅仅是古代的生产方式瓦解的过程，而且也是古代社会留下的多元文化生态破坏的过程。15—19 世纪，在西方殖民化的过程中，缺乏自我保护能力的拉丁美洲和非洲的土著居民和土著文化遭到洗劫式的破坏。第二次世界大战之后，在和平环境下，西方的工业化开始向发展中国家推进，发展中国家的民族文化在商品经济、西方生活方式的冲击下，在无声中被销蚀和替代。

特别是自 20 世纪 70 年代冷战对峙结束，以苏联为首的社会主义阵营解体的背景下，经济全球化演绎为全球经济的市场化、全球文化的西方化趋势。以多元民族文化生态的破坏来换取工业化，如同破坏生态环境换取经济增长一样，是值得引起我们关注的另一种生态的破坏。我们已经意识到生物多样性对生态自然自我平衡、自我保护的重要性，但我们也应认识到人类民族文化的多样性对于人类文明生态的平衡的重要性。不可想象按照现代工业化文明的演化趋势，如果全球只存在一种文化、一种高度雷同的生活方式，这将是人类文明演化的灾难。当人类文明定格于一种文化时，这意味着人类文明演化的终结。因为无论是生态自然的进化，还是物质的世界发展，都是在多样性相互作用中进行的。单一意味着死寂。

二、党的十八大提出生态文明是基于东方智慧的新文明之道

（一）迈向生态文明新时代，需要从哲学与思维方式革命开始

从时代的背景，解读党的十八大提出的生态文明建设战略，就容易理解为什么中国没有走西方式的环境治理之路，而是从文明模式创新来探索中国特色的治理之路。其深层的根源就是，当代人类面临的危机不是单纯的环境危机，而是文明模式的危机。西方工业文明模式的弊端，并不是单纯工业化本身弊端，而是暴露了整个文明系统的弊端。我们对西方工业化模式的反思需要从文明的高度来进行，不仅需要走出环境危机的困境，而且面临着价值理念、思维方式、文化与生

活方式等多方面的反思与创新。

生态文明的理论，在 20 世纪 80 年代理论界就已经提出，但把生态文明上升到国家的战略，在世界范围首次举起生态文明大旗，中国是唯一的。这充分说明，生态文明已经使当代中国站在了面向世界未来的制高点上。我们到达的这个时代的高度，给当代带来的黎明曙光首先不是技术，不是 GDP，也不是某一方面的制度，而是基于东方智慧之光，基于天人合一的新自然观、利他共生的新价值观、基于五行生克系统整合的新思维、人类命运共同体的新哲学，探索未来的新文明世界。

也许在当下，中美贸易摩擦带来的西方技术强势的冲击，使我们对这些已经开始影响世界的无形的东西不屑一顾。但我们不能忘记，15 世纪以来逐步走向世界中心的西方，近代以来他们改变世界也不是从技术和经济开始的，而是以文化和哲学开始的。真正开启近代西方文明历史的源头，不是英国的工业革命，而是 14—18 世纪发生的文艺复兴、宗教改革、启蒙运动。这不是偶然，而是世界历史演化规律。在人类文明史上，开启人类文明的新时代，都是从思想、理念和文化的革命开始的。

（二）中国不能走西方式害人利己的治理之路

党的十八大提出的通过生态文明建设来解决环境问题，这不是一个概念，而是像党的十九大明确讲的那样，我们在探索一条基于中国智慧的新治理之路、新中国方案。十八大提出中国要为世界环境保护做贡献，这不是一句空话，而是在探索一条不同于西方的环境治理之路。

在技术崇拜盛行的背景下，很多人对中国方案能够为世界环境保护做贡献仍持怀疑态度。因为到目前为止，环境治理先进技术和成熟的制度都在西方，中国拿什么为世界做贡献。其实当代人类化解环境危机，遇到的最大难题，不是缺少技术，而是治理的哲学和思路出了问题。早在 20 世纪 70 年代西方发达国家就开始了环境治理，不可否认，西方发达国家在环境治理方面确实取得了很大的成就，但这不是一条可持续的治理之路。

按照西方这条路走下去，世界面临的环境危机无解。爱因斯坦讲过一句名言：

用造成问题的思维，来解决问题无解。当代西方发达国家的环境之路走的就是这样一条无解之路。西方发达国家在治理能源和环境问题上，走的就是一条就环境治理环境的局部治理和污染输出的外部治理之路。半个世纪以来，尽管西方发达国家在环境保护方面推进技术、立法、投资、制度创新的力度很大，但这些做法是局限在就环境治理环境的思路而进行，对造成环境污染的深层根源，即高能耗、高消费的生活方式和生产方式却触动很少。由于缺乏基于系统的从根源上解决能源环境问题的有效做法，西方发达国家在能源环境危机上，走了一条利用其国际贸易的优势和通道进行污染输出的道路。几十年来，中国就是这种污染输出的最大受害者。今天所发生的中美贸易摩擦，如果单纯从进出口贸易额看，中美贸易是逆差，如果加上能耗和污染的因素，中美贸易是顺差。在过去多年的中美贸易中，美国向中国输出产品一半以上属于高能耗、高污染的产品，是发达国家不愿意在本国生产的产品，我们用我们的能源，把污染留在中国，用农民工低廉的工作，生产出的廉价贸易产品，反而被认为是倾销的产品。

美国是世界上人均能耗最高的国家，美国人均（吨标准煤）11 吨。美国的这种高能耗、高污染，不是通过内部来消化，也不是通过改革原有的政治、经济、文化来解决，而是走了一条通过污染输出、能源输入的外贸通道来解决。目前中国的人均能耗为 2 吨标准煤，可以说其中一部分是为西方发达国家承担的污染输出的能耗。单纯看西方发达国家工业化生产，他们的 GDP 是绿色的，他们生活的空气质量很好，但这不是西方发达国家进行生态文明建设的结果，这是一种治标不治本、损人利己、不可持续的治理模式的结果。

（三）党的十八大提出"五位一体"生态文明建设思路，是基于东方生克辩证思维的根源治理之道

西方不可持续的治理模式，中国无法学，也不能学，地球承载力不允许中国走西方式外部治理之路。在这样的背景下，党的十八大提出的基于东方智慧的五位一体的系统之路，对当代中国与世界最具有价值和意义，其是基于东方道法自然生态智慧和马克思系统辩证哲学相结合的新治理模式、新文明之路的探索，这就是党的十九大讲的中国方案。

党的十八大提出将生态文明建设融入政治、经济、文化与社会的"五位一体"的治理思路，与中国古代的五行思维高度契合。中国古人认为世界物质之间的关系，是一个生克关系。对这种世界联系的生克关系的认识，集中体现在中国的五行理论上。中医按照金木水火土五行理论，来认识对应的心肝脾肺肾相生相克的关系，形成了中国特色的系统辩证的中医治理体系。党的十八大提出"五位一体"的生态文明建设思维，不是就环境来治理环境，而是把社会看成一个相互联系的生命系统。一个国家的政治、经济、文化、社会与生态环境，就像人的肺脾心肝肾一样，要治理环境问题，必须找到与环境生克的其他因素统筹解决。虽然，中国在环境治理上欠账很多，治理任务很大，但中国从构建新文明的高度，系统治理工业文明病，给中国与世界带来了新希望。

我们到西方发达国家，确实发现它们的环境治理得很好，进入 21 世纪以来，西方发达国家甚至陆续达到人均零排放的水平。但是我们一定要认识到，这并不等于西方发达国家已经完成了生态文明的建设。从 20 世纪 70 年代以来，西方发达国家对环境的治理，属于头痛医头、脚痛医脚，没有触及病根，这是一种高成本、不可持续的治理模式。西方发达国家对环境治理主要采取了两种做法，一是在没有改变病态的生产方式、生活方式的背景下，走就环境治理环境的道路。就像一个病人得的是肾脏病，不从根上找到了治理肾脏病办法，而是通过技术进步，制造了后一个帮助肾脏进行正常运行的机器来。二是发达国家通过占据国际高端贸易的优势，实现了污染输出和能源的输入，以利己害人的方式实现了污染转移。由此造成了发达国家内部走向零排放的同时，世界的排放总量却在增加。显然，这种害人利己的治理模式是一种不可持续的治理之路。

三、生态文明是中国与世界共赢共享的新时代文明

（一）党的十八大提出的"永续发展观"，是利他共生的天下文明观

党的十八大报告在阐述建设生态文明的使命时，明确提出建设生态文明的伟大使命是要"实现中华民族永续发展"。党的十八大提出的"永续发展观"是对

联合国提出的可持续发展理念的创新和拓展,是中国古老的利他共生天下文明观在生态文明时代的新发展。

联合国讲的"可持续发展",其内涵是指当代人与后代人的持续发展。也就是说,联合国提出的可持续发展,是今天与明天之间、当代人与后代人之间的可持续性。而党的十八大提出的永续发展的主体是"中华民族",既包含着有着五千年文明历史的中华民族,也包含着新中国成立以来的当代中国,也包含着未来的中华民族。如果说联合国提出的可持续发展,是两维时空的可持续,那么党的十八大提出的中华民族的永续发展是包含昨天、今天和明天的三维时空的永续发展。当代中华民族永续发展是立足当代、传承过去、迈向未来的永续发展。中华民族是世界上文明历史没有中断绵延发展到今天的民族,或者说是世界上最长寿、最具有可持续发展的文明。党的十八大提出中华民族的永续发展,就是要从中华五千年文明中传承与汲取可持续发展的智慧,为当代中国可持续发展服务。以传承中国可持续发展智慧探索生态文明建设之路,这是党的十八大提出生态文明建设最大的亮点和创新。

近代以来,占据世界文明主流的文明观,是根源于西方世界的利己竞争、优胜劣汰、殖民输出的文明观。15 世纪后,西方世界依靠这种文明观而崛起,并实现了对世界的统治。20 世纪以来,西方同样依靠这种文明观,走上了利己害他的污染输入治理之路。当代人类如果继续沿着这种文明观走下去,能源与环境危机的治理是无解的。可以说当代人类面临的危机是一种文明观的危机,要从根源上治理当代人类遇到的能源与环境危机,需要一种全新的"利他共生的天下文明观"。

而新时代所需要的这种新文明观恰恰存在于东方。中国五千年文明,秉承的就是孔子所讲的,按照"己所不欲勿施于人"的仁爱伦理观,实现天下太平的文明观。近代以来,中国从古老的农业文明轨道转向追赶西方工业文明的轨道后,仍然没有放弃这种传统的文明观。从孙中山倡导的以"天下为公"为理念的资产阶级革命,到毛泽东领导的以解放全人类为宗旨的新民主主义革命,都是对中国实现天下太平文明观的延续与发展。在党的十八大的报告中,我们明确向全世界承诺"中国要为全球生态安全做出贡献",这是中国利他共生的天下文明观在治

理环境问题上的表现。

进入 21 世纪以来，随着中国崛起，在西方发达国家之中出现了"中国威胁论"。这显然是以西方殖民主义的文明观，以己度人来看待中国的崛起。从人类文明的发展需求看，解决当代人类文明危机，需要中国的崛起。因为只有中华民族的崛起，才能使中华民族的利他共生天下太平的文明观成为影响世界的主流文明观，才能使世界从美国一股独大的单极化文明走向多元化共生的新文明时代。从这个意义上讲，中华民族的崛起，不是对世界文明的威胁，而是让世界文明走出危机的福音。

（二）顺应时代发展的中国智慧与中国方案已经得到世界认可和赞同

党的十八大提出的基于中国智慧的生态文明建设战略，很快得到了联合国的认可。2013 年 2 月，联合国环境规划署第二十七次理事会就通过了《推广中国生态文明理念》的决定草案，标志着国际社会对中国理念的认同和支持。

2015 年 11 月 30 日在气候变化巴黎大会开幕式上的讲话中，习近平第一次向世界提出了基于东方智慧的解决气候变化的新方案。习近平总书记提出了解决世界气候问题的三大理念：一是明确提出巴黎大会应该摒弃"零和博弈"狭隘思维，应按照"己不所欲勿施于人"新思维，在互惠共赢中"创造一个各尽所能、合作共赢的未来"；二是摒弃对立思维，以"包容互鉴、共同发展"的新思维，面对全球气候的挑战；三是以中华民族特有的天下观、义利观，明确向世界表明中国在气候治理上的自主贡献和担当。习近平的讲话在巴黎大会上引起强烈的反响，得到大会的高度认可。

2016 年 5 月，联合国环境规划署根据习近平总书记的"两山"理论发表了《绿水青山就是金山银山：中国生态文明战略与行动》报告，该报告对习近平总书记的绿色发展思想和中国的生态文明理念给予了高度评价。从这个意义上讲，习近平总书记的"两山"理论不仅为指导中国绿色发展作出了贡献，也对世界生态文明建设作出了重大贡献。

2017 年 1 月 18 日，习近平总书记在联合国日内瓦总部发表以《共同构建人类命运共同体》为题的重要演讲，首次向世界了提出了"构建人类命运共同体，实现共赢共享"的中国的人类文明观和哲学观，再度得到国际社会和联合国的好评和肯定。

总之，基于中国智慧的生态文明之路，不是中国替代美国成为换汤不换药另一个一股独大的文明，而是中国与世界共赢共享、共同参与、协调创新的新文明之路。

参考文献

[1]　世界自然基金会. 2016 地球生命力报告[R].2016.

[2]　[美]赫尔曼·E.达利，　[美]小约翰·B.柯布. 21 世纪生态经济学[M]. 北京：中央编译出版社，2015.

[3]　[法]托马斯·皮凯蒂. 21 世纪资本论[M]. 北京：中信出版社，2014.

[4]　张孝德. 文明的轮回——生态文明新时代与中国文明的复兴[M]. 北京：中国社会出版社，2013.

[5]　张孝德. 金融危机背后的"新经济革命"与中国应对战略[J].国家行政学院学报，2009（5）.

建设生态文化，展现生态智慧

⊙ 林　坚

（《中国人民大学学报》编审、中国人民大学教授）

严峻的生态环境问题暴露了人类文化的困境。只有通过确立生态文明理念，改变人们的价值观念，建立生态文化体系，采取切实的行动，加强生态治理，才能克服生态危机，维护生态安全，实现人与自然的和谐。

一、生态文化与生态文明

2018 年 5 月 18 日，习近平总书记在全国生态环境大会的讲话中指出，要加快构建生态文明体系，阐述生态文明体系包括五个方面：以生态价值观念为准则的生态文化体系，以产业生态化和生态产业化为主体的生态经济体系，以改善生态环境质量为核心的目标责任体系，以治理体系和治理能力现代化为保障的生态文明制度体系，以生态系统良性循环和环境风险有效防控为重点的生态安全体系。

生态文化是人与自然和谐共存、协同发展的文化，是 21 世纪人类面对诸多危机所选择的新的生存方式和价值取向。生态文化是以人为主体、与自然密切相关的文化，是人类在与自然交往过程中，为适应自然环境、维护生态平衡、改善生态环境、实现自然生态文化价值、满足人类物质文化与精神文化需求的一切活动与成果。生态文化是一种人类尊重自然、顺应自然，在发展中实现自我反省、自我调节的生态觉醒和社会适应。

"生态文化是探讨和解决人与自然之间复杂关系的文化；是基于生态系统、尊重生态规律的文化；是以实现生态系统的多重价值来满足人的多重需求为目的的文化；是渗透于物质文化、制度文化和精神文化之中，体现人与自然、人与人、人与社会、经济与环境相协调的文化；是倡导健康文明的生产、生活及消费方式的文化。"

从生态文化的本质属性看，它既是生态生产力的客观反映和人类文明进步的结晶，又是推动社会前进的精神动力和智力支持，并渗透于社会生态的各个领域。同时，生态文化的本质属性是由人的自然和社会双重属性所决定的。

生态文明是基于改善和优化人与自然的关系，建设科学的生态运行机制和良好的生态环境支撑的物质、精神、制度方面积极成果的总和。生态文明观认为，不仅人是主体，自然也是主体；不仅人有价值，自然也有价值；不仅人依靠自然，所有生命都依靠自然。生态文明作为一种新的文明形态，是人们基于对工业文明弊端的反思而提出的一种力图实现人口、资源、环境之间协调发展的文明范式。生态文明的核心是人与自然和谐的价值观在经济社会发展中的落实及其成果的反映，倡导尊重自然、顺应自然、保护自然、合理利用自然，主动开展生态建设，实现生态良好、人与自然和谐、人类社会可持续发展。

生态文化包括生态价值观、生态伦理、生态精神、生态美学等内容。

在结构层面，生态文化可分为生态物质文化、生态精神文化、生态行为文化、生态制度文化等。

生态物质文化是人类活动影响生态系统的物质成果，是生态文化的物质表现。包括自然生态系统和人工生态系统，如森林、湿地、草原、自然保护区、城市生态系统、绿色产业体系、生态物质产品以及各种生态文化载体。

生态精神文化是人类对生态的认识、情感、态度的总和，是生态文化的精神内核。具体包括生态哲学、生态自然科学和生态社会科学等。

生态行为文化是人类影响生态的行为方式、实践活动的总和，是人类以各种工具为中介对生态系统施加影响的过程，包括植树造林、生态经营、产业发展、生态贸易、生态旅游、生态产品消费等。

生态制度文化是与生态相关的法律法规、政策、制度等，体现了不同时代人的价值取向和对制度的诉求。

文化生态学用生态学的观点来审视人与自然、社会环境的关系。生态系统中生物界和非生物界环境因素的变迁取决于人类的文化因素，特别是开发利用自然资源的科学水平和技术装备，而生态环境的演变也对人类文化发展趋向产生了不可估量的影响。1954 年，人类学家斯图尔特首先提出"文化生态学"概念。文化生态学以人类适应环境的过程为研究对象，就是从人类生存的自然环境和社会环境中各因素的作用来研究文化的发生、发展和变革。生态环境系统的变化受到人们的文化与经济活动的深刻作用，它们之间紧密相连、共同制约、共同变化。人类的活动改变了生态环境的原生形态，如在江河上筑坝、围湖造田、填海造地等。生态演变的过程，深深打上了人类活动的印迹。

从文化视角来看，生态环境问题与人们的文化价值观等密切相关，其背后涉及人的价值观念、行为方式，涉及文化生态和生态文化问题。生态环境是人们赖以生存的自然生态系统，它是我们的衣食之源、生存之本。生态环境不是外在于人的，而是为人类提供了生存、生活、生产和发展的资源。人受生态环境法则的约束，人类的一切活动只能限制在生态环境承载能力许可范围之内。生态兴则文明兴，生态衰则文明衰。人类以文化的方式生存，文化不能反自然。文化与自然的辩证统一，就是人类生存的本质。人受自然法则的约束，人类享受物质生活、追求自由和幸福的权利，只能限制在生态环境承载能力许可范围之内。

生态危机暴露了人类生存的困境，也暴露了人类文化的困境。只有通过文化价值重构，改变人们的价值观念，采取切实的行动，才能克服生态危机，维护生态安全，实现人与自然的和谐。人类既是大自然的享用者、建设者，又是大自然的管理者。人类要管理好大自然首先需要管理好自己。要有效防范生态风险，让人们吃得放心、住得安心，留住鸟语花香田园风光，生活在一个舒适的环境之中。

绿水青山带给人们的不仅是物质利益，还有生存和生活的资本、有利于健康的条件以及精神愉悦和享受等。内蒙古的库布其治沙面积达 6000 多平方公里，涵养水源 240 多亿立方米，生物多样性保护价值 3.49 亿元。把荒漠变林海的塞罕坝国家森林公园，是华北地区面积最大、兼具森林草原景观的国家级森林公园，景观独具特色，被赞誉为"河的源头、云的故乡、花的世界、林的海洋、珍禽异兽的天堂"。2017 年 12 月，塞罕坝与库布其一起被联合国环境大会授予"地球卫士奖"。一些地方生态环境资源却相对贫困，可以通过改革创新，探索一条生态脱贫的新路，让贫困地区的土地、劳动力、资产、自然风光等要素活起来，让资源变资产、资金变股金、农民变股东，让绿水青山变成金山银山。

生态文化是培植生态文明的根基。确立生态文化理念，弘扬和传播生态文化，将推进生态文明建设；反过来，生态文明建设实践，又丰富了生态文化的时代内涵。生态文化和生态文明理念深刻融入和全面贯穿于经济建设、政治建设、文化建设、社会建设各方面和全过程。生态文化是生态文明时代的主流文化，为生态文明建设提供强大精神动力、智力支持、行为依据和制度保障。

二、生态文明价值观

生态文化体系以生态价值观念为准则。

生态系统具有重要的价值，包括自然价值和生命的价值；生态系统对人类的价值主要体现在支撑生命、提供资源、共生互动。生态文化则具有精神和社会价值。

（一）自然价值

自然有价值，自然价值是由自然界物质生产过程创造的，被定义为"被储存的成就"，是由自然事物的性质、结构和功能决定的。生命和自然界是自组织系统，自然过程是物质生产过程，是不断地创造价值的过程。人类要爱护大自然，充分认识到大自然的价值绝非只是人的工具价值，而具有不以人的意志为转移的内在价值。人们要尊敬或敬畏大自然的内在性、独立性。

生态伦理学创始人利奥波德主张人应该用整体有机论的观点来认识大自然，要认识到大自然的整体性和内在相关性。他提出的大地伦理的价值标准，要求人们真正从超越自身利害的高度来审视自然、善待自然。

自然价值，一方面是指自然对人的有用性，可称为自然的使用价值或外在价

值；另一方面是指自然界或生态系统的自满自足，即自然界之间彼此联结、相互利用而产生的动态平衡效应，可称为自然自身的价值或自然的内在价值，它强调的是价值的客观性、人的尺度的非绝对性和非唯一性。

这就是说，自然界的价值有两种：一种是外在价值，自然的外在价值是指自然物所具有的工具价值，即在满足人的需要的前提下所具有的意义，如自然界作为人和其他生命生存和发展的资源，能满足人和其他生命生存和发展的需要，实现人和其他生物的利益。一种是内在价值，自然的内在价值指生态系统自身的价值和意义，是一种非工具性的价值，可分为三个层次：其一指以生态系统中各种存在物为客体，对于维护整个生态系统稳定、完整、有序所具有的价值和意义；其二指生态系统内部不同物种之间所形成的价值关系；其三指同一物种内部所形成的价值关系。人负有保护和促进具有内在价值的存在物的义务，也有义务维护和促进具有内在价值的生态系统的完整和稳定。在实践层次，自然价值是它的客观性与主观性的统一。

美国著名生态伦理学家罗尔斯顿指出："自然系统的创造性是价值之母，大自然的所有创造物，只有在它们是自然创造性的实现的意义上，才是有价值的。凡存在自发创造的地方，就存在着价值。"价值就是"这样一种东西，它能够创造出有利于有机体的差异，使生态系统丰富起来，变得更加美丽、多样化、和谐、复杂"。他认为自然是朝着产生价值的方向进化的；并不是我们赋予自然以价值，而是自然把价值馈赠给我们。他把自然价值列为经济价值、生命支撑价值、消遣价值、科学价值、审美价值、生命价值、多样性与统一性价值、稳定性与自发性价值、辩证的（矛盾斗争）价值、宗教象征价值。他认为前五种可作为第一、二种性质的价值，它们必须由人的主观感觉来判断，后五种可归为第三种性质的价值，是由自然自身来决断的。"在自然形成过程中，作为整体自然的产物是价值的源泉。"

要承认自然资源的价值，为它制定价格，建立完善的自然资源使用的代价系统，实行自然资源的有偿使用，这是资源保护的重要措施。科利考特说："海洋、湖泊、高山、森林和潮湿的土壤拥有的价值大于单个的动物拥有的价值。"

在传统社会中，人类对自然界的需要更多的是生存意义上的，而在现代社会中，自然界对人类的满足不仅包括生存意义，还包括享受和发展方面等。

自然权利是自然生物的权利或生物的自然权利，是生物固有的、按生态规律存在并受人类尊重的资格。赋予自然权利或承认自然权利并不是要追加大自然对人的义务，而是要追加人对大自然的义务，通过这种义务的追加和权利的让渡，来达到保护环境的目的。

"天地本无心，以人为心。"人是大自然的良知，为了保护地球家园，保护生物多样性，人应该尊重自然权利，确认一切生物物种的权利都是不可侵犯的。

（二）支撑生命

人们要生存就要依靠生态系统，包括空气、水、食品，等等。如果地球上没有植物，没有昆虫、微生物，那么人类至多只能存活几个月。

法国哲学家、诺贝尔和平奖获得者史怀泽在《文明的哲学：文化与伦理学》中提出"尊重生命的伦理学"，后来又在《敬畏生命》一书中进一步阐述。他认为生命是大自然的伟大创造，"生命的本身是神圣的"，对一切生命都要给予极大的尊重，应该以"崇拜生命"作为伦理的核心和基本原则，"保护、完善和发展生命"是"人类与自然的准则"和"善"的重要内容，"善就是保护生命和发展生命，恶就是毁灭生命和妨害生命"。"敬畏生命绝不允许个人放弃对世界的关怀。敬畏生命始终促使个人同其周围的所有生命交往，并感受到对他们负有责任。对于其发展能由我们施以影响的生命，我们与他们的交往及对他们的责任，就不能局限于保持和促进他们的生存本身，而是要在任何方面努力实现他们的最高价值。"

（三）提供资源

生态系统为人们的生产和生活提供无尽的资源。生态因素作为资源成为劳动对象，它进入生产过程构成生产的要素。

人类生存可以把生物作为可更新资源进行开发，但开发不能超过一定的限度。

生态旅游对人们具有强烈的吸引力。可以满足人的生态需求，如干净的水、

新鲜空气以及优美的环境等。因而，生态对人类还有保健疗养的功能。自然生态系统能为人类提供旅游、休闲和保健服务，它对于改善人们的生活和健康水平、丰富人们的精神生活具有重要价值。

生态活动必须符合科学的生态观和生态规律，追求最好的"生态效益"。

（四）共生互动

美国著名生态学家奥德姆指出："生态系统发展的原理，对于人类与自然的相互关系，有重要的影响：生态系统发展的对策是获得'最大的保护'，即力图达到对复杂生物量结构的最大支持；人类的目的则是'最大的生产量'，即力图获得最高可能的产量。这两者是常常发生矛盾的。"在这种矛盾中，有时需要人类作出妥协和让步，即调整人类的行为。人类活动不能损害地球基本生态过程。自然界的许多价值具有不可替代的性质，没有它人类就不可能生存。例如，绿色植物的光合作用以及由植物光合作用开始的生态系统的物质循环、转化和再生，这个过程把太阳能转变为地球的有效能量，这是维持地球生命生存的条件，是人类创造文化价值的基础和前提。

（五）精神和文化价值

生态文化为人们提供精神家园，不断提升境界，走向新的文明。

人类社会的发展是利用自然价值，创造和实现文化价值。自然生态系统是自发起作用的领域；人类劳动变自然价值为文化价值，文化是人类力量的体现。人类文化的机智是变天然自然为人工自然，在自然价值基础上实现文化价值。

三、展现生态智慧

生态系统中的物质资源经过循环、转化和再生可以不断地持续利用，系统中各种因素相互联系、相互作用协同形成的反馈系统既是协调和稳定的，又是高效和不断进化的。这就是"生态智慧"。

奈斯说："今天我们需要的是一种极其扩展的生态思想，我称之为生态智慧。

Sophy 来自希腊语 sophia，即智慧，它与伦理、准则、规则及实践相关。因此，生态智慧，即深层生态学，包含了从科学向智慧的转换。生态智慧是一种智慧的哲学。"

生态文化体现了一种智慧，其核心理念主要有：万物相连，和谐共生；多元相安，平衡包容；互尊相宜，平等互动；生生不息，真善美圣。

（一）万物相连，和谐共生

人类与生态系统的万事万物相互联系，和谐共处，共同进化而生生不息。

美国生态学家康芒纳生态学的第一个法则是：每一种事物都与别的事物相关。这是生态关联的原则。个体存在如果与系统之间缺乏关联的基础，也就失去了自身的有机生命力。

美国学者麦茜特指出："生态学的前提是自然界所有的东西联系在一起的。它强调自然界相互作用过程是第一位的。所有的部分都与其他部分及整体相互以来相互作用。生态共同体的每一部分、每一小环境都与周围生态系统处于动态联系之中。处于任何一个特定的小环境的有机体，都影响和受影响于整个由有生命的和非生命环境组成的网。作为一个自然哲学，生态学扎根于有机论——认为宇宙是有机的整体，它的生长发展在于其内部的力量，它是结构和功能的统一整体。"

确立整体论有机思维，强调整体化的发展。鲁枢元指出："一个生态系统内的任何生物体，都是'互生互存'的……这种生态系统的整体性、有机性，既维系着人类审美经验的共同性、互补性，也守护着各物种之间的特殊性、差异性。"

自然界是人的"无机的身体"，人依赖自然界，它是人类生存的基础。一方面，人作用于自然界，改变自然，使自然人化；另一方面，自然界作用于人，人学习自然界的"智慧"，提高人的素质和本质力量，使人自然化。这是一个统一的过程。

（二）多元相安，平衡包容

生态系统具有多样性，人类文化也是多样的，能够互相包容。

生物多样性包括生态系统的多样性、物种的多样性和遗传的多样性。多种多样的生物对维护生态平衡、保护生态环境有着不可替代的作用。生态系统的多样性是指不同的生态环境、生物群落以及生物生态过程的总体。仅陆地生态系统就有 27 个大类、460 个类型。

虽然生物和生态系统有不同的组织层次，但是不能分割开来，它们不能孤立地存在。

康芒纳提出的第二个准则是：自然界所懂得的是最好的，这是"生态智慧"原则。在生态演化中，"那些不能与整体共存的可能安排，便会在进化的长期过程中被排除出去。这样，一个现存的生物结构，或是已知的自然生态系统的结构，按照常识，就是'最好的'。"

奈斯指出："今天，我们需要的是一种十分宽广的生态思维，我称之为生态智慧。生态智慧，即深层生态学，意味着从科学向智慧的转换。"奈斯赞赏文化多元论和思想多元论，认为它们能加强深层生态学运动，因为多元意味着包容。

没有多样性，各个部分就不能形成一个能生长、发展、自我修补和自我创造的实体；没有整合，不同的组成部分就不能结合成一个动态的功能性结构。

生态系统有一定的结构，这种结构是有序的，不同组织层次的相互作用，表现了它的功能的有序性。

（三）互尊相宜，平等互动

自然界和人在生态系统中是平等的，互相作用。自然界的权利具有平等性。

人应该尊重自然，对自然抱有必要的敬畏，而不能掠夺自然、破坏自然；不仅要开发利用自然，而且要保护和建设自然生态。要摒弃人控制和统治自然的观念，认识到人与自然界万物是平等的，必须和谐相处。

康芒纳提出的生态学第三个法则是：没有免费的午餐，这是"生态代价"原则。"这条法则主要警告人们，每一次获得都要付出某些代价。因为地球生态系统是一个相互联系的整体，在这个整体内，是没有东西可以取得或失掉的，它是受一切改进的措施的支配，任何一种由于人类的力量而从中抽取的东西，都一定要放回原处。要为此付出代价是不能避免的，不过可能被拖欠下来。现今的环境危机是在警告：我们拖欠的时间太长了。"

埃德加·莫兰指出："生命就是时刻依赖周围的环境。"调节和制约是自然界所有物种的"生存智慧"。适应是生物对环境变化作出选择性反应，把系统调节到期望状态，使生态系统成为适应系统，即调节和制约统一的系统。

生态的未来将主要取决于等级控制的不断减弱，要放弃单一的、孤立的思维方式，而且是与人类系统相关的。生态活动是人类社会活动的一部分，它表现人和社会与自然的关系，人与生态的相互作用。

（四）生生不息，真善美圣

生态系统的发展是一个自然历史过程，在时间进程中演化，并分布在一定的空间内，表现了生态时间有序性和生态空间有序性，以及它的时—空统一性。一切事物都必然有去向，这是康芒纳提出的生态学的第四个法则，即物质不灭定律。

生态系统本身具有真善美圣的特性，从文化的角度看生态系统，这种生态文化以追求真善美圣为目标。

（1）求真

人与生态环境共存，是一个真实的状态。

罗尔斯顿指出："真正的（真实的）人需要栖身于某个环境中。人需要一个居住地，一个进行价值创造的基地；这种需要既有非道德的，也有道德的成分。无论是从生物学的还是物质需要的角度看，没有一个充满资源的世界，没有生态系统，就不可能有人的生命……人们不可能脱离他们的环境而自由，而只能在他们的环境中获得自由，除非人们能时时地遵循大自然，否则他们将失去自然的许多精美绝伦的价值。"

（2）向善

人类的正义行为的概念应扩大到包括对自然界本身的关心，进行生态关怀，把道德上的权利概念扩大到自然界的事物和过程，将道德行为的领域从人与人之间扩大到人与自然之间。

善是维护生命、完善生命和发展生命。史怀泽指出："善是保存和促进生命，恶是阻碍和毁灭生命。如果我们摆脱自己的偏见，抛弃我们对其他生命的疏远性，

与我们周围的生命休戚与共，那么我们就是道德的。只有这样，我们才是真正的人；只有这样，我们才会有一种特殊的、不会失去的、不断发展的和方向明确的德性。"

（3）臻美

生态美，是生态系统中生物与环境的适应及和谐以及它们关系的无限多样性。生态系统的美包括形态美、色彩美、音形韵味美、意境美等方面。生态的审美价值还表现在不同时期的以自然生态为题材绘画、装潢、诗歌、小说等文艺作品中，它为人们的艺术、文学等提供鲜活的内容。

（4）达圣

美国学者小约翰·B. 科布在《生态学、科学和宗教：走向一种后现代世界观》一文中指出："后现代生态世界观认为，'在统一的宇宙中的历险'与世间有着内在的联系，即历险是由她与世间的活动和价值的各种关系构成的。世间的价值越大，神圣的生命便越丰富。"

美国神学家托马斯·贝里（Thomas Berry）指出："现代社会需要一种宗教和哲学范式的根本转变，即从人类中心主义的实在观和价值观转向生物中心主义或生态中心主义的实在观和价值观。"

真善美圣的统一，就是人与自然的和谐，真正进入生态文明的境界。

人与自然的关系制约着人与人、人与社会的关系。面对资源约束趋紧、环境污染严重、生态系统退化的严峻现实，必须坚持绿色发展，树立尊重自然、顺应自然、保护自然的生态文明理念，把生态文明建设放在突出地位，融入经济建设、政治建设、文化建设、社会建设各方面和全过程，努力建设美丽中国，实现中华民族永续发展。

参考文献

[1]　本书编委会. 北京生态文化建设理论与实践[M]. 北京：中国林业出版社，2015：33.

[2]　罗尔斯顿. 环境伦理学：自然界的价值和对自然界的义务[M]//国外自然科学哲学问题. 北京：中国社会科学出版社，1994：2907.

[3] 阿尔贝特·史怀泽. 敬畏生命[M]. 上海：上海社会科学院出版社，1996：9，19，32.

[4] E.奥德姆. 生态学基础[M]. 北京：人民教育出版社，1981：261.

[5] 卡洛琳·麦茜特. 自然之死[M].长春：吉林人民出版社，1999：110.

[6] 鲁枢元. 生态批评的空间[M]. 上海：华东师范大学出版社，2006：73.

[7] 巴里·康芒纳. 封闭的循环——自然、人和技术[M]. 长春：吉林人民出版社，1997：37.

[8] 埃德加·莫兰. 方法：天然之天性[M]. 北京：北京大学出版社，2002：205.

[9] 余谋昌. 生态学哲学[M]. 昆明：云南人民出版社，1991.

[10] 罗尔斯顿. 环境伦理学：大自然的价值以及人对大自然的义务[M]. 北京：中国社会科学出版社，2000：454.

对生态文明哲学基础的思考

⊙ 徐 春

（北京大学哲学系教授）

一、自然观是研究生态文明理论的逻辑前提

自然观是每一个时代哲学的基础。研究生态文明离不开对自然观的讨论，这是一个理论逻辑前提。随着人类认识自然、改变自然的能力的变化，其自然观在发生变化。这种变化既源于科学技术发展的推动，也源于学术思想的传承发展，需要进行学理上的研究。

自人类文明诞生以来，在利用自然、改造自然的活动中首先从事的是农业生产活动。东西方的古代文明都是以农业经济为特征，以农为本。相比较而言，中国古代的农业文明在相当长的一个历史时期，处于人类进化的前列，因此中国古代天人关系中所表达的天人合一自然观主张严格地顺应自然，反对盲目地干预自然。中国古代在对待人与自然的关系上占主流的是顺应自然的哲学观念，这种朴素生态哲学思想的产生基于农业文明完全依存于自然的生产方式。

在西方文化中，古希腊之前，人们普遍持有神话自然观和万物有灵论。到了公元前 6 世纪，古希腊哲学诞生了。在希腊哲学中，关于自然的研究是贯穿古希腊哲学始终的主导线索。希腊人有一种可贵的直觉，即认为世界是一个自身有生命的、渗透着神性的、处在不断的生长过程之中的有机体，世界中的万事万物均是从这个有机体中生长出来的。影响中世纪自然哲学的思想源流，主要是希腊思想和基督教《圣经》。西欧中世纪的思想中基督教信仰始终占支配、主导地位，哲学因被用于确证基督教教义和信仰的工具，经历了一个被混同于基督教神学随后又与之逐步分离的发展过程。在此过程中，理性逐步从宗教信仰转向自然，转向经验现实中的感性存在物，当初被基督教融入神学的哲学获得了新的内容和方法，形成自然哲学，为近代科学的产生提供了直接的思想母体。要想全面了解近代以来自然科学的兴起和发展以及现代自然观的形成，古代和中世纪是不应该被忽略，也无法被忽略的。古希腊和中世纪代表着两个完全不同的方向，但是正是在它们共同作用的中世纪，孕育了科学发展的种子。

大约在16世纪到17世纪，一种与希腊自然观相对立的新的自然观开始兴起，并迅速取代前者占据主导地位。机械自然观把大自然比作机器，不再认为自然是个有机体，自然不再具有生命和活力，也不具有理智和理性，不能自主地运动和变化，而是像钟表和水车一样的机器。只不过钟表和水车是由人创造的，而自然这个大机器是由上帝创造的。上帝设计出一套原理，把它放进自然界并操纵自然界运动，而自然界本身完全是被动的、受控的，它仅仅是一架"机器"。这样，在犹太—基督教传统中有其根源、文艺复兴晚期开始浮现的"控制自然"的观念，通过机械论和理性主义的奇妙结合，终于获得了完整的哲学形式。

自然目的论思想埋下了机械自然观解体的种子。目的论是西方哲学中的一个核心问题，它是关于"目的"和"合目的性"的说明、疏通和批判。目的论从前苏格拉底时代发端，在15世纪到18世纪受到巨大冲击，却并没有因此绝迹，它一直潜伏在笛卡尔等人的哲学中，其后通过康德哲学而重见天日。古希腊的目的论主要是一种自然目的论，以理念为万物的最高指向，但是除了这种目的论之外，与之相关的还有一种后来中世纪意义上的神学目的论。当18世纪的自然科学理论对生命的自律和自然的统一性难题无能为力时，康德提出了自然目的论。为了弥补机械因果作用解释方式的不足，康德在解释生命有机体的和谐统一的自然系统时，引进了与神学目的和机械原因不同的自然目的概念。康德告诉我们，有机的存在物可以被认作是具有"内在目的"的，这种"内在目的"是与经验判断的相对目的或外在目的不同的。一个自然的产物可以被认为内在地具有目的或一个自然的目的，因为它不同于纯粹的机器或人造的仪器，它是一个"有机的存在物，

而且是有自身组织的存在"。黑格尔延续了康德对于有机生命的见解，生命与目的性这两个概念在黑格尔那里有着相辅相成的关系。黑格尔的自然哲学是他对19 世纪初达到的整个自然科学成就所作的概述，他把自然从最低级阶段到最高级阶段的发展看作是一个必然的过程。黑格尔把这种必然性理解为绝对的目的性。如果不梳理西方哲学史上的目的论传统，我们很难理解罗尔斯顿对自然内在价值的论证。

20 世纪是科学观念发生急剧变革的时代。而 20 世纪中期，在现代自然科学的一系列新成就的基础上形成的以三门横向跨界新型学科——信息论、控制论、系统论为主导的系统科学运动，为人们提供了一幅世界自组织演化的自然图景。进化问题开始得到更多哲学家的关注，如柏格森的创造进化论、怀特海的过程哲学等。现代科学的兴起及其发展，冲击了机械论世界观的基础，形成了一种新的科学世界观和解释框架。同近代科学的机械论世界观相比较，我们在一定意义上可以把这种新的世界观叫作"有机论"的世界观。现代有机论世界观既不像古希腊的有机论那样，仅仅是一种直观的猜测和哲学的思辨，也不像 19 世纪的有机论那样，仅仅是某一哲学派别的特征。现代有机论是建立在现代物理学、生物学以及系统论、控制论、信息论等科学基础之上的世界观，是现代科学世界观的总体性特征，它给生态文明提供了自然观基础。

二、价值观对选择符合生态文明的生活方式具有重要意义

面对自然，人类的评价系统、评价尺度在发生变化，这是对自然价值认识的不断加深和拓展。农业社会自然是直接的存在，是直接的生存资源，比较容易建立起直观质朴的自然责任伦理。近代以来，随着工业化的不断发展，通过日益先进的科学技术手段使自然成为间接的存在、工具和手段。人类中心主义持续占据着西方思想的主流地位，将自然工具化，把人类作为价值判断的唯一中心，对自然生态环境造成了一系列的严重破坏。这些破坏涉及自然环境从整体到局部的各个方面，从有机的生物界到无机界，几乎无孔不入，其恶果在时间的不断推移之中也逐渐为人类自身所难以承受。在这样的大背景之下，随着有识之士对人类中

心主义的反思，环境伦理思想在现代环境保护意识觉醒之中不断发展、完善和体系化，成为生态文明的价值观基础。

在中国传统文化中，"天人合一"是儒家文化的基本精神，其中包含着一些非常重要的环境伦理思想。儒家提出"天人合一"思想，其目的一方面是为建立理想的人际关系做论证，顺应天德确立一种具有普遍性的人间伦理；另一方面也是为了确立一种人与自然相依、顺应自然的伦理，使农业社会的经济发展持续稳定。从孔子的"畏天命"，到张载体认自然内在价值，承担对自然的责任伦理，其自然引申和合乎逻辑的结果就是我们今天所讲的环境伦理或生态伦理。因此我们应充分吸收中国传统生态文化精华，使其完成现代转化。

在西方传统哲学和伦理学中，"价值"是属人的，只有人才有价值（内在价值），自然界的事物只有在与人的主观目的相关时才有意义，只有具备满足人类需要的用途和功能才有价值（工具价值）。基于这种传统价值观，人们看到的只是自然界的工具价值和短期的效用价值，产生无限制地征服自然的恶果。深重的生态环境危机迫使人类价值取向发生深刻转换，思考自然的内在价值对人类的深刻意义。

20 世纪初，施韦泽通过提出"敬畏生命"的思想，拓展了传统伦理学的对象范围，这种拓展同时也是对思想史上固有的"人类中心主义"的超越。在施韦泽看来，过去的所有伦理学都是不完整的，人与其他生命在过去的伦理学家眼里有高低贵贱之分，无论以哪种方式将人与其他生命相区别，都不可避免地突出人在等级上的高贵。因此，西方的传统伦理学建构的是人与人之间的道德、律法和生活方式，这些理论框架中并没有其他生命的生存空间，人与人之间可以用道德或律法相互约束，一旦脱离这种种属关系，过渡到人与动物或植物时，人的价值就成了衡量其他生物的尺度，而由于人被当成一种高阶的存在，对其他物种生命的践踏毁灭就被当成理所当然的事，于是伤害其他生命的活动也成了集体无意识。施韦泽将一切生命纳入伦理学的范畴，试图构建一种人与其他生命和谐相处的伦理观，也就是敬畏生命。按照敬畏生命的原则，人不是其他生命体的主宰，也没有资格去伤害其他生命，人不仅不能以自身的尺度去衡量其他物种，而且要去主动感受生命、救助生命。施韦泽指出的自然法则说明我们所处的自然状态是

所有物种相互参与、相互影响的动态平衡。比起其他物种，人类显然是强有力的，这意味着人既能对自然造成极大的破坏，也能在最大限度上保护自然。如果人能够承担起对其他生命的责任，那么所有的生命都能在最大限度上得以保存，因此，与自然和谐相处的生态伦理就具有了实现的可能。施韦泽所开创的敬畏生命伦理成为当代生态伦理学的重要思想渊源。

20 世纪中期，美国著名生态学家利奥波德提出的大地伦理思想突破了传统伦理界限，将人与自然看作是一个整体的伦理世界。利奥波德的大地伦理指出，地球上的人、人之外的有机生命体和无机生命体共同组成了新的大地共同体，共同体之内各个成员紧密联系、互为因果。虽然人类具有理性能力，但是物种之间的依赖性让人类不能站在个人利益的基础上继续享有掠夺大地资源的特权，而不尽任何义务，人类要从大地征服者的角色转变为大地共同体中的普通一员。保护大地共同体的完整、稳定和美丽是人类活动的基本道德原则。利奥波德试图通过激发人们对大地的热爱与感激，引导人们自发地对大地负起道德责任，构建起人与自然和谐统一的整体价值观。利奥波德的大地伦理开启了环境伦理转变的关键期，他首次从伦理学角度出发，将道德意识延展到了整个自然领域。尽管利奥波德的大地伦理思想比起严谨的伦理学和哲学，更类似一份环境保护主义运动的方法指南，但他被称为"生态伦理之父"。

20 世纪 80 年代罗尔斯顿继承发展了康德的自然目的论和施韦泽、利奥波德的生态伦理思想，系统论述了自然的内在价值，成为现代环境伦理学的奠基者。他指出"自然的内在价值是某些自然情景中所固有的价值，不需要以人类作为参照"。所有生物都把"自己的种类看成是好的"，这意味着一切生物都主动地捍卫它们的生命，奋力传播自己的物种。在自然生态系统中不同物种之间发生着工具价值与内在价值的转化与融合，每个生物都有一种内在的生命目的性。强调自然的内在价值，这只是从最基本的角度所作的价值区分，承认自然的内在价值，并非否定其工具价值的存在。罗尔斯顿阐发自然的内在价值是为了明确两个问题：第一，自然的内在价值是指生态系统自身的内在目的性，对于维护整个生态系统稳定、完整、有序具有价值和意义。它至少可分为三个层次：其一，生态系统中各种存在物，包括人在内，都要遵循生态系统的整体尺度；其二，生态系统内部不同物种间形成价值关系，它们互为主客体，互为目的和手段，互相满足也互相牵制；其三，同一物种内部形成价值关系，如人与人之间的价值关系，某一自然物种间的价值关系等。第二，以人为主体与作为客体的自然物所形成的价值关系只是价值关系中的一种形式，不是唯一的价值关系，更不是整个生态系统中最主要的价值形式。人类不是价值关系中的唯一主体，人的尺度也不是价值评价的最终根据，相反在某种意义上人要服从于自然的尺度。

生态伦理价值观只有转化为生活的"常识"后，才能对生活实践起到影响作用，促使我们重建生活价值坐标和改变生活方式，选择一种符合生态文明的生活方式。为此我们需要改变现有的生活方式，一是应以知识和智慧的价值代替"唯物质主义"价值。不以向自然索取更多的物质财富标识个人的价值和成功，追求的是人与自然和谐发展、共同进化，也就是追求人与自然的"双赢"。二是以适度消费代替过度消费。"为地位而消费""为虚荣而消费"的过量消费大大超过了生存的基本需要，不仅剥夺了其他社会成员赖以生存的基本需要，而且也是资源和环境破坏的直接根源。三是以简朴的生活代替奢侈和浪费。简朴的生活是以提高生活质量为中心的适度消费的生活。简朴生活以满足基本需要为目标，不是以豪华高档为目标，多样化的产品以适应人的个性需求和爱好为标准，增加的是知识和智慧含量，减少的是对自然环境的损害。应该说，有利于环境的生活方式是一种比传统高消费生活方式更丰富和更高级的生活模式，这是一种更符合自然本性，更适合人的需要的生活，而且是一种更适应人类未来的可持续发展的生活。能够文明地、不野蛮地对待大自然，就一定能够选择文明的生活方式。为此，需要全社会共同努力从理论到实践建构生态文明社会，唯其如此，我们才会有一个美丽中国。

参考文献

[1]　马克思恩格斯选集（第1卷）[M]. 北京：人民出版社，1995：66.

[2]　马克思恩格斯全集（第44卷）[M]. 北京：人民出版社，2001：10.

[3]　[美]霍尔姆斯·罗尔斯顿. 哲学走向荒野[M]. 刘耳，叶平译. 长春：吉林人民出版社，2000：18.

熠熠生辉的生态智慧①

⊙ 李承峰

（中华环境保护基金会宣传部主任）

行走在哈尼族的村寨，犹如置身于一幅山水林田湖的图画中。仰望山上，那是一众郁郁葱葱的森林矩阵；俯瞰山谷，那是一览层层叠叠的壮美梯田。那经流不息的汩汩清泉，把森林、村寨、梯田、河流完美地融合在一起。山高水长，千年时光。哈尼人乘自然之势，斧人工神力，坚毅地演绎了一部由游牧民族到农耕民族嬗变的文化历史，创造了壮丽美奂、生态智慧的人类农耕文明奇迹——哈尼梯田。

一、在消失的地方崛起

古往今来，迁徙总是一个沉重的话题。为了生存和延续，或主动或被迫，九死一生。但是，几乎所有迁徙的成功都有一个奇迹的产生。商朝时期，"盘庚迁殷"是为了融洽贵族官僚与百姓的关系而主动迁徙，由此创造了延续商朝 300 多年历史的奇迹，也给我们留下了一个反腐倡廉的借鉴案例。近代，我们党领导的中国工农红军，为了保存革命的力量进行战略转移，是迫于国民党的围剿，最后成就了举世闻名的"二万五千里长征"的壮举，中国革命由此从胜利走向胜利。

追本溯源，哈尼民族也是迁徙而来的民族。他们是源自长江、黄河上游的

---

① 原文发表于《中国环境报》2019 年 3 月 6 日第 07 版，入选时略作编辑。

甘川藏结合部的高原古氐羌族群落。从炎黄时期到春秋战国，战争使各个民族不断对立又不断融合，羌族群落也是如此，其中一部沿怒江、澜沧江、金沙江等高原河谷渐渐地向温暖的、水草丰足的、森林茂密的南方迁徙。一路上他们经四川盆地到云贵高原，由大理到昆明，为了生存和民族血脉的延续，以不断埋藏武器的方式向人表示友好、和善，忍辱负重、委曲求全，希望能有一块容身之地。在经历了无数次的家园重建、无数次的流离失所之后，他们最终在哀牢山停住了脚步。

不知是哪一年、哪一天，那支走入密林的羌族部落不见了，一支被称为"和夷"的新兴农耕民族在羌族部落消失的地方崛起。一层一层的梯田向山脚下延伸，一捆一捆的禾谷背上山去，从此世世代代千年不息。他们的生命由此和梯田紧紧地融合在一起。用他们自己的话说，梯田就是哈尼人，哈尼人就是梯田。那一条条的田埂就是他们的筋骨，那一田田的红泥和流淌的清泉就是他们的血肉，那一枚枚摇曳的稻谷和一尾尾游动的鲫鱼就是他们的灵魂。

迁徙不是绝望，更不是死亡，更多的是生命的重生、奇迹的辉煌。哈尼人正是这样，他们靠世代的劳动和智慧的创造将平原地区的稻作文明，演变成了令世人惊叹的、绚丽的千年梯田农耕文化奇迹。

二、"四度同构"的生态智慧

水，是这里的主题。清晨，行走在冬春交季的梯田里，呼吸着新鲜湿润的空气，聆听着汩汩的流水，感受着光影的世界。森林、村寨、梯田、河流同框在一个画面中，生态学家把这种环境称为"四度同构"。水从高山森林而下，滋养村寨的人们，然后依次浇灌梯田，并沿层层梯田汇入江河。江河中的水在亚热带气候的作用下，升腾凝结重新回到森林，循环往复如此千年。水就成了串联"四度同构"的纽带。

当年哈尼族的先人选择在海拔800～2500米的高山区段停下脚步，是被迫与无奈的。就是现在开车上山，也是山路十八弯，而且盘山路上有很多都是S型的急转弯。然而没有当年的被迫也就没有今天的奇迹。当他们消失在山林与自然对

话、为生存而战的时候，他们学会了利用。由此我想起了《山海经》里"愚公移山"的故事。哈尼人是不是受到了"某种"启发呢？愚公和哈尼人都是积极而乐观的，都充满着战胜困难的坚毅精神和哲学智慧。然而所不同的是，愚公选择的是消灭而哈尼人选择了利用。用现在我们生态环境的观点评说，"愚公移山"如此大的工程是难以通过环境影响评价的，而同样宏大的人与自然和谐共生的"哈尼梯田"工程则更容易被接受。似乎冥冥之中"愚公移山"只能是一个神话传说，而哈尼梯田则是存在了 1000 多年的一个真真实实的人间奇迹，不仅养育了一代代哈尼人，也沉积传承了一份厚重的高山农耕文化精神。

人类总是在被迫中奋而主动，为生存而战、为生命而歌。这是源自人的本能而激发出来的潜能和智慧，从而推动社会的进步，不断创造人类的文明。有需求就有斗争，有斗争就有创造，有创造就有进步。历史的车轮就是这样不停地向前，向着文明，有时也向着野蛮相互交替不断发展。自然空间中允诺创造，但有的是顺应、利用，有的是破坏、污染。在当前生态环境面临巨大压力的形势下，哈尼人的生态智慧应该能够给我们以启发。有所为，有所不为；什么可以为，什么不可以为。而我们现在的问题是"为而不为""不能为而不知其如何为"。智慧没有用在与大自然的和谐共生上，而是用在了与人的较劲与斗争中。中华民族是一个智慧的民族，创造了无数的世界奇迹，相信在新时代里我们的奇迹还会继续。

三、自然天设大美梯田

大美梯田美在自然，更美在孩子们心中的那份纯净。在哈尼梯田上我看到一个幼儿园。一个彝族女老师带着一群哈尼族孩子，他们走在田野中，以纸为底以叶为画，追逐嬉笑、迎风浴晒，在老师的指导下每个孩子做了一幅自然之画。这使我想起了城市里那群被关在"园子"里的孩子们，一群老师带着一群孩子，不能追逐、不能吵闹，小心谨慎，老师教一句孩子学一句，以纸为底以笔为画，画想象中的自然，阳光、空气、汽车、楼群，中规中矩。据介绍，哈尼民族的孩子从小做的游戏就是制作梯田，男孩子每人一把小锄头，在地上模仿大人开梯田。

虽然是玩耍，但是和大人们开梯田的程序完全一样。先开水渠引水，然后筑起层层的田埂，把水引进"小梯田"里。女孩子则各背一个小笆箩，在开成的"梯田"里面玩捉黄鳝撮泥鳅的游戏。真正的美丽不是画出来的，哈尼梯田作为经典的农耕文化和典范，隐设在山林之中，镶嵌在自然之间，无间昼夜，那是一种实实在在的美。

千百年来，哈尼人用双手在大自然中"打磨"和精心"雕琢"的哈尼梯田，才是一个真正的无与伦比的大地艺术，其线条、韵律、节奏无不浸透着人文之美和自然之美。置身哈尼梯田，白天阳光照射熠熠生辉，夜间繁星闪烁银河九天。真的是让人摸得到太阳、触得到月亮、捧得到星星，那种美丽让人真实、令人陶醉，使人敬畏。犹如"天梯"，层层阶阶，或大或小、或高或低，弯曲娴娜，从山脚下到山顶端，从这山连到那山，田埂千回百转，通往山寨、通往森林、通往河流、通往未来。"一山分四季，十里不同天"。春天像一块块绿茸茸的地毯，夏天似一阶阶澎湃着的绿浪，秋天如一幅幅金色的水墨画，冬天则变成了一面面明亮的镜子，映出山林的妩媚、耀出云雾的灵动、照出天地的永恒。

青翠碧绿，金色满园，千池叠瑞，这只是她的表象。千年生态智慧更体现在高山湿地对自然生态的呵护中。当年哈尼民族的先民来到这里时，由于连年山洪使水土大量流失，为保护赖以生存的家园，他们开始修埂筑坝、就势弯曲、层级设置、减缓冲击，渐渐补救了大自然的不足，慢慢形成了可以耕作的梯田，造就了一块巨大的高山人工湿地，不仅实现了蓄洪防旱功能，还发挥了调节气候的作用。前两年云南发生的百年不遇的大旱，哈尼梯田水量丰沛竟然不受影响。尤其是梯田生长的红稻米竟然基因千年都不退化，而且对化肥等极其敏感，一旦施肥便生稻瘟病，是实实在在的天然绿色食品。

因而，大美梯田，不仅美于景观，更在于生态智慧的内涵；大美梯田，不仅在于收获，更在于与大自然的和谐共生，大美梯田宣示了如何让生命与自然一起达成永恒。

我们为哈尼梯田而歌，因为她顺应了自然养育了一代代哈尼人；我们为哈尼人而歌，因为他们创造了人类的奇迹为世界贡献了绝顶的生态智慧。

四、一首永远的歌

"耕田要像土狗打洞，不怕烂泥沾在身上。做活要像黄牛犁地，再苦再累也不消忙。"这是哈尼族人栽秧时唱的歌。每当春耕插秧时节，他们就会一边插秧，一边唱歌。那清脆嘹亮、委婉动听的歌声在田野中飘荡，使人焕发精神。这歌声不仅唱出了劳动的干劲，还唱出了人们对五谷丰登、幸福生活的向往，这就是他们的生产歌。

然而，这些年哈尼族的年轻人也走出了寨子，走向了城市，融入了现代城市的生活大潮中。如同一些山区村庄一样，寨子里剩下的多是老人和孩子，只有过年过节和农忙时偶尔回来。也许他们太司空见惯了梯田的美丽，不像我们外来者心里充满着震撼。如今他们的穿着已经发生改变，再不是深蓝长褂宽腿裤，取而代之的是时尚的衬衣和紧身的牛仔。守护和传承那片梯田的仿佛都是一些年长的人，他们还坚守着那片梯田，挽着宽腿裤、手持镐头，面朝水田背朝天地修葺着田埂，上了年纪的女人则背着笆箩筐在田里要么捡拾泥鳅要么侍弄田埂，因为有些梯田的埂已经很脆弱了，一旦有一个埂溃坝就会引起连锁反应，尤其是雨季的时候。千年农耕文明，面临着无人可守的局面。

这使我们想起了 2013 年习近平总书记在中央农村工作会议的讲话，他说："农村经济社会发展，说到底，关键在人。没有人，没有劳动力，粮食安全谈不上，现代农业谈不上，新农村建设也谈不上，还会影响传统农耕文化保护和传承。农耕文化是我国农业的宝贵财富，是中华文化的重要组成部分，不仅不能丢，而且要不断发扬光大。如果连各地的人都没有了，靠谁来传承农耕文化？我听说，在云南哈尼稻田所在地，农村会唱《哈尼族四季生产调》等古歌、会跳哈尼乐作的人越来越少。不能名为搞现代化，就把老祖宗的东西弄丢了！"

别小看了《哈尼族四季生产调》，它是一套关于自然山水、动物植物、生产生活和经验智慧的完整的民间农业生产文化知识体系。包括了"引子、冬季、春季、夏季、秋季"五个单元，"引子"部分强调祖先传承下来的四季生产歌对哈尼族的生存所具有的意义。其他四个部分按季节顺序讲述梯田的耕作程序、技术要领以及与之相应的天文历法知识、自然气候变化规律、节庆祭典和人生礼节规范等。这些内容往往是在师徒、父子、母女中间，用口传心授、言传身教等方式，在梯田里、火塘边、酒桌上、染布坊等场所进行传授。一年又一年、一代又一代，就这样哈尼农耕生产生活在四季轮回中传承了千百年，言传身教的知识也传承了千百年。

让我们欣慰的是，这里被列为了世界文化遗产、国家级保护单位，一批外出打工的年轻人开始重新回到了寨子里，他们将担负起新的传承责任与使命。在扶贫攻坚中他们有的担任了寨子的书记，有的被选为了村主任，在他们的影响下一些年轻人开始考虑返乡耕耘这份乡愁。这使我想起了前面讲到的那群"幼儿园"的小朋友，他们大了以后呢？是不是像一些媒体宣传的那样"一定要走出大山"？不得不说我们在城市里去忽悠农村孩子的文化，有时是需要用脑子思考的。

"布谷、布谷"。春天来了，一只布谷鸟从遥远的天边飞来。《哈尼族四季生产调》又将重新唱起来，我们希望这首生产调永远地传唱下去，让智慧延续、让奇迹延续。

我们赞美哈尼人的生态智慧，我们也应该学习哈尼人的生态智慧。在习近平生态文明思想映照下，去创造属于我们民族大家庭的各个领域的智慧和奇迹。

中华人民共和国成立70周年

The 70th Anniversary of the Founding of
The People's Republic of China

深化生态文明体制
改革与生态文明制度体系

习近平生态文明体制改革重要论述研究

⊙ 沈满洪

（宁波大学校长）

习近平生态文明体制改革重要论述是习近平生态文明思想的重要组成部分，是以美丽中国为目标的生态文明建设的根本遵循。因此，学习研究习近平生态文明体制改革重要论述的发展脉络、基本内容、主要特色及历史贡献，具有重要的现实意义和理论价值。

一、习近平生态文明体制改革重要论述的基本内容

习近平生态文明体制改革重要论述是一个思想体系。主要包括三个层面的内容：一是生态文明体制（system）改革思想，二是生态文明机制（mechanism）设计思想，三是生态文明制度（institution）建设思想。

1. 生态文明体制改革思想

（1）按照系统论的观点改革管理部门。生态环境是一个复杂的系统。虽然生态环境系统可以分为森林生态系统、湿地生态系统、湖泊生态系统、海洋生态系统、城市生态系统、农村生态系统等不同的子系统，但是，生态环境系统的整体功能并非各个子系统功能的简单加总。因此，习近平总书记在十八届三中全会上的《说明》中指出："山水林田湖是一个生命共同体""由一个部门负责领土范围内所有国土空间用途管制职责，对山水林田湖进行统一保护、统一修复是十分

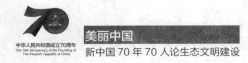
必要的。"这个讲话为国务院机构改革指明了方向。国务院机构改革方案中最引人瞩目的是自然资源部、生态环境部、林业和草原局。自然资源部涉及八个部门的职能整合，生态环境部涉及七个部门的职能整合，林业和草原局也涉及七个部门的职能整合。从生态文明体制角度审视，国务院机构改革至少在相当大的程度上解决了"九龙治水""九龙治海"等多年来想解决而没有解决的问题。

（2）按照"两山论"的观点改革核算制度。推动经济社会发展和加强生态环境保护，都是为了改善人类的福祉。因此，一般情况而言，发展经济是政绩，保护环境也是政绩。但是，经济效益来得快，环境保护效益来得慢。所以，政府部门往往热衷于招商引资而不屑于环境保护。这种做法，从静态的角度考察，生态效益与经济效益加总的综合效益也许是递增的。虽然综合效益是增加的，但是生态效益是降低的，也就是发展经济是建立在破坏生态环境的基础之上的，由此导致发展的不可持续。因此，需要从动态的角度进行考察，努力追求综合效益的最大化。习近平同志在浙江工作时就概括了"两山论"的"认识三阶段论"：第一阶段，只要金山银山，不要绿水青山；第二阶段，既要金山银山，又要绿水青山；第三阶段，绿水青山就是金山银山。其核心思想是旗帜鲜明地提出了"绿水青山就是金山银山"的论断。担任总书记后，习近平同志旗帜鲜明地提出了"两山论"的"三个重要论断"："我们既要绿水青山，也要金山银山。宁要绿水青山，不要金山银山，而且绿水青山就是金山银山。"正是在"两山论"的指引下，我国大力推进了资源税、环境税、碳税制度的改革探索，推进了生态补偿、循环补贴、低碳补助的改革探索，推进了水权、排污权、林权、碳权的有偿使用和交易制度试点，越来越多的领域开始实现了绿水青山的价值转化。

（3）按照控制论的观点改革条块职责。在生态环境管理中存在的突出问题是：条与条的矛盾（如林业部门与水利部门的矛盾、水利部门与环境保护部门的矛盾）、块与块的矛盾（上游与下游的矛盾、左岸与右岸的矛盾）、条与块的矛盾（部门与地方的矛盾）。在区域综合规划、土地规划、空间规划中普遍出现的一个现象是，上游的 A 区域把自己的水源地规划在自己的上游，而把工业区安排在自己的下游；B 区域、C 区域也是如此。如此，A 区域的工业区成为 B 区域水源地的上游，B 区域的工业区成为 C 区域水源地的上游。这就说明，加强条与条之间、块与块之间、条与块之间的协调是十分必要的。因此，习近平同志十分重视空间管制和规划先行。党的十八大报告阐述加强生态文明建设的第一条就是要"优化国土空间开发格局"；《中共中央　国务院关于全面深化改革若干重大问题的决定》强化了"建立空间规划体系""划定生态保护红线"；《中共中央国务院关于加快推进生态文明建设的意见》专门阐述了"强化主体功能定位，优化国土空间开发格局"；《生态文明体制改革总体方案》中提出八大制度中，有两条是强调空间问题的，分别是"建立国土空间开发保护制度""建立空间规划体系"。正是在习近平生态文明体制改革重要论述的指引下，我国的主体功能规划制度、国家公园制度、生态红线制度、多规融合制度等制度逐项建立起来。

2．生态文明机制设计思想

生态文明建设中，既存在政府机制有效、市场机制有效和社会机制有效的区域，也存在政府机制失灵、市场机制失灵和社会机制失灵的区域。有时可能是一个机制有效、两个机制有效或三个机制有效，有时可能是一个机制失灵、两个机制失灵或三个机制失灵。为此，生态文明机制的设计，一方面要充分考虑每一个机制的有效区间，另一方面必须考虑不同机制的相互制衡。在生态文明机制设计中，习近平同志十分重视各个机制的有效区间。

（1）政府主动担当责任。在全国生态环境保护大会上，习近平同志强调，生态环境是关系党的使命宗旨的重大政治问题，也是关系民生的重大社会问题。广大人民群众热切期盼加快提高生态环境质量。我们要积极回应人民群众所想、所盼、所急，大力推进生态文明建设，提供更多优质生态产品，不断满足人民群众日益增长的优美生态环境需要。习近平还进一步强调，地方各级党委和政府主要领导是本行政区域生态环境保护第一责任人，各相关部门要履行好生态环境保护职责，使各部门守土有责、守土尽责，分工协作、共同发力。《生态文明体制改革总体方案》中提出的 47 项制度，大约 60%是主要依靠政府履职的。这足见习近平总书记的担当意识和中国共产党的宗旨精神。

（2）充分发挥市场作用。《中共中央关于全面深化改革若干重大问题的决定》指出："加快自然资源及其产品价格改革，全面反映市场供求、资源稀缺程度、生态环境损害成本和修复效益。……坚持谁受益、谁补偿原则，完善对重点生态

功能区的生态补偿机制,推动地区间建立横向生态补偿制度。发展环境保护市场,推行节能量、碳排放权、排污权、水权交易制度,建立吸引社会资本投入生态环境保护的市场化机制,推行环境污染第三方治理。"这充分说明生态文明建设既要充分发挥基于庇古理论的绿色财税机制的作用,又要充分运用基于科斯理论的绿色产权机制的作用。而庇古手段和科斯手段均是典型的市场经济手段。事实上,绿水青山转化为金山银山必须依靠市场机制,而市场机制的核心是价格机制。

(3)构建社会治理机制。广大公众作为"委托人",政府环境保护部门作为"代理人",代理人自然要接受委托人的监督,因此,政府必须加强生态环境信息的披露,让公众知晓环境质量以采取防范措施,让公众考量环境权益以监督政府环境保护行为。因此,生态环境"管理"转向生态环境"治理"是生态环境保护体制改革的重要内容。要避免过去的政府作为管理者、公众作为被管理者的对立性体制,而要构建起政府机制、市场机制、社会机制三足鼎立、齐抓共管的制衡性体制。这是生态环境治理的大势所趋。党的十九大报告中,习近平同志旗帜鲜明地指出:"构建政府为主导、企业为主体、社会组织和公众共同参与的环境治理体系。"环境治理不仅仅是环境问题,而且是经济问题、社会问题甚至是政治问题,因此,环境治理体系建设是构建国家治理体系、实现国家治理现代化的重要内容。

3.生态文明制度建设思想

习近平同志在重视生态文明体制改革和机制设计的同时,高度重视生态文明制度体系建设。

党的十八大报告在"加强生态文明制度建设"部分,系统阐述了生态文明考核奖惩机制、最严格的生态环境保护制度、资源有偿使用和生态补偿制度、生态环境监管追责制度、生态环境宣传教育制度等五大制度。这为构建系统完整的生态文明制度体系奠定了重要基础。

党的十八届三中全会通过的《中共中央关于全面深化改革若干重大问题的决定》在"加快生态文明制度建设"部分首次提出"必须建立系统完整的生态文明制度体系"的论断,并重点阐述了健全自然资源资产产权制度和用途管制制度、划定生态保护红线、实行资源有偿使用制度和生态补偿制度、改革生态环境保护管理体制等四大制度。

《中共中央　国务院关于加快推进生态文明建设的意见》强调"加快建立系统完整的生态文明制度体系"，具体阐述了健全法律法规、完善标准体系、健全自然资源资产产权制度和用途管制制度、完善生态环境监管制度、严守资源环境生态红线、完善经济政策、推行市场化机制、健全生态保护补偿机制、健全政绩考核制度、完善责任追究制度等十大制度。

《生态文明体制改革总体方案》进一步强调"加快建立系统完整的生态文明制度体系"。其中设计了自然资源资产产权制度（5 项具体制度）、国土空间开发保护制度（4 项具体制度）、空间规划体系（3 项具体制度）、资源总量管理和全面节约制度（10 项具体制度）、资源有偿使用和生态补偿制度（8 项具体制度）、环境治理体系（6 项具体制度）、环境治理和生态保护市场体系（6 项具体制度）、生态文明绩效评价考核和责任追究制度（5 项具体制度）等八个方面47 项具体制度构成的生态文明制度体系。

至此，在习近平同志的强力推进下，我国生态文明制度体系已经建立，层级关系的制度结构树已经建立，不同制度分类两两组合构成的制度矩阵已经建立。

二、习近平生态文明体制改革重要论述的主要特色

1. 生态文明体制改革的理性思维特色

《生态文明体制改革方案》指出，生态文明体制改革要树立六个理念：树立尊重自然、顺应自然、保护自然的理念，树立发展和保护相统一的理念，树立绿水青山就是金山银山的理念，树立自然价值和自然资本的理念，树立空间均衡的理念，树立山水林田湖是一个生命共同体的理念。其中，"绿水青山就是金山银山"的理念和"山水林田湖是一个生命共同体"的理念是习近平生态文明思想的重大创新，前者按照辩证唯物主义和唯物辩证法的观点回答了生态文明体制"为什么改""改什么"等问题，后者按照系统论思维回答了生态文明体制"怎么改""怎么办"等问题。

2．生态文明体制改革的问题导向特色

习近平生态文明体制改革重要论述具有鲜明的问题导向特色，立足于"管用"，立足于解决现实问题。首先，针对问题进行改革。哪里有问题，就解决哪里的问题；哪里问题严重，就优先解决哪里的问题。例如"水十条""大气十条""土十条"就是针对老百姓关心的"一口水""一口气""一口饭"等重大民生问题。其次，针对问题的根源进行改革。针对水资源水环境管理中存在的"九龙治水"问题，习近平同志按照"山水林湖草是一个生命共同体"的理念，大力推进国务院机构改革，通过组建自然资源部、生态环境部、林业和草原局等新的机构实现职能整合，以治水为例做到了地表水与地下水、河湖水与岸上水、陆地水与海洋水的管理职能整合。

3．生态文明体制改革的目标导向特色

生态文明体制改革的目标可以分广义目标和狭义目标。广义的目标就是建设美丽中国。生态文明体制改革是生态文明建设的根本保障，因此，从广义上讲，生态文明建设目标就是生态文明体制改革的目标。党的十八大报告首次把"美丽中国"作为生态文明建设的宏伟目标；党的十九大报告再次强调，"建设美丽中国，是实现中华民族伟大复兴的中国梦的重要内容"。党的十九大报告第九部分的标题"加快生态文明体制改革，建设美丽中国"就充分说明，生态文明体制改革是手段，建设美丽中国是目标和目的。狭义的目标就是完善体制机制。《生态文明体制改革总体方案》指出：生态文明体制改革的目标是，"到 2020 年，构建起由自然资源资产产权制度、国土空间开发保护制度、空间规划体系、资源总量管理和全面节约制度、资源有偿使用和生态补偿制度、环境治理体系、环境治理和生态保护市场体系、生态文明绩效评价考核和责任追究制度等八项制度构成的产权清晰、多元参与、激励约束并重、系统完整的生态文明制度体系，推进生态文明领域国家治理体系和治理能力现代化，努力走向社会主义生态文明新时代。"可见，生态文明体制改革的狭义目标是推进生态文明领域国家治理体系建设和治理能力现代化。

4．生态文明体制改革的顶层设计特色

如果说在党的十八大之前，生态文明体制改革主要还停留于自下而上的推进,那么党的十八大以后生态文明体制改革则均是属于自上而下的顶层设计和强力推进。习近平同志在党的十八大以来的历届全会和中央重要文件的起草与决策中均发挥了决定性的作用。《中共中央关于全面深化改革若干重大问题的决定》指出:"建设生态文明,必须建立系统完整的生态文明制度体系,实行最严格的源头保护制度、损害赔偿制度、责任追究制度,完善环境治理和生态修复制度,用制度保护生态环境。"习近平同志批示强调:"要深化生态文明体制改革,尽快把生态文明制度的'四梁八柱'建立起来,把生态文明建设纳入制度化、法制化轨道。"习近平同志作为全面深化改革领导小组组长,无论《生态文明体制改革总体方案》这样的整体性改革方案的设计,还是"领导干部自然资源资产离任审计"这样的具体化制度的策划,均是站在时代前列,作出的具有前瞻性的顶层设计和重要决策。在顶层设计生态文明体制的过程中,习近平同志十分重视系统构造、全面布局、整体推进。按照党的十八届三中全会的精神,我国计划在2020年形成系统完整的生态文明制度体系。实际上,生态文明制度体系已经基本形成。党的十八大以来,我国的生态文明制度建设已经形成了别无选择的强制性制度、权衡利弊的选择性制度和道德教化的引导性制度等所构成的制度体系;已经形成了源头控制制度、过程管控制度、末端处理制度等所构成的制度体系;已经形成了法律制度、行政制度、经济制度、教育制度、宣传制度等所构成的制度体系;已经形成了法律规章等为主体的正式制度、意识形态和伦理道德为主体的非正式制度、信息披露和奖优罚劣为主体的实施机制所构成的制度体系。

三、习近平生态文明体制改革重要论述的历史贡献

1. 率先创立了"生态文明体制改革"等重要范畴

中国共产党作为执政党,不仅在党和国家的最高文件中大胆使用"生态文明"的概念,而且把生态文明建设纳入"五位一体"总体布局之中。在此基础上,习近平同志进一步提出了"生态文明体制改革""生态文明机制设计""生态文明制度建设"等一系列重要范畴。生态文明体制改革主要侧重于从"宏观"层面解决生态文明建设的管理体制、治理结构、治理体系等问题;生态文明机制设计主

要侧重于从"中观"层面解决以企业为主体的市场机制、以政府为主体的政府机制、以社会组织与公众为主体的社会机制的职能分工及相互制衡；生态文明制度建设主要侧重于从"微观"层面解决生态文明制度的设计、制度体系的构建、制度的优化选择、制度的实施机制等。"生态文明体制改革""生态文明机制设计""生态文明制度建设"等一系列范畴的创立，一方面，为生态文明体制改革的理论深化提供了概念基础并开辟了全新领域，另一方面，为生态文明体制改革奠定了框架基础。例如，有了"生态文明制度建设"一级范畴，就可以进一步细分为"别无选择的管制性制度""权衡利弊的选择性制度""道德教化的引导性制度"等二级范畴，二级范畴如"权衡利弊的选择性制度"又可以细分为"生态文明财税制度"和"生态文明产权制度"等三级范畴，三级范畴如"生态文明产权制度"又可以细分为"自然资源产权制度""环境资源产权制度"和"气候资源产权制度"等四级范畴。这样生态文明制度体系的框架就搭建起来了。从中可见，范畴的创立是理论创新和制度设计的重要前提。习近平生态文明体制改革重要论述奠定了生态文明体制改革的理论基石。

2. 丰富发展了生态文明体制改革的方法论思想

生态文明体制改革是当代人与当代人、当代人与后代人、人类与自然之间利益关系的再调整，特别需要以科学的方法指导改革。以"既要绿水青山，又要金山银山""宁要绿水青山，不要金山银山""绿水青山就是金山银山"为基本内容的"两山论"既是唯物辩证法的娴熟运用，又丰富和发展了唯物辩证法，为生态文明体制改革提供了方法论基础。唯物辩证法有"两大特征"——普遍联系的观点和永恒发展的观点和"三大规律"——对立统一规律、质量互变规律、否定之否定规律等三大规律。"两山论"揭示了"绿水青山"和"金山银山"之间的内在联系；揭示了"绿水青山就是金山银山"的发展规律；揭示了绿水青山与金山银山相互转化的对立统一规律；揭示了"宁要绿水青山，不要金山银山"的质量互变规律；揭示了从否定绿水青山到保护绿水青山的否定之否定规律。

推进生态文明体制改革，必须认识到经济增长与生态保护是一个对立统一的关系。没有良好的生态环境，就没有经济增长的自然基础。因此，要以保护为前提促进经济增长。同时，没有经济增长，生态保护就成为无源之水，强调生态保护绝不是不要经济增长。只要妥善处理经济增长和环境保护的关系，就可以实现环境与经济双赢的绿色发展。

推进生态文明体制改革，必须认识到"生态阈值""环境阈值"和"气候阈值"。当生态破坏达到一定的阈值会导致生态系统的退化且不可逆转，当环境污染达到一定的阈值会导致环境质量下降且不可逆转，当温室气体排放达到一定程度会导致气候变暖且不可逆转。因此，必须实施严格的取水总量控制、排污总量控制、碳总量控制。只有这样，才能实现自然资源、环境资源和气候资源的可持续利用、生态平衡和环境改善。

推进生态文明体制改革，必须认识到"增长—污染—保护性增长"是一种否定之否定，"环境保护—减缓增长—更好增长"也是否定之否定。据此，就是要不断寻求凤凰涅槃、腾笼换鸟。而要实现这种超越，就要采取绿色科技创新和绿色制度创新，以创新驱动发展，以创新驱动转型。

3. 推动建立了我国生态文明体制改革的整体性框架

习近平生态文明体制改革重要论述推动建立了我国生态文明体制改革的整体性框架。

在生态文明体制改革方面，实现了从"九龙治水"向"统筹治水"的转变，做到供水与治污的统筹、岸上与水上的统筹、地表与地下的统筹、淡水与海水的统筹；实现了从所有权与管理权的合一到分离的转变，自然资源、环境资源和气候资源通过所有权与管理权的分离实现更加有效的配置；实现了从"运动员"与"裁判员"的合一到分离的转变，通过职能分割形成相互制约的权力结构。

在生态文明机制设计方面，实现了从生态环境管理到生态文明治理的转变，政府、企业、公众作为平等主体参与生态文明建设，生态文明治理体系基本形成，生态文明治理能力显著增强；实现了从市场机制、政府机制、社会机制的割裂到三大机制职能明确、分工合作、相互制衡的格局转变；实现了突出抓生态文明的某个或几个要素到综合推进生态文化、生态产业、生态消费、生态环境、生态资源、生态科技、生态制度、生态乡村、生态城市等各个要素统筹建设的转变。

在生态文明制度建设方面，实现了从单一制度到制度体系的转变，形成了完整的制度体系和制度结构，国外有的制度中国也探索了，国外没有的制度中国也

创新了；实现了正式制度、非正式制度和实施机制从分离到衔接的转变，正式制度的推出均有非正式制度的配合和实施机制的保障；实现了生态文明制度绩效从低到高的转变，不仅经济生态化，而且生态经济化，不仅生态环境安全更有保障，而且生态环境审美不断彰显。

发达国家以几百年的时间实现了工业化，我国以几十年的时间实现了工业化。发达国家在工业化进程中短则花了三五十年、长则花了一百多年的时间实现生态环境质量的根本好转，我国在党的十八大以来总体上实现了环境质量从退化到改善的转折。习近平同志在全国生态环境保护会上讲话指出："党的十八大以来，我们开展一系列根本性、开创性、长远性工作，加快推进生态文明顶层设计和制度体系建设，加强法治建设，建立并实施中央环境保护督察制度，……推动生态环境保护发生历史性、转折性、全局性变化。"这"根本性、开创性、长远性"的谋划实现"历史性、转折性、全局性"的变化，是恰如其分的评价，也是有目共睹的成就。这种举世瞩目的成就与包括生态文明体制改革重要论述在内的习近平生态文明思想是密不可分的。

参考文献

[1] 习近平. 干在实处　走在前列——推进浙江新发展的思考与实践[M].北京：中共中央党校出版社，2006：192，194-195.

[2] 习近平. 之江新语[M]. 杭州：浙江出版联合集团，浙江人民出版社，2007：13，30.

[3] 胡锦涛. 高举中国特色社会主义伟大旗帜　为夺取全面小康社会新胜利而奋斗——在中国共产党第十七次全国代表大会上的报告[N]. 人民日报，2017-10-25.

[4] 中共中央关于全面深化改革若干重大问题的决定[M]. 北京：人民出版社，2013：52.

[5] 中共中央　国务院关于加快推进生态文明建设的意见[N].光明日报，2015-05-06（02）.

[6] 习近平. 关于《中共中央关于全面深化改革若干重大问题的决定》的说明[N].人民日报，2013-11-12.

[7] 魏建华,周亮. 习近平:宁可要绿水青山　不要金山银山[EB/OL]. 中国青年网，（2013-09-07）. http://www.youth.cn.

[8]　习近平. 坚决打好污染防治攻坚战　推动生态文明建设迈上新台阶[N].人民日报，2018-05-09.

[9]　中共中央关于全面深化改革若干重大问题的决定[N].人民日报，2013-11-16.

[10]　习近平. 决胜全面建成小康社会　夺取新时代中国特色社会主义伟大胜利——在中国共产党第十九次全国代表大会上的报告[M].北京：人民出版社，2017.

[11]　生态文明体制改革总体方案[N].人民日报，2015-09-21.

[12]　尽快把生态文明制度的"四梁八柱"建立起来[N].中国青年报，2016-12-03.

生态文明体制改革的进展与展望

⊙ 谷树忠

（国务院发展研究中心资源与环境政策研究所副所长）

一、生态文明体制改革取得历史性进展和成效

（一）生态文明体制改革取得历史性进展

《生态文明体制改革总体方案》于 2015 年出台，系统构建了我国生态文明体制框架和改革路径，明确了 8 个制度领域、47 项制度，是推进生态文明体制改革的纲领性、基础性文件。之后，生态文明体制改革系列专项方案相继出台。目前已出台了近 50 个专项方案，涉及综合、资源、环境、生态、空间等生态文明建设的主要领域。这些方案是从不同角度、不同方面推进生态文明制度改革和建设实践的方向性和突破性文件，特别是生态文明建设目标考核和问责类制度，在转变发展理念、改革考核方式、加大环境保护问责方面发挥着极其重要的作用。同时，旨在加快生态文明建设的配套政策不断推出。在持续推进生态文明体制改革的同时，各部门、各地区以通知、决定等形式，持续地推出本部门、本地区生态文明建设配套政策，将体制改革方案落到实处。

（二）生态文明体制改革取得历史性成效

一是生态文明理念深入人心。特别是以绿水青山就是金山银山为核心内涵

的生态价值理念，正在深入人心，尤其是在经济较为发达或饱受环境污染困扰的地区。"不敢"污染破坏的局面正在全面形成，"不想"污染破坏也已看到苗头。二是生态文明行动日益普及。包括蓝天保卫行动、黑臭水体整治行动、人居环境整治行动等在内的实实在在的行动，已经在全国范围内持续推进，并深受百姓认同和支持。三是资源环境生态形势实现好转。同 2013 年相比，2017年全国 338 个地级以上城市可吸入颗粒物（PM_{10}）平均浓度下降 22.7%；地表水国控断面 I～III 类水体比例增加到 67.9%，劣 V 类水体比例下降到 8.3%。四是助力于经济高质量发展。资源消耗、污染排放、生态占用持续下降，特别是单位 GDP 能耗、水耗、地耗均有不同程度的降低。五是助力于国家形象改善和地位提升。我国在全球绿色发展和生态文明中的角色，已经开始由参与者、贡献者向重要引领者转变。

二、生态文明体制改革的新任务新要求

（一）生态文明新时代新要求

中国特色社会主义建设进入新时代，人民对美好生活的向往和需求将空前增强，百姓对环境污染、资源浪费和生态破坏的容忍度将空前下降，干部特别是领导干部对生态文明建设工作的重视程度将空前提高，国际社会对我国绿色发展和生态文明建设的关注度将空前提高。生态文明新时代已经到来：

一是从客观上看，生态文明建设进入新时代至少有 4 个主要标志。①环境污染趋势总体上得到有效遏制，部分领域（特别是大气和水）、部分地区（特别是珠江三角洲地区）的环境质量逐步好转；②资源浪费现象开始得到治理，节地、节能、节水工作等均取得显著进展，尤其是能耗强度明显下降、土地产出率显著提高；③生态恶化趋势得到初步遏制，以生态保护红线为主体的生态保护格局正在加速形成，国家公园体制开始试行，尤其是森林覆盖率持续提高；④国土空间无序开发的局面得到初步扭转，主体功能区格局正在形成，多规合一试点取得重要进展，空间规划体系的雏形开始显现。

二是从主观上看，生态文明建设进入新时代至少有四个主要标志。①更加关注重视，各级干部特别是领导干部，对生态文明建设工作从漠视到重视，从口头上和文件上重视到思想上和行动重视。②更加积极主动，从被动、消极到主动、积极，从"让我做"到"我要做""积极做"，主动地谋划和积极地实施生态文明建设的行动方案。③更加注重实效，从走过场到真抓实干，从以文件落实文件到认真研读和执行文件。④更加广泛系统，生态文明理念日益普及，从官方到民间、从学者到百姓；生态文明建设工作从主要由环境保护部门为主拓展到几乎所有的部门参与，与经济建设、社会建设、文化建设、政治建设有机地结合起来。

三是从逻辑上看，生态文明建设进入新时代的核心标志是从理念走向实践。生态文明建设涉及理念、制度、理论和实践等诸多方面。不可否认，生态文明领域尚处于理论创新滞后于实践创新、实践创新滞后于制度创新、制度创新滞后于理念创新的局面，亦即普遍存在理念最先进、制度最严格、实践较滞后、理论支撑弱的现象。严格来说，这不是一种正常的逻辑关系，也反映出我国最高领导对生态文明的高度重视和深度思考，以及生态文明制度创新的力度前所未有。进入新时代，特别是党的十九大之后，亟须以理论创新和实践探索支撑新理念和新制度，尤其要加快从先进理念走向科学实践的进程。

生态文明新时代，对生态文明建设的各类主体提出了新的更高的要求：

一是对干部提出了新的更高的要求。要求各级干部特别是领导干部，要自觉地与党中央保持高度一致，以人民为中心，将生态文明建设置于党委和政府工作部署的重要位置，在重要生态功能区、环境敏感区甚至要将生态文明建设放在首要位置，并贯穿于经济建设、社会建设、文化建设和党的建设；要求各级干部特别是领导干部，要从历史负责的高度，谋划生态文明建设大局，制定实施生态文明建设中长期规划，一张美丽绿色画卷绘到底；要求从科学理性的高度，本着尊重自然、顺应自然、保护自然的原则，认真研究制定和全面实施生态文明建设的科学方案，切忌朝令夕改、避免"三拍"（拍脑门决策、拍胸脯表态、拍屁股走人）现象，要科学、有序、高效地推进生态文明建设。

二是对企业提出了新的更高的要求。进入生态文明新时代，企业不再仅仅是发展生产和经济建设的主力军，还应承担起相应的社会责任，特别要承担起节约资源、保护环境、修复生态的生态文明建设主体责任；企业不再仅仅要有良好的照章纳税、按时还贷、准时发薪等经济信用，还要有良好的企业生态环境信用，特别是伴随着企业生态环境信用体系的建立和健全，生态环境信用的好坏直接关系企业的生存与发展；企业不再仅仅要有良好的市场品牌形象，还要树立良好的绿色发展形象，争当资源节约、环境友好、生态保育的生力军和排头兵。

三是对公民提出了新的更高的要求。进入生态文明新时代，每个公民不再仅仅是把吃好穿好玩好作为个人追求的目标，而是将天蓝地绿水清作为共同追求的目标；每个公民不再是把生态文明建设仅仅当作党委、政府的事，而是越来越多地当作自己的事，不再是被动地，而是更加主动地参与到生态文明建设中来，主动必将代替被动；每个公民不再是仅仅出于对法律法规的畏惧，靠"他律"来约束自己的不良行为，而是越来越多地源自对自然的敬畏，靠"自律"来约束自己的不良行为，自律必将替代他律；每个公民不再是仅仅热衷于赚钱、消费并因此而得到羡慕乃至妒忌，而是更多地致力于保护环境、修复生态等善举，并因此而得到赞美乃至效仿，新榜样必然替代旧榜样。

（二）全面贯彻习近平生态文明思想

习近平生态文明思想为今后生态文明体制改革和建设实践提供了重要思想源泉：一是在处理人类与自然的关系时，要践行"生态兴则文明兴"的深邃历史观和"人与自然和谐共生"的科学自然观，更加注重尊重自然、保护自然、顺应自然，从全局、大局、长远的角度审视生态文明体制改革方案的合理性。这就要求生态文明体制改革方案要因地制宜，遵循自然规律、科学规律，决不能过度夸大主观能动性的作用。二是在处理生态环境保护与经济发展的关系时，要践行"绿水青山就是金山银山"的绿色发展观，更加注重生态环境保护及其长期效应，宁可暂时牺牲经济发展，也不能牺牲生态环境，并努力将优良的生态环境转化为现实的经济价值。这就要求生态文明体制改革方案注重经济绿色转型发展，注重培育绿色发展新动能。三是在确立生态文明体制改革目标价值取向时，要践行习近平"良好生态环境是最普惠的民生福祉"的基本民生观，更加注重让广大人民群众获得较多的生态红利，让人民有更多的获得感，同时让生态红利成为新时代高

质量发展的新动能——绿色动能。这就要求生态文明体制改革方案要更加注重生态红利的实现,注重生态文明建设激励机制的建立健全。四是在具体推进生态文明建设过程中,要践行习近平"山水林田湖草是生命共同体"的整体系统观和"实行最严格生态环境保护制度"的严密法治观。一方面要加强部门间、地区间的协调、协同,目标一致、统筹兼顾、齐心协力,高效、持续推进生态文明建设。这就要求生态文明体制改革方案的超越部门性、地区普适性和协同性。另一方面,要依法推进生态文明体制改革的建设实践,同时对现行法律法规中与生态文明建设目标和要求不相符合的地方进行必要的修订和完善。五是在处理国内生态文明建设与国际绿色发展或可持续发展关系时,要践行习近平"共同建设美丽中国"的全民行动观和"共谋全球生态文明建设之路"的共赢全球观,一方面要全力做好国内的生态文明建设,另一方面要注意履行绿色发展,特别是应对气候变化的国际义务,并努力成为世界绿色发展,特别是应对气候变化的重要参与者、贡献者和引领者。这就要求生态文明体制改革方案的国际通用性和世界包容性。

（三）全面适应"三期"叠加新形势

习近平总书记在 2018 年 5 月全国生态环境保护大会上明确指出:生态文明建设正处于压力叠加、负重前行的关键期,已进入提供更多优质生态产品以满足人民日益增长的优美生态环境需要的攻坚期,也到了有条件有能力解决生态环境突出问题的窗口期。今后的生态文明体制改革,要适应"三期叠加"的新形势。

过去五年,生态文明体制改革取得了历史性成就,但也反映出一些问题,这些问题主要反映在两个方面。一方面是体制改革方案设计问题。改革方案的设计,总体上看无疑是科学的,其效果总体上也是显著,但存在一些不足:在约束性与激励性方面,应加强激励性,实现约束与激励并重、并举,尤其要增加市场机制改革方案的供给;在原则性与针对性方面,应加强针对性,突出问题导向,增加细分方案的供给;在普适性与差别性方面,应重视差异性,要增加差异化评价、考核方案的供给;在部门性与系统性方面,应加强系统性、弱化部门色彩,防止碎片化;在集中性与民主性方面,应加强民主性,充分总结吸收地方乃至基层的探索经验。另一方面是体制改革方案执行问题。生态文明体制改革方案的执行总体上是顺利的、有效的，在生态文明建设中发挥了基础性、保障性作用，但调查分析发现也存在诸多问题：存在以文件落实文件的现象，面对应接不暇的专项改革方案和改革督察要求，加之当地相应的基础工作薄弱、推进机制缺乏、改革动力不足等问题，出现以文件落实文件、"套印"国家方案的现象；"零容错"问题，试点工作组织者往往要求试点只能"成功"、不能"失败"，普遍缺乏试错、容错的机制，试点中所遇到的问题、所取得的经验也往往得不到充分反映和吸收；基础薄弱问题，尤其是欠发达地区，资金、技术、设备、人才短缺问题尤为突出。

上述问题，总体上是改革发展中的问题。但如果不能及时很好地解决，也无疑会影响到生态文明体制改革和建设实践的持续顺利有效推进。要充分适应"三期叠加"的生态文明建设新形势，以习近平生态文明思想为根本遵循，持续深入有效地推进生态文明体制改革。

三、持续深入高效地推进生态文明体制改革

（一）适时开展生态文明立法工作

开展生态文明立法工作十分必要。其一，这是充分体现党的意志和国家宪法宗旨的必然要求。新修订的《中国共产党章程》，将生态文明列为"五位一体"总体布局和"四个全面"战略布局的重要组成部分，明确提出统筹推进经济建设、政治建设、文化建设、社会建设、生态文明建设；新修订的《中华人民共和国宪法》明确提出"推动物质文明、政治文明、精神文明、社会文明、生态文明协调发展，把我国建设成为富强民主文明和谐美丽的社会主义现代化强国"。其二，这是依法推进生态文明建设的必然要求。与生态文明建设的实际需求相比，与生态文明制度创新的迫切需求相比，特别是与持续、依法推进生态文明建设的迫切需求相比，生态文明立法进程较为滞后，导致生态文明建设实际工作中"发力心虚"现象的出现。其三，这是消除相关法律间不一致、不协调问题和矛盾、打架现象的必然要求。特别是关于水污染及其监测与防治责任的界定问题、各类用地标准间不统一的问题等，均迫切需要以统一的法律形式明确下来。其四，这是明

确生态文明基本内涵与属性的必然要求。尤其迫切需要系统明确生态文明建设的地位与作用、建设主体与职责、建设方向与目标、基本理念与原则、推进体制与机制的必然要求。

为此，可以考虑从以下几方面入手推进生态文明立法工作：一是明确生态文明立法的基本宗旨，这就是充分体现党对生态文明建设的领导地位与作用，充分体现中国共产党章程关于生态文明的系统表述；充分体现新修订的《宪法》关于生态文明的具体规定，特别是关于生态文明（建设）相关（法律）责任与义务的规定；应突出生态文明基本法的特点，加强对相关资源环境法律的统领作用，消除相关法律间规定的不一致性问题，并对今后《水法》《土地管理法》《矿产资源法》《草原法》及《森林法》等相关法律的修订提供指引。二是明确生态文明立法的基本内容。根据上述要求，结合生态文明体制改革总体设想，参照同类法律，可以将生态文明立法称为"生态文明促进法"，应包括以下主要基本内容：总则，重点明确生态文明的基本内涵与外延、地位与作用、建设主体与内容、建设方向与要求、建设理念与原则、建设的目标与标准等；自然资源资产产权制度；国土空间开发保护制度；资源总量管理和全面节约制度；资源有偿使用和生态补偿制度；环境保护治理与生态修复补偿制度；生态文明绩效评价考核和责任追究制度；法律责任；附则。三是有序高效推进生态文明立法工作，重点加强对立法工作统一综合协调，共同推进生态文明立法研究、起草工作，并充分吸纳各职能部门、各领域专家参与其中，切忌不能成为带有明显部门色彩的法律；对相关法律进行重点梳理，重点对经常出现打架现象的法律及其条文进行系统地梳理，以争取通过制定生态文明立法得以消除；充分吸收地方在此方面的探索实践，福建省的《生态文明促进条例》等可以作为有益的借鉴。

（二）持续有序地推出生态文明体制改革专项方案

今后，生态文明体制改革专项方案的设计制定，应注意五个方面：一是注意方案的修正性与创新性，尤其要根据方案的历史演进性和问题针对性等，对专项方案进行修正性与创新性分析，避免非严格改革意义上的方案。二是注意方案的权威性与有效性，尤其要注意方案的发布者和实际效果等，避免权威性差、有效性低的方案。三是注意方案间的系统性与协同性，尤其要注意同类方案在取向、目标和措施方面的协同性，避免关键方案缺失、方案间重叠、取向不一致、目标不协同等问题。四是注意方案间的逻辑性与时序性，尤其注意因果关系、上下游关系、主要矛盾和矛盾主要方面、一般与特殊、时间关联性等问题。五是注意方案间的结构性与层次性，尤其注意要根据生态文明体制改革的总体方案所确定的结构与层次研究制定专项方案，避免方案错位、层次颠倒。

（三）持续增加生态文明建设激励机制的有效供给

生态文明建设，一方面要持续强化"反向约束"机制，另一方面要大力强化"正向激励"机制，核心是探索研究和总结推广"绿水青山"转化为"金山银山"的机制，包括突出自然资源资产价值的核算体系，更加注重生态环境保护及其重要性的评估考核体系，更加注重资源、环境和生态成本的价格形成机制，更加强调生态系统产品和服务价值的生态补偿机制等。重点建立健全生态产品和服务价值实现的补偿机制、市场机制。

（四）适时适度整合生态文明体制改革专项方案

结合当前机构改革的良好形势，针对生态文明体制改革分散于不同领域、不同部门、衔接不畅的问题，进一步梳理、合并、完善和提炼现有改革，充分发挥制度导向和激励作用；建议国家部委层面根据相关时间表、路线图，及时出台相关政策措施，以便各省（市、自治区）严格执行。

（五）加强对生态文明体制改革和建设工作的统筹

针对目前部分生态文明体制改革领域省级及以下层面难以单独推动完成、难以制定标准以及难以落实操作的具体改革事项，建议由国家层面统一构建制度框架，配套政策体系并给予跟踪督促指导，以在改革推进中尽量避免推动不及时、有反复、走弯路、效果不突出、应用不得力等情况。

（六）及时总结推广生态文明体制改革和建设实践成功案例

建议由经济体制和生态文明体制专项小组牵头，开展年度改革创新案例评选活动，采取案例发布、政府文件、媒体宣传、现场会议等多种形式推介典型改革经验和模式，并对入选年度改革创新案例的地区给予相关改革事项适当的政策自由度，加快形成改革成果推广复制的良好局面。

（七）加强对重点区域、流域的生态文明体制改革的协同推进

例如，在长江经济带围绕"共抓大保护、不搞大开发"，进行以建立健全长江生态环境监测网络体系、改革综合发展考核体系、健全生态补偿机制、加强生态文明建设责任审计等为主体内容的沿江、跨省生态文明体制协同改革；在京津冀地区重点围绕大气污染、水污染治理，进行水流域统一管理、跨地区大气污染治理、排污权交易等体制协同改革。

（八）对欠发达地区的生态文明体制改革给予多方面的支持

特别在干部培训和配备、资金支持和保障、技术装备支持和保障，以及先进经验与模式等方面，由中央有关部门给予特别关注和支持，以确保国家生态文明体制改革和建设进程中所有省区、所有地市州盟都不拖后腿、不掉队。美丽中国，是整个国土的美丽。

（九）持续创新和建立健全生态文明体制改革的推进机制

一是着力加强生态文明体制改革的社会参与机制。在研究设计改革方案时，应充分征求和吸收各级党委政府、专家学者、社会各界的意见和建议，自上而下与自下而上相结合，提高改革方案的参与度、认知度、认同度，从而减少改革的阻力、提高改革的效率。二是建立健全生态文明体制改革的科学评估机制。重点就资源生态环境基础条件评价与发展趋势判断、改革方向与目标、改革重点与措施、改革前景与成效等进行科学的论证、评估、咨询，以提高改革方案的科学性、合理性。目前，虽然已有生态文明体制改革第三方评估，各有关部门亦不同程度

地设有相应的专家组，但常态化的专家论证咨询机制尚未真正建立。三是注意基于试点探索设计体制改革方案升级版。过去 5 年，中央有关部门部署了一系列的专项改革试点，涉及资源、环境、生态和空间等诸多方面。这些试点不同程度取得了进展、成效和经验、教训，对这些试点做法和经验及教训，应予以应有的重视、总结、提炼，并在此基础上对已有的方案进行必要的修正、改进和完善，打造改革方案的升级版，以适应新阶段、更高层次的要求。四是建立健全体制改革试点的试错和容错机制。尽管生态文明体制改革试点已多达数十个，并取得了进展和成效。但调查发现，各试点均反映试点主管部门对试点的要求过严，尤其不允许"修正"试点方案的个别内容，更不允许试点方案执行中"出错"。在实践中，试点方案不可能一开始就包罗万象、尽善尽美，方案本身不可避免地会不同程度地存在"瑕疵""修正"往往是必要的；既然是试点，必然要探路甚至"试错"，试点的"试错"对于规避全局错误是极其有利的，因此要有试错、容错的机制。

我们深信，在以习近平同志为核心的党中央坚强领导下，以习近平生态文明思想为根本遵循，通过群策群力和不断探索，我们一定能建立起科学完备、行之有效的生态文明制度体系，为生态文明建设提供坚实的制度保障，早日实现建成美丽中国的雄伟目标！

以"检察蓝"守护"生态绿"

⊙ 张相军

（最高人民检察院第七检察厅厅长）

习近平总书记强调指出，"保护生态环境必须依靠制度、依靠法治。只有实行最严格的制度、最严密的法治，才能为生态文明建设提供可靠保障"。坚持将生态环境保护纳入法治化、制度化轨道，以法律武器治理污染，用法治力量保护环境，是习近平生态文明思想的显著特征之一。我国检察机关是《宪法》规定的国家的法律监督机关，是公共利益的代表，在依法推动生态文明建设中肩负重要使命、担当重要职责。检察机关作为法治中国建设和保护生态环境公益的重要力量，要通过强化法律监督的具体法治实践，努力用"检察蓝"守护"生态绿"。

一、认真践行习近平生态文明思想，坚持在"五位一体"总体布局和"四个全面"战略布局中思考和谋划生态环境检察工作

习近平生态文明思想，是习近平新时代中国特色社会主义思想的重要组成部分，它强调坚持生态兴则文明兴、坚持人与自然和谐共生、坚持绿水青山就是金山银山、坚持良好生态环境是最普惠的民生福祉、坚持山水林田湖草是生命共同体、坚持用最严格制度最严密法治保护生态环境、坚持建设美丽中国全民行动、坚持共谋全球生态文明建设，从政治和历史上阐释了生态环境保护与国家存亡、国运兴衰之间的密切关系，从"五位一体"总体布局上阐释了生态环境与人民幸

福生活之间的密切关系，从"四个全面"战略布局上阐释了生态环境与国家治理之间的密切关系，为推进美丽中国建设、实现人与自然和谐共生的现代化提供了方向指引和根本遵循，也是做好新时代生态环境检察工作的根本指针。

检察机关践行习近平生态文明思想，必须自觉把生态环境检察工作摆到中国特色社会主义"五位一体"总体布局、"四个全面"战略布局中谋划和推进，才能找准自身定位，始终确保正确方向。近年来，检察机关贯彻落实"讲政治、顾大局、谋发展、重自强"检察工作总要求，主动服务保障"美丽中国""法治中国"重大战略实施，聚焦大气污染、水污染、土壤污染和农村环境综合治理等环境治理重点难点，充分发挥刑事、民事、行政、公益诉讼检察职能作用，对接中央环境保护督察，加强与有关部门协作配合，以专项活动为抓手，不断加大办案力度，为依法打好污染防治攻坚战、深入推进生态文明建设提供了有力司法保障。据统计，2018 年 1—12 月，在刑事检察领域，共批准逮捕涉嫌破坏环境资源保护罪 9470 件 15095 人，起诉 26287 件 42195 人。在公益诉讼案件领域，共立案办理自然资源和生态环境类案件 59312 件，办理诉前程序案件 53521 件，经诉前程序行政机关整改率达到 97%，提起相关民事公益诉讼和刑事附带民事公益诉讼 1732 件。2018 年以来，最高人民检察院先后出台了《关于充分发挥检察职能为打好"三大攻坚战"提供司法保障的意见》和《关于充分发挥检察职能作用助力打好污染防治攻坚战的通知》，会同生态环境部等九个中央部委联合会签下发《关于在检察公益诉讼中加强协作配合依法打好污染防治攻坚战的意见》，在促进生态文明建设和生态环境治理改善中努力发挥更加积极的作用。特别是在推进重点区域流域治理方面，立足国家重点区域流域发展战略，充分发挥检察职能，促进提升京津冀、长三角、三江源等重点区域流域的环境治理水平。如深刻认识开展长江流域生态保护公益诉讼对于保护长江生态环境、推动长江经济带发展的战略意义，最高人民检察院召开长江经济带检察工作座谈会，举办服务长江经济带检察论坛，探索沿江 11 省市建立跨省级行政区划公益诉讼工作机制；会同水利部统一领导共同组织"携手清四乱保护母亲河"专项行动，黄河流域 9 省区检察机关和河长办共同参与，协作联动，坚持以法律的武器治理黄河"四乱"，用法治的力量保卫黄河流域的绿水蓝天，确保黄河生态环境保持健康良好状态。检察

机关的实践探索得到了中央的肯定，福建、贵州、江西、海南等四个国家生态文明试验区建设实施方案中都对生态环境检察工作作出积极评价，提出具体要求。

坚持把生态环境检察工作摆到中国特色社会主义"五位一体"总体布局、"四个全面"战略布局中谋划和推进，要牢牢把握以下方面：一要坚持把践行习近平生态文明思想与践行习近平总书记全面依法治国新理念新思想新战略有机结合起来，作为推进生态环境检察工作的强大思想武器，坚持创新、协调、绿色、开放、共享的新发展理念，坚持"绿水青山就是金山银山"的"两山"理念和双赢多赢共赢的监督理念引领，以理念变革推动新时代生态环境检察工作创新发展。二要围绕中心、服务大局，增强服务生态文明建设的敏锐性和主动性。认真贯彻落实中共中央、国务院《关于全面加强生态环境保护　坚决打好污染防治攻坚战的意见》和全国人大常委会《关于全面加强生态环境保护　依法推动打好污染防治攻坚战的决议》，找准检察工作服务经济高质量发展、助力蓝天碧水净土保卫战、推进重点区域流域治理的结合点、切入点和着力点，找准检察工作定位。三要落实以人民为中心的发展思想，坚持生态为民、法治惠民，把服务群众、造福群众作为生态环境检察工作的出发点和落脚点，运用法治思维和法治方式着力解决群众普遍关心的突出环境问题，不断增强人民群众的获得感、幸福感和安全感。四要改革创新，尊重基层首创精神。在维护生态环境法治整体性、统一性的前提下，鼓励和支持地方检察机关结合所在区域实际，积极探索创新符合生态环境检察规律和具有地方特点的区域流域环境司法协作模式；不断加大对基层创新典型的推广力度，为拓展生态环境检察专业化路径提供有益经验。

二、依法全面履行刑事、民事、行政和公益诉讼"四大检察"职责，以法治手段护航生态文明建设

习近平总书记指出，要"用最严格制度、最严密法治保护生态环境""全面推进依法治国的重点应该是保证法律严格实施""政法战线要肩扛公正天平、手持正义之剑，以实际行动维护社会公平正义，让人民群众切实感受到公平正义就在身边"。检察机关是国家的法律监督机关，通过发挥检察监督职能，依法介入

生态环境保护，保障环境法律法规得以执行和遵守，是检察机关服务生态文明建设大局的重要使命。2018年12月以来，最高人民检察院贯彻落实十九届三中全会精神，适应新时代人民群众日益增长的美好生活需要，推进内设机构系统性、重构性改革，形成了刑事、民事、行政、公益诉讼"四大检察"并行的法律监督总体布局，成为促进包括生态环境检察在内的整个检察工作创新发展的突破口。检察机关要以内设机构改革为新的动力，坚持惩治、防范、保护、教育四措并举，发挥好刑事、民事、行政、公益诉讼"四大检察"对于生态环境的四重保护职能。

一是坚持宽严相济，勇于向环境犯罪亮剑。一方面，对环境污染要用最严厉的法治、最严格的法律责任治理。认真履行批捕、起诉职能，持续严厉打击各类破坏生态环境刑事犯罪，坚决依法惩治盗伐滥伐林木、非法采矿、非法占用农用地、污染环境等破坏生态环境的多发性刑事犯罪；特别是对那些为了追求个人利益，不惜污染整个环境、污染大江大河的要从重处罚，严格追究法律责任。2018年，最高人民检察院贯彻全国人大常委会决议，积极参与污染防治攻坚战，牵头制定办理环境污染刑事案件规范，起诉破坏环境资源保护犯罪42195人，同比上升21%；会同水利部组织黄河流域9省区检察机关与河长制办公室开展"携手清四乱、保护母亲河"专项行动；建立长江沿线11省市检察机关协作机制，出台服务长江经济带发展"10项举措"，指导安徽、湖北等地检察机关办理了一批跨省倾倒固体废物、非法排污、非法采砂等案件，共护"一江碧水、两岸青山"。对重大案件，坚持挂牌督办。2018年，最高人民检察院单独或与公安部、生态环境部联合挂牌督办长江流域系列污染环境案等56起重大环境污染案件，联合国家林业与草原局对10起重特大涉林刑事案件挂牌督办，并赴安徽、湖北、四川督导案件办理。另一方面，贯彻坦白从宽、宽严相济的刑事政策，对犯罪情节较轻，认罪服法，真诚悔罪，且能积极主动修补和恢复生态环境的，依法从宽处理。坚持打防并举，实行打击与教育相结合的方式，对犯罪情节严重的依法及时批准逮捕、提起公诉；在讯问、宣读起诉书和发表公诉意见等诉讼过程中，既要强调犯罪对环境资源破坏的危害性，也要指出改进意见和方法，通过落实宽严相济的刑事政策，既打击犯罪行为，也教育广大群众。

二是整合内部资源，强化生态环境诉讼监督。检察机关担负着对刑事诉讼、

民事诉讼、行政诉讼的法律监督职能，在促进生态环境领域严格执法、公正司法方面负有独特的职能。要加强检察机关内部刑事、民事、行政和公益诉讼检察部门的联动，加强对破坏生态环境案件的诉讼监督，监督负有生态环境资源监管职责的环境保护、水利、国土和林业等部门严格执法，促进人民法院对环境资源案件公正司法。要加大刑事立案监督力度，对行政执法机关应移送未移送的涉嫌危害生态环境的犯罪线索，监督其及时移送，坚决纠正以罚代刑、有案不立、有罪不究等问题。加强对生态环境领域案件的刑事、民事和行政裁判审查和抗诉工作，及时纠正错误；对罚金类刑事判决或经济赔偿、恢复原状的民事类判决，全程监督，及时督促法院执行部门履职，对怠于履职或履职不当的，及时监督纠正。加强生态环境领域行政非诉执行监督，加强对人民法院受理、审查和实施非诉案件的监督，加强对行政机关怠于申请强制执行和人民法院做出准予执行裁定后怠于执行的监督，维护正确的生态环境行政决定和行政权威。

三是履行公益保护崇高使命，大力推进环境公益诉讼。习近平总书记指出，"检察官作为公共利益的代表，肩负着重要责任"。中国检察机关提起环境民事公益诉讼和行政公益诉讼制度是一项世界创举的制度。2014 年，贵州在全国率先探索检察机关提起行政公益诉讼制度，金沙县检察院起诉金沙县环境保护局案，是中华人民共和国成立以来首例行政公益诉讼案件。2015 年全国人大常委会授权检察机关进行了两年公益诉讼制度试点，成效显著，全国人大常委会于 2017 年 6 月通过了修改《民事诉讼法》《行政诉讼法》的决议，正式确立该项制度。2018 年 3 月，最高人民检察院与最高人民法院联合发布《关于检察公益诉讼案件适用法律若干问题的解释》，明确了检察机关提起民事、行政公益诉讼案件的规则。检察公益诉讼制度是中国国情下公益保护的最佳路径选择，符合中国国情，是检察工作主动融入全面依法治国和全面深化改革的有益探索，已形成民事公益诉讼与行政公益诉讼并驾齐驱的基本架构。生态环境与资源保护领域，是检察机关提起公益诉讼的重点。2018 年，全国检察机关共立案办理自然资源和生态环境类公益诉讼案件 59312 件，约占全部检察公益诉讼案件的一半左右，其中办理诉前程序案件 53521 件，经诉前程序行政机关整改率达到 97%，共督促治理被污染损毁的耕地、湿地、林地、草原 211 万亩，督促清理固体废物、各类垃圾

2000 万吨，追偿修复生态、治理环境费用 30 亿元。实践表明，检察公益诉讼在生态环境公益保护体系中发挥着越来越大的作用，作为推动社会治理法治化的制度优势愈发显现，为有效解决公地治理难题、加强公益司法保护提供了中国方案。特别是检察机关树立双赢多赢共赢理念，助力政府依法行政，把诉前实现维护公益目的作为最佳状态，诉前发出公告或者检察建议，促使有关主体提起诉讼、行政机关依法履职，不仅能够及时保护公益，而且能够以最少司法投入获得最佳社会效果。长沙市柏家洲地处湘江饮用水水源一级保护区，污水直排。检察机关发出检察建议后，有关部门全力落实，迅即搬迁岛民、拆除违建、清理餐饮船舶，携手打了一场"碧水保卫战"。同时，将提起诉讼做成生动法治课，对于诉前检察建议不能有效落实的，就以诉讼、庭审接力推动问题解决，警示一片、教育社会。重庆市荣昌区濑溪河沿岸禁养区内 286 家养殖户违规经营，直排畜禽粪便污水。检察机关向 16 个镇街发出检察建议，对其中怠于履行环境监管职责的古昌镇政府提起公益诉讼，获得庭审支持，促进了禁养区内河流污染的全面治理。

环境公益诉讼制度是运用法治思维和法治方式解决环境污染问题的重要制度设计，是推进国家治理体系和治理能力现代化的重要举措，也是新时代检察工作"转型升级"的强大驱动力。2019 年全国人大常委会将听取和审议公益诉讼检察工作情况报告。要以此为契机，深化检察机关提起公益诉讼制度改革。倡导行政公益诉讼既是督促之诉也是协同之诉的理念，以督促保护公益为核心，依法充分发挥公益诉讼诉前程序作用，对于涉及行政机关违法行使职权或者不履行职权的情形，通过约谈、圆桌会议、听证等方式，激发行政机关的整改积极性，推动其主动履职纠错，及时修复受损的生态环境。继续推动建立跨省级行政区划生态环境和资源保护行政公益诉讼等工作机制，破解全流域、跨区域公益保护难题。研究完善生态环境损害司法鉴定工作机制，推动解决环境损害鉴定少、费用高、周期长等问题。

四是引入恢复性司法理念，建立恢复性司法机制。"恢复性司法"是发端于20 世纪六七十年代北美地区的一种理论，后迅速在英美法系国家付诸司法实践。它不同于传统司法的"惩罚"，其核心思想是"恢复"。在一些国家，恢复性司法已经进入环境刑事司法的主流渠道，甚至被有的学者奉为"现行环境刑事司法的

全功能替代模式"。这一理念引入我国后，首先被运用于未成年人犯罪研究和刑事和解案件办理中。近年来，面对破坏环境及相关犯罪的高发、频发态势，司法机关在惩治生态环境犯罪时也引入恢复性司法理念,在打击犯罪的同时,推行"补植复绿、恢复生态"。2015 年，最高人民检察院要求,全国各级检察机关要积极探索，把恢复性司法理念运用于生态环境司法保护实践，努力实现惩罚犯罪与保护生态环境双赢。司法实践中，一些地方检察机关坚持修复为重，探索补植复绿、增殖放流、限期修复、劳务代偿等多元修复责任承担方式，督促被告人积极履责，取得了良好效果。如福建生态检察工作首创"专业化法律监督+恢复性司法实践+社会化综合治理"——"三位一体"的福建生态检察模式;江西检察机关将恢复性司法理念引入生态检察工作，推动建立"补植复绿"等生态修复补偿机制，实现惩治犯罪与保护生态环境的"双赢"。贵州省检察机关在办案中贯彻恢复性司法理念，加强对犯罪嫌疑人的教育，推动"补植复绿"，促进生态环境综合治理。在浙江，恢复性司法的理念被越来越多地用于生态环境保护的司法实践，为了教育非法捕捞者知错即改，积极修复渔业资源和水域生态环境，检察机关会同渔政执法部门督促非法捕捞者放养鱼苗，偿还"环境债"，达到了保护生态和惩罚犯罪的双重效果。截至 2018 年 12 月底，共有 30 个省、市、自治区的检察机关会同法院、公安、环境保护等部门建立生态环境恢复性检察工作机制 2327 个，建立各类生态环境修复基地 459 个。2018 年，共补植复绿树木 8591 万株，增殖放流鱼苗 7467 万尾，恢复耕地 8.4 万亩，当事人缴纳生态修复费用 3.6 亿元。

"谁污染、谁治理;谁破坏,谁恢复"，是生态环境保护和治理的黄金法则。将恢复性司法理念引入生态环境保护领域，统筹适用刑事、民事、行政责任，最大限度地修复生态环境，有条件地对损害环境行为人给予从宽处理，是落实以生态环境修复为中心的损害救济制度，破解"企业污染、群众受害、政府埋单"困局的重要创新。针对当前生态环境领域恢复性司法理念在落实中与传统刑事司法理念存有冲突，法律依据不充分，配套制度建设不尽完善等问题，要扭转生态环境检察工作以传统打击为主、生态修复为辅的理念，逐步向"打击与修复并重"转变，在从严打击破坏生态环境犯罪的同时聚焦受损生态的恢复进行保护性司法。适应生态环境修复要求的多样性，加强法律保障，进一步完善环境资源类犯罪的刑罚措施，探索更多的非监禁处罚措施，逐步解决恢复性司法的法律障碍。优化生态环境检察恢复性司法工作模式，完善恢复性司法的评价监督机制，注重对受损生态修复情况的结果运用，建立健全社会多方参与的生态检察恢复性司法综合治理机制。尤其是明确规定对主动实施恢复性补偿的犯罪人，以及依照协议规定严格履约的犯罪人，视情况提出酌定不起诉的建议或酌定从轻处罚的量刑建议。

三、坚持源头治理，强化检察机关执法办案与社会治理有效对接，推动落实生态文明建设长效管理机制

习近平总书记强调，要"积极构建政府为主导，企业为主体，社会组织和公众共同参与的环境治理体系"。建设社会主义生态文明，关系各行各业、千家万户，既需要政府自上而下的制度设计，也需要群众自下而上的全民行动，让美丽中国建设深入人心，形成人人参与、人人共享的强大合力，营造人人、事事、时时崇尚生态文明的社会氛围。检察机关作为国家的法律监督机关，在促进行政机关依法行政，促进公民守法等环境治理方面发挥着其他部门不可替代的独特作用。

一是结合办案，促进生态环境源头治理。生态文明制度强调系统完整，覆盖从源头严防到过程严管、再到后果严惩全过程。要坚持将个案办理与区域治理有机结合，强化检察机关司法办案与社会治理的有效对接，结合具体案件的办理及时向相关部门发出检察建议，通过发现并解决个案背后的共性问题、普遍性问题，推动落实长效管理机制；通过督促相关部门完善制度，堵塞漏洞，促进生态环境建设、经济管理等领域的社会治理创新。要加强调查研究，分析生态环境建设存在的问题，提出对策建议，为党委、政府提供决策参考。要推动生态环境执法与司法衔接机制建设，依托信息平台探索建立生态检察数据库。尤其是要顺应互联网、大数据、云计算、人工智能、区块链等现代科技发展趋势，建立生态环境执法司法信息交流共享平台，完善互联网时代环境治理运行体制机制。

二是落实"谁执法谁普法"普法责任制，促进提升全社会生态文明法治意识。党的十八大以来，人民群众对生态环境问题的关注度之高前所未有，但公民的环境权利意识和参与意识相对较低，生态环境认知水平和认知程度十分有限，特别是当生态环境污染没有损害自身利益时，多数人或漠不关心或持消极态度。生态环境法治的实现，主要依靠全民守法的行为，全民守法也有利于进一步促进执法与司法资源的节约。贯彻落实习近平生态文明思想，应当把促进提高全民环境法治意识作为源头治理的基础工程，落实"谁执法谁普法"普法责任制，面向社会切实加强生态文明法治宣传教育，推动培育全社会生态文明法治意识。要创新形式、注重实效，通过以案释法、法律文书上网、发布指导性案例和典型案例、检察宣告、检察建议公开送达等形式，开展有关法规及环境保护知识的普及教育，引导公众深度、有序参与生态环境保护，畅通公众参与举报、揭发破坏环境资源犯罪的渠道，提高群众及全社会的法治、环境保护意识，鼓励和提高群众参与生态环境建设及保护资源的积极性。

三是促进完善生态环境保护社会参与制度。环境治理不能靠政府单打独斗。环境问题上的"政府失灵"所导致的政府决策权滥用和公众参与权缺失是造成环境法治困境的症结所在。当前，人民群众对生态环境信息、知识、文化的需求之强前所未有。2015 年起实施的《环境保护法》专门增加了一章"信息公开和公众参与"，首次规定了"公民、法人和其他组织依法享有获取环境信息……的权利"。生态环境保护信息公开事关人民群众的知情权、参与权、表达权和监督权。在促进提升公民环境法治意识的同时，检察机关应当结合司法办案，针对政府赋予公民程序性环境权的不足，积极提出检察建议，促进政府完善环境保护配套系统，确保相关政策措施有效运行，推动公民环境知情权、环境事务参与权、环境请求权和公众监督权等权利的实现，促进公众理性认识和科学参与生态环境保护。

四是推动完善环境资源纠纷多元化解机制建设。检察机关法律监督职责，不仅贯穿环境刑事诉讼全过程，而且在行政检察和公益诉讼检察职责中，发挥着"一手托两家"双重功能，既监督人民法院公正司法又监督行政机关依法行政，在促进解决生态环境资源矛盾纠纷方面发挥着其他机关不可替代的重要作用。要坚持和发展新时代"枫桥经验"，加强对涉及生态环境保护领域矛盾纠纷化解力度，推动整合社会各方力量与资源，推动调解、仲裁、行政复议、行政裁决、行政诉讼、检察监督的有机衔接，形成信息互通、资源共享、优势互补、协作共赢的生态环境资源纠纷多元化解机制，防止环境资源矛盾纠纷因调处不当而引发民转刑案件或者群体性上访等激化升级问题。

四、加强专业化建设，建立一支具有较强环境专业知识与综合法律素养的生态环境检察官队伍

生态环境领域案件涉及面广、专业性强，涉及环境保护、国土、林业、水利、大气等诸多领域的专业知识及相关法律法规，案件证明标准高，办案难度大。加强生态环境检察工作，需要在组织机构建设和检察官专业化能力建设两个方面着力。

一是成立生态环境检察法律监督专业部门。专门化检察机构是提升生态环境检察专业化水平的平台和载体。如浙江省湖州市检察院在全省率先建立覆盖市、县两级的驻生态环境局检察官办公室，建立案件会商、信息共享、线索移送等日常联络工作机制。浙江省衢州市检察院围绕构建"打击、修复、预防、保护"四位一体的工作格局，推行"专业化法律监督+恢复性司法实践+社会化综合治理"的工作模式，推动全市两级检察院建立履行"批捕、起诉、诉讼监督、犯罪预防、参与社会综合治理"五方面职责的生态环境检察专门机构或专门办案组。同时，围绕本市涉林案件多发、污染环境案件增多的特点，积极争取相关部门支持，在全市两级森林公安机关及衢州绿色产业集聚区设立检察官办公室，推进检力下沉，在不同领域搭建新的工作平台。贵州在全国率先成立专门生态保护检察机构37个，覆盖了重点生态功能区、重点河流流域和重点森林区，走出了一条生态环境专业化司法保护的"绿色通道"和"改革新路"。针对当前生态环境资源问题严峻、案件多、社会关注度高、专业性强、领域新、工作机制规律探索任务重、检察机关内设机构改革等实际情况，在有条件的地方成立生态环境检察部门，由专门的检察人员办理破坏生态环境刑事案件，实行"捕、诉、监、防"一体化工

作模式，在保证办案质量的同时兼顾办案效率，对破坏生态环境违法犯罪实施精准打击。

二是培养专门人才。生态环境保护问题的广泛性、复杂性、多样性决定了生态环境检察工作的专业性和复杂性。对于生态环境保护，检察机关几乎要面对所有的环境监管部门，其业务精细化与业务对象的多样性决定着生态环境检察必须走向精细化和专门化之路，努力培养一批精通环境案件办理的专家型、复合型人才。如果从事生态环境案件办理工作的检察人员，只有单一的法学背景，缺乏生态环境资源领域专业知识，对行业标准、监管规定不熟悉，对行政执法监测数据不敏感，就会影响对案件作出准确判断，影响有效打击犯罪。当前，生态环境检察专业人才短缺是制约检察职能作用发挥的一个明显短板，亟须培养补充专业人才。必须坚持把提高生态环境检察队伍的司法能力放在突出位置来抓，突出实战、实用、实效导向，围绕培养更强的专业素质、专业能力、专业思维和专业精神，加强分级分类培训，加强岗位练兵，加强实践磨砺，丰富知识结构，全面提升法律政策运用能力、防控风险能力、群众工作能力、科技应用能力、舆论引导能力。适应生态环境保护综合保护的需要，围绕增强职业共同体意识，会同生态环境部门、公安机关、人民法院建立健全生态环境保护执法司法人员联合培训机制，推动形成包括环境保护警察、环境保护检察官、环境保护法官在内的系统化的环境保护执法司法专业队伍，为环境保护司法专业化建设提供有力的人才保障和支持。

习近平生态文明思想指引下的环境公益诉讼制度研究

⊙ 吴在存

（北京市第一中级人民法院党组书记、院长）

习近平生态文明思想是构建我国环境公益诉讼制度的根本遵循。坚持习近平生态文明思想，就是要将这一思想中的科学自然观、生态民主观、绿色发展观、生态法治观自觉落实到环境诉讼制度构建和完善过程之中。为此，我们一定要坚持公益维持理念，坚持"共享""共治"的公益民主理念，坚持预防为主的绿色公益理念，坚持维护国家生态安全理念，科学构建公益诉讼制度以及亟待完善的各项具体措施。最终，让环境公益诉讼成为构建"美丽中国"的一把利剑，成为环境保护"共享""共治"的锦囊密钥，成为人民法院参与国家治理的重要手段。

一、习近平生态文明思想的丰富内涵及重要价值

建设生态文明既要坚持科学世界观的指引，也要有科学方法论的支撑；既要有绿色发展的理念导向，也要有公众参与、公益民主的实践路径，当然最终更离不开法律制度的有力保障。只有整体性、系统性、全局性地把握习近平生态文明思想，才能在具体的环境保护司法中充分贯彻落实好这一新时代的中国特色社会主义思想。

环境公益诉讼制度虽然在学理上讨论已久，但落实在法律制度层面应属

2012 年修订的民事诉讼法。由于民事诉讼法的规定较为原则，可操作性有限，因此，亟须在司法实践中探索构建并逐步完善相应的公益诉讼制度。习近平生态文明思想对于构建、完善环境公益诉讼制度，具有重要的指导意义：

第一，习近平生态文明思想的科学自然观是构建、完善环境公益诉讼的最高价值目标。公益诉讼在生态环境领域表现为环境公益诉讼，它当然是以生态环境的公共利益为制度旨趣而建构。习近平生态文明思想科学自然观所体现的尊重自然、顺应自然、保护自然，构建可持续发展、人与自然和谐共生的文明发展思想，必然就成为生态环境体系中最大的"公共利益"体现。探索完善环境公益诉讼的主体资格问题、公益诉讼的范围、损害赔偿等制度都必须以科学自然观为指引，确保环境公益诉讼制度真正发挥实效。

第二，习近平生态文明思想中绿色发展观是构建完善公益诉讼具体制度，切实平衡发展与保护关系的思想基础。绿色发展观要求平衡发展与保护之间的矛盾和关系，但公益诉讼往往立足于公益损害之上，其制度价值与传统侵权领域的价值一脉相承，即强调损害的填补与法律的惩罚。坚持绿色发展观，就是要求我们在探索、设计具体的制度过程中，坚持激励与惩罚的并重，保护与发展的平衡。最高人民法院要求探索研究"根据赔偿义务人主观过错、经营状况等因素试行分期赔付，探索多样化责任承担方式"，这是平衡激励与惩罚关系的体现，展现了绿色发展观的生态文明思想要求。

第三，习近平生态文明思想中的生态民主观，是建构完善公益诉讼具体制度，实现公众参与、公益民主，践行以人民为中心理念的有力保障。对环境保护而言，单纯依靠公权力干预，作用是有限的，从各国公益诉讼本身的发展和规范结构上也可以看到，从公益诉讼诞生之时起，公众参与就被作为一种重要因素加以考虑，实质就是将环境保护的公共权力进行了重新配置，赋予了公众广泛的治理权限。坚持习近平生态文明思想的生态民主观，就要求我们在设计制度时，尽可能考虑到公众参与司法的程序和形式，有效遵循公益民主、公众参与的现代环境治理之路。

第四，习近平生态文明思想的生态法治观，是坚持依法治国，通过法治完善环境治理的现代治理体系的根本保障。在生态环境领域，"实行最严的生态环境保护制度，体现最严生态法治观，既表明了中央推进生态文明建设的坚定决心，也抓住了运用法治思维和法治方法这个'牛鼻子'"。因此，人民法院必须以习近平生态文明思想对于加强生态环境保护制度建设和法治保障的要求为指导，切实贯彻节约资源和保护环境的基本国策，不断创新公益诉讼的体制机制，不断完善环境民事公益诉讼的审判程序，不断落实专业化审判队伍建设，落实好最严格的源头保护、损害赔偿和责任追究制度，不断提升新时代生态环境保护的司法服务和保障水平。

二、习近平生态文明思想指导下，人民法院构建、完善环境公益诉讼制度的基本理念

一是要坚持"时间性、持续性、完全性"的公益维持理念。环境公益诉讼的根本目的在于对生态环境的保护，包括被侵害生态环境的恢复原状、正在侵害的停止侵害、将要侵害的妨害预防。环境公益诉讼一旦启动，表明受损的生态环境已经具有现实危害性和保护的紧迫性。环境公益诉讼一旦进入司法领域，法律即应当将公益保护放在首位，而非将判决的惩罚和评价功能放在首位。因此，法院应该坚持公益维持理念。从维护环境公共利益的角度考虑，公益维持不仅仅涉及社会组织本身的能力不足或动机不纯的问题，而且应当包括在诉讼中如何恰当行使审判权，使环境公共利益的保护被优先考虑。为此，我们除了适当放宽对社会组织诉讼主体资格的认定标准，尽量提升社会组织公益诉讼的积极性和主动性之外，还应当坚持"时间性、持续性、完全性"原则，即提倡诉讼效率，强调调撤的快捷性；不可中断要求反对任意撤诉，强调保护的持续性；反对降低公益修复值，强调生态修复优先，强调审判结果的合目的性。

二是要坚持"共享、共治"的公益民主理念。公众参与是当今世界各国较为普遍遵循的环境法的基本原则，一般是指"公众有权通过一定的程序或途径参与一切与公众环境权益相关的开发决策等活动，并有权得到相应的法律保护和救济，以防止决策的盲目性，使该项决策符合广大公众的切身利益和需要。"在习近平生态文明思想的指导下，2014 年新修改的《环境保护法》新增的第五条明

确规定"环境保护坚持保护优先、预防为主、综合治理、公众参与、损害担责的原则。"以立法形式正式确认公众参与的环境保护原则。"可以预见，其对于我国未来长期坚定、充分、有效的动员公众依法参与到环境保护的事业中，有助于逐步形成和完善'政府—企业—公众（社会）'互动的新型环境保护格局。"

三是坚持"保护优先、预防为主"的绿色公益理念。环境公益诉讼一旦启动，表明受损的生态环境已经具有现实危害性、保护的紧迫性，而"大规模的污染环境、破坏生态违法行为所导致的损害结果，依靠金钱赔偿和环境修复等救济措施，无法达到令人满意的效果。"因此，确立"保护优先、预防为主"的绿色公益理念十分必要，在实践中，必须严格以民事诉讼法第一百条、第一百零一条为依据，依法及时采取行为保全、先予执行等措施，预防环境损害的发生和扩大。并充分发挥行政公益诉讼的作用，有效监督行政机关依法行政，对已经产生或者将要产生的生态环境破坏行为及时行使公权力予以制止。

四是坚持维护国家生态安全理念。国务院于 2000 年 11 月颁发《全国生态环境保护纲要》，首次发布了"维护国家生态环境安全"的任务和目标。习近平总书记在 2018 年 5 月举行的全国生态环境保护大会上，旗帜鲜明地提出要在 21 世纪建成"生态安全型社会"。可以说，"生态安全体系"就是"国家安全体系"的基石和屏障。人民法院要从维护生态安全角度，发挥审判职能作用，通过不断健全环境资源审判体制机制，完善环境资源专门化审判机制，推动环境资源刑事、民事、行政专门化审理，妥当协调当事人应当承担的刑事、民事、行政法律责任，促进生态环境的一体保护和修复，为坚决打好污染防治攻坚战、打赢蓝天保卫战、打好碧水保卫战、扎实推进净土行动、打好农业农村污染治理攻坚战提供有力司法保障。

三、习近平生态文明思想指导下，人民法院构建环境公益诉讼制度的初步成效

公益诉讼制度实施以来，人民法院在习近平总书记系列重要讲话精神，特别是习近平生态文明思想指引下通过理论研究、实践探索，为环境公益诉讼打造了

"四梁八柱"，最高人民法院构建了环境公益诉讼的基本制度措施，对环境公益诉讼的审理以及对生态环境的保护，发挥了重要作用。

一是通过依法审理环境公益诉讼案件，妥善处理一批严重的生态环境污染问题。据统计，从 2015 年 1 月至 2018 年 9 月底，全国法院共受理各类环境公益诉讼案件 2041 件，审结 1335 件。其中社会组织提起的民事公益诉讼案件 205 件，审结 98 件；检察机关提起的公益诉讼 1836 件，审结 1237 件。这其中包括，被称为"天价赔偿"的泰州公益诉讼案，引起中央震动的腾格里沙漠污染系列公益诉讼案件，广受普通百姓关注的山东德州晶华集团振华有限公司大气污染民事公益诉讼案，涉长江经济带高质量发展的系列水污染公益诉讼案等。通过法院审理，相关责任人均被判决承担环境修复或可替代修复方案，甚至承担了高额的环境修复费用，及时有效地保护了生态环境，解决一些长期存在的环境问题。

二是通过依法审理环境公益诉讼案件，环境资源的司法能力不断得到提升。根据最高人民环境资源审判庭统计，2017 年下半年以来，各地环境资源审判专门机构数量继续迅速增长。截至 2018 年 12 月底，全国 31 个省、直辖市、自治区人民法院设立环境资源专门审判机构共 1271 个，其中审判庭 391 个，合议庭 808 个，巡回法庭 72 个。257 个基层人民法院、110 个中级人民法院、23 个高级人民法院设立了专门环境资源审判庭。同时，2017 年下半年以来，各级法院加强法官遴选、法官培训、专业辅助队伍建设，通过专业化培训，使得环境审判能力和专业化水平不断提升。另一方面，技术专家在事实查明、因果关系认定、修复方案的选择、修复成果的验收等方面的作用得到明显加强，为审判人员依法妥当行使自由裁量权提供了专业依据和智力支持，其主要方式包括"由专家担任人民陪审员直接参与案件审理；作为当事人一方或双方申请的专家辅助人；作为专家咨询委员会或专家库成员，为审判人员提供咨询意见。"

三是通过依法审理环境公益诉讼案件，不断完善创新环境公益诉讼制度。在腾格里沙漠污染的系列公益诉讼中，提起诉讼的主体中国生物多样性保护与绿色发展基金会，当时引发了广泛争议，最高人民法院通过该案明确对于社会组织是否具备提起环境民事公益诉讼的主体资格，应当重点从宗旨和业务范围是否包含维护环境公共利益，是否实际从事环境保护公益活动，以及所维护的环境公共利

益是否与其宗旨和业务范围具有关联性等三个方面进行认定,首次通过具体案例从司法层面明确了环境民事公益诉讼主体问题判断标准,推动了环境公益诉讼制度的发展,对于环境民事公益诉讼案件的审理具有重要的指引和示范作用。

四是通过依法审理环境公益诉讼案件,不断丰富公众参与的内涵与渠道。在常州市环境公益协会与储卫清、常州市博世尔物资再生利用有限公司等环境污染责任纠纷案中,人民法院要求评估公司出具三套环境生态修复方案,并将三套方案在受污染场地周边予以公示,并到现场以发放问卷的形式收集公众意见,并最终将公众意见作为重要参考并结合案情最终确定了环境生态修复方案。在江苏省连云港市连云区人民检察院诉尹宝山等人非法捕捞水产品刑事附带民事诉讼案中,人民法院将生态修复方案通过地方新闻媒体、法院官方微博、微信公众号等方式向社会公开,广泛征求公众的意见,确认了相关职能部门出具修复方案的科学性、合理性,开创了引导社会公众参与环境司法的新机制。

五是通过依法审理环境公益诉讼案件,保护优先的理念得到更加有效的落实。正如吕忠梅教授所言,"环境修复需要持续性的投入和检查,法院难以长时间进行跟踪监督和执行。"在"天价赔偿"的泰州公益诉讼案件中,二审法院部分改变了环境修复费用的履行方式,采用了部分延期履行和有条件抵扣方法,引导和鼓励企业主动开展环境保护技术改造,从源头上降低污染环境的可能性,符合环境法预防为主、防治结合的原则和理念,考虑到了司法效果、社会效果与环境效果的统一,具有一定的积极意义,可视为对环境侵权责任履行的一种创新性探索,较好地体现了法官司法智慧。

四、深入落实习近平生态文明思想,进一步完善环境公益诉讼制度的实践路径

(一)完善环境公益诉讼的理论体系和理念基础

一是充分认识习近平生态文明思想所体现的哲学特质,并以此构建环境法以及环境公益诉讼的理论基础体系。前文已述,习近平生态文明思想包含丰富的理

论内涵，其中，"人与自然和谐共生"的科学自然观具有强有力的哲学反思与批判特性。西方哲学在传统上一直强调人的"主体性"问题，并以主体的"人"为第一视角探讨对象的属性，人与对象的关系以及人如何认识对象，带有"人类中心主义"的立场。然而，习近平结合马克思主义以及中国传统哲学提出的"生命共同体"理论，"站在主体与客体辩证统一的高度，将人类与自然万物统一于'生命共同体'这个深远宏大的概念中，揭示了人与自然的本质关系及人类认识世界的正确方式，实现了对西方生态伦理学两大对立学派——人类中心主义与自然中心主义思想的超越，并弥合了这两种思想长久以来的根本对立。"如果说，任何国别、任何时期的法律制度都奠基于时代的哲学思想之上，那么在今天如何完善环境法以及环境公益诉讼制度体系，也同样必须立基于习近平生态文明思想这一新时代的哲学思想之上。诚如吕忠梅教授所指出的，"环境法律关系的客体具有一定主体性。建立于传统哲学基础上的法律关系理论，不承认客体的独立价值。环境法以环境哲学为基础，在坚守法律'以人为本'的根本宗旨、将自然环境作为人的认识对象和实现人类发展手段的同时，重视自然环境的自身价值，要求建立'人—自然—人'的双重和谐关系。这种观念下的环境法律关系客体，不再是主体任意支配的对象。"因此，如何构建公益诉讼的基本理论体系，需要我们以新的哲学基础、新的理论视角去诠释人与自然的辩证关系。

二是理顺环境法律制度与传统法律制度的关系。目前司法实践中，环境公益诉讼普遍援引《侵权责任法》作为实体法依据。但通过侵权制度思路处理环境侵权或者环境公益诉讼有很多难以解释的理论问题，例如，从侵权法的角度理解，生态环境损害到底侵犯了何人的何种权利或者利益？如果解释为侵犯了环境公共利益，那么何为公共利益？直接以公共利益作为侵犯的客体在法律制度中是否太过于宏大也太过于模糊？等等。目前《生态环境损害赔偿制度改革方案》已在试行之中，试点方案授权省以及省以下人民政府，以国家自然资源所有权人的身份提起诉讼。但公益诉讼区别于传统民事诉讼之不同，在于其享有原告诉讼资格的主体来源于法律技术之拟制，其在实体上并非公共利益的"私有者"，即原告和实体权利的分离。在此基础上，当省以及省以下人民政府，具有国家自然资源所有权人的身份，从而提起生态环境损害赔偿诉讼时，必然产生的一个问题就是，

生态环境损害赔偿诉讼和环境公益诉讼之间的关系到底是什么。生态环境损害赔偿诉讼的建立是否意味着环境公益诉讼成了所有权保护之外的一种附属的诉讼，其范围是否会受到很大的挤压？这些疑问都要求我们未来在完善环境公益诉讼制度时，充分认识环境公益诉讼与传统法律之间的区别，仔细审慎侵权责任法与生态环境损害赔偿之间的异同，合理构建完善环境公益诉讼制度。

三是继续完善生态损害的赔偿制度，保证环境公益诉讼的制度价值得到最大程序的实现。《最高人民法院关于审理环境民事公益诉讼案件适用法律若干问题的解释》规定了生态环境损害的责任承担方式，最为重要的是法院可判决被告自行修复或者采取替代性修复方案或者直接判决生态环境修复费用。但是，生态修复涉及内容众多、程序复杂，既包括诉讼阶段的生态环境损害调查确认、污染环境或破坏生态行为与生态环境损害事实间的因果关系分析、生态环境损害实物量化等，也包括判决内容中的生态修复目标确定、生态修复费用判定、生态修复方案制定以及裁判执行阶段的生态修复方案实施、生态修复效果评估等。因此，在下一阶段，应考虑培育扩大专业鉴定评估机构，或者组成临时专家组，在保证费用的前提下，强化修复方案的可行性以及修复效果的最大化。在修复过程中，强化监督力度，认真组织验收，保证修复的结果达到预期。关于修复资金的管理，"一方面要着眼长远，继续推动在全国范围内建立统一环境修复资金的管理制度。另一方面又要立足现实，可以考虑依据《土壤污染防治法》《生态环境损害赔偿制度改革方案》的规定，探索将环境修复资金交由土壤污染防治基金管理或纳入生态环境损害赔偿资金的管理体系。"

四是进一步坚持以类型化案例带动专业化审判格局的形成。当前，最高人民法院不断推进环境资源审判体制机制的建设。实践中随着专业化审判部门、审判团部的建设以及技术专家的引入，专业化、精细化的审判模式逐渐形成。但是，生态环境保护涉及各个地方法院，不同地方法院的审判思路未必一致，审判技术也参差不齐，技术专家也未必能时时出庭参与诉讼。因此，构建完善的环境公益诉讼指导案例体系，发挥典型案例对审判实务的指导价值，将是现阶段我国完善环境公益诉讼案件审理机制的最优选择。下一步，我们建议进行类型化案例分析研究，确定同类侵害行为、同类受损事实背景下法律的一般处理原则以及技术上可行性的做法，从而为其他法院审理提供技术支撑，并带动专业化审判的全面形成。

（二）完善环境公益诉讼的具体制度

一是严格审查限制当事人处分权的行使，确保公共利益不受损害。公益诉讼中，对公益是实体处分涉及公共利益，必须严格予以限制。一是要以公共利益的实现程度决定处分权的行使。如果原告的诉讼请求通过和解确已实现或者通过被告的行为已经恢复或者消除危险，则可以准许原告撤诉。原告撤回部分诉讼请求无碍公益维持原则的，也应该予以准许。二是要平等对待检察院和其他组织。检察院的撤诉同样要符合公益维持的原则。检察院对公益诉讼撤诉权的行使会使法院对公益维持的职权主义审查落空，不符合公益诉讼的根本目的。

二是继续完善检察院提起公益诉讼的程序。检察院提起的民事行政公益以及行政公益诉讼应该符合民事诉讼法以及行政诉讼法的基本要求，虽然检察院依据宪法履行法律监督的职责，但是在公益诉讼诉权的来源上最终还是依托于基本的民事、行政诉讼法。因此，检察院在诉讼中应属原告资格。对检察院的身份主体地位一直争论很多，《最高人民法院、最高人民检察院关于检察公益诉讼案件适用法律若干问题的解释》下发之后，检察院在公益诉讼中的地位逐渐明确，但仍然还有讨论的空间。比如，既然属原告，那么法庭设置以及判决文书究竟表述为"原告"还是"公益诉讼人"？再如，上下级检察院在是否上诉、是否撤诉以及对事实和法律问题的见解出现不一致时，应该如何协调？应以上级院为最终意见，还是以提起诉讼的下级院的意见为准，还是等待检察院之间协调沟通，法院中止程序？这些都需要进一步的细化。在检察院提起的行政公益诉讼中，"要注意发挥诉前程序督促行政机关履职的积极作用，审查行政公益诉讼起诉书中诉讼请求的内容是否与诉前程序检察建议书的建议内容一致。如不一致，应向人民检察院释明。"在审核诉前程序时，要客观公正，既要考虑行政机关的实际履职情况，还要考虑行政机关履职能力，"应考虑行政机关接到检察建议后是否已经及时启动行政处罚的立案、调查等程序，是否存在未能在两个月内履职完毕的客观障碍。对于恢复植被、修复土壤、治理污染等特殊情形，被诉行政机关主观上有

整改意愿，但由于受季节气候条件、施工条件、工期等客观原因限制，无法在检察建议回复期内整改完毕的，不宜简单认定为未依法履行职责。"

三是探索复合制诉讼模式。环境公益诉讼涉及多元主体之间的权利义务纠缠。一起因污染导致的生态环境损害，既可能涉及个别权利人的私利，亦可能导致作为公共利益的生态系统受损，既可能涉及侵权问题，亦可能涉及刑事问题，还有可能涉及监管部门履职不力而导致的行政问题。从诉讼效率角度出发，将一起环境污染分别置于不同的诉讼程序中去单独解决，显然耗时耗力。因此，"建立人与自然环境共生共进，实现环境问题实质性交互整合的生态整体保护，成为当前我国环境诉讼立法面临的一项重要使命。"基于公私益受损基于生态环境损害这一基本事实，有学者建议：采用环境民事公私益诉讼合并审理方式化解现行分离式诉讼面临的困境，无疑是当前最为妥当方案，也能为最终专门环境（民事）诉讼程序立法和研究积累经验。"同时，除了检察院提起的民事公益诉讼以及行政公益诉讼之外，《最高人民法院、最高人民检察院关于检察公益诉讼案件适用法律若干问题的解释》第二十条又明确规定了检察刑事附带民事公益诉讼制度。目前，刑事附带民事环境公益诉讼已经成为环境公益诉讼的重要类型，并正在逐渐探索具体诉讼规则。建立复合制诉讼模式，统一解决公私益问题，对生态环境的整体性保护不失为一条既高效又充分保护的道路。

四是继续探索建立惩罚性赔偿制度。惩罚性损害赔偿，是指由法庭所做出的赔偿数额超出实际的损害数额的赔偿。惩罚性赔偿建立在受害人所受损害的基础之上，即由其填补性损失为基础而构造出来的特殊惩罚措施。惩罚性赔偿制度目前在民法总则、侵权责任法、消费者权益类保护法律中均有规定，实践中对震慑违法行为人起到了很好的效果。在环境公益诉讼中，虽然出现过以虚拟治理成本法计算倍数的问题，但此处的倍数并非惩罚性赔偿而是损害数额的上下限值。因而，对一些明知存在破坏生态环境而故意或放任的行为人可考虑适用惩罚性赔偿，进一步加强对威胁生态环境行为人的震慑程度。下一步，应着手论证惩罚性赔偿在环境公益诉讼中的可行性以及适用条件、惩罚数额如何计算等。

五是深入创新公众参与的新途径，确保"共治""共享"的公益民主理念落实到位。公众参与体现了公益民主的现代理念，公众参与既有广度的问题，也有参与力度与深度的问题。保障公众参与的广度是必要的，可通过广泛的告知解决。但公众参与的力度与深度更是不可或缺。这是由环境公益诉讼所涉及的专业性所决定的。一方面，可以通过有效利用民事诉讼法专家证人制度，充分重视专家证人的意见，对鉴定意见形成有效制衡，避免出现"法官审、鉴定判"的格局进一步扩大，让庭审回归实质化，进而保证判决整体的公平性，同时，积极利用专家证人制度，本身也是保证公众深度参与环境公益诉讼的有效手段。另一方面，继续扩大"公告"的范围。除了调解之外，可将修复方案，恢复原状或消除危险的时间以及手段等向公众公告，以征求公众意见，特别是专家的权威意见。增加针对性的"公告"与"告知"，可将受损地区的居民以及专业性机构作为特定区域对象。有针对性地建立与受害地区居民以及机构的联系，从而为损害的预防、修复方案的选择、损害赔偿的数额等取得相应地区居民的支持和建议提供帮助，增强决策的科学性。增加"公告"后的异议程序。例如，可以限制一定数量的公众（如三人以上）以联名方式提出异议，要求以书面的形式提交并附理由，规定不符合条件时的法律后果等。

参考文献

[1]　江必新. 中国环境公益诉讼的实践发展及制度完善[J]. 法律适用，2019（1）.

[2]　全国人民代表大会. 民事诉讼法.

[3]　最高人民法院. 关于充分发挥审判职能作用，为推进生态文明建设与绿色发展提供司法服务和保障的意见. 2016.

[4]　最高人民法院. 关于深入学习贯彻习近平生态文明思想，为新时代生态环境保护提供公司法服务和保障的意见. 2018.

[5]　吕忠梅. 新时代环境法学研究思考[J]. 中国政法大学学报，2018（4）.

[6]　汪劲. 环境法学（第2版）[M]. 北京：北京大学出版社，2011：106-107.

[7]　竺效. 生态损害综合预防和救济法律机制研究[M]. 北京：法律出版社，2016：85.

[8]　梅寒，杨萍. 预防性责任在环境公益诉讼中的适用与完善[J]. 经济研究导刊，2018（34）.

[9]　吕忠梅，刘长兴. 环境司法专门化与专业化创新发展：2017—2018年度观察[J]. 中国应

用法学，2019（2）.

[10] 吕忠梅. 环境司法理性不能止于"天价"赔偿：泰州环境公益诉讼案评析[J]. 中国法学，2016（3）.

[11] 魏华，卢黎歌. 习近平生态文明思想的内涵、特征与时代价值[J]. 西安交通大学学报（社会科学版），2019，39（3）.

[12] 吕忠梅. 环境法回归路在何方？——关于环境法与传统部门法关系的再思考[J]. 清华法学，2008（5）.

[13] 石春雷. 论环境民事公益诉讼中的生态环境修复——兼评最高人民法院司法解释相关规定的合理性[J]. 郑州大学学报（哲学社会科学版），2017（2）.

[14] 张旭东. 环境民事公私益诉讼并行审理的困境与出路[J]. 中国法学，2018（5）.

[15] 王利明. 惩罚性赔偿研究[J]. 中国社会科学，2000（4）.

国家生态文明试验区：从理论到实践

⊙ 郇庆治

（北京大学马克思主义学院教授）

严格意义上的"国家生态文明试验区"，只是一个在非常短时间内开展的公共政策举措，但由于入选者其实已经在其他名义下进行了许多方面较长时间的尝试，更为重要的是，《生态文明体制改革总体方案》和《关于设立统一规范的国家生态文明试验区的意见》所明确规定的国家级头衔或冠名，让我们对于这些省区的探索实践取向及其未来示范引领意义，有着更多更大的期待。因此，笔者在本文中选择福建、海南和贵州三个省作为案例做初步分析，希望可以推动对"国家生态文明试验区"以及更一般意义上的全国生态文明试点示范建设的学理性研究。

一、国家生态文明试验区建设的理论基础

国家生态文明试验区建设的直接理论基础或政策依据，是 2012 年 11 月举行的党的十八大的政治报告。其明确强调，一方面，建设生态文明是关系人民福祉、关乎民族未来的长远大计，是实现中华民族永续发展、保障全球生态安全的必要条件，因而要把生态文明建设放在突出地位，融入经济建设、政治建设、文化建设、社会建设各方面和全过程，即是所谓的"五位一体"总体布局思想；另一方面，大力推进生态文明建设必须紧紧围绕"优化国土空间开发格局""全面促进

资源节约""加大自然生态系统与环境保护力度"和"加强生态文明制度建设"等四大战略部署，尤其要在环境行政监管、环境经济手段运用、生态文明建设绩效考核奖惩、生态文明宣传教育等方面进行制度构建与创新。

基于此，2013 年 11 月举行的十八届三中全会所通过的《中共中央关于全面深化改革若干重大问题的决定》提出，紧紧围绕建设美丽中国深化生态文明体制改革，加快建立系统完整的生态文明制度体系。在"加快生态文明制度建设"的大标题下，第 51 条"健全自然资源资产产权制度和用途管制制度"和第 53 条"实行资源有偿使用制度和生态补偿制度"，大致属于生态（环境）经济制度的范畴，而第 52 条"划定生态保护红线"和第 54 条"改革生态环境保护管理体制"，大致属于生态环境监管治理体制的范畴（但其中并未提到生态文明建设示范区或试验区）。

2015 年 3 月 24 日由中央政治局审议通过的《关于加快推进生态文明建设的意见》，全文共 9 个部分、35 条，包括总体要求（指导思想、基本原则、主要目标）、强化主体功能定位、推动技术创新和结构调整、全面促进资源节约循环高效利用加快利用方式根本转变、加大自然生态系统和环境保护力度切实改善生态环境质量、健全生态文明制度体系、加强生态文明建设统计监测和执法监督、加快形成推进生态文明建设的良好社会风尚、切实加强组织领导等。而它在"切实加强组织领导——探索有效模式"部分，明确提出要"抓紧制定生态文明体制改革总体方案，深入开展生态文明先行示范区建设，研究不同发展阶段、资源环境禀赋、主体功能定位地区生态文明建设的有效模式。"

在此基础上，2015 年 9 月中共中央、国务院印发了《生态文明体制改革总体方案》，强调推进建设健全自然资源资产产权制度、国土空间开发保护制度、空间规划体系、资源总量管理和全面节约制度、资源有偿使用和生态补偿制度、环境治理体系、环境治理和生态保护市场体系、生态文明绩效评价考核和责任追究制度等八项基本制度，并在"生态文明体制改革的实施保障——积极开展试点试验"部分明确提出，"将各部门自行开展的综合性生态文明试点统一为国家试点试验，各部门要根据各自职责予以指导和推动。"

可以看出，包括"国家生态文明试验区"在内的各种综合性生态文明建设试点虽然与生态文明建设制度的战略部署与任务总要求有着更为密切的关联，但它并不直接从属于事项性制度建设的内容（如自然资源资产产权制度、资源有偿使用和生态补偿制度等），而是重要的实施保障（就像加强对生态文明体制改革的领导一样）或更为综合性的目标追求。

与此同时，必须看到，在"国家生态文明试验区"出现之前，我国已经存在着各种形式或层级的"生态文明建设（试点）示范区"，尤其是由国家部委组织实施的或各省市自治区自主确立的生态文明建设试点示范区或先行示范区。其中，2012 年党的十八大以后最具权威性的，是由环境保护部主持的"全国生态文明建设试点示范区"、发改委等七部委联合主持的"国家生态文明先行示范区建设"、水利部主持的"全国水生态文明建设试点城市"、国土资源部主持的"国家级海洋生态文明示范区"等。

这其中，环境保护部主持的"全国生态文明建设试点示范区"是最早的生态文明建设的实践探索，可追溯到 1999 年初海南省率先启动的生态省（市、县）建设。此后，以海南为首的 14 个省、直辖市、自治区，陆续加入到了全国生态省（市、县）建设的试点工作中。2008 年，环境保护部制定发布《关于推进生态文明建设的意见》，明确了生态文明建设的指导思想、基本原则，要求建设符合生态文明要求的产业体系、环境安全、文化道德和体制机制，并决定组织设立全国生态文明建设的试点。2013 年 6 月，经中央批准，"生态建设示范区"正式更名为"生态文明建设示范区"。截至 2013 年 10 月，环境保护部先后 6 次一共批准了 125 个全国生态文明建设试点示范区，其中包括 19 个地市级和 2 个跨行政区域或流域的试点，但并没有涵盖整个省、直辖市、自治区范围的省域性试点，且在地域上 70%集中于江苏、浙江、辽宁、广东、四川等自然生态与经济现代化基础较好的省份。

2012 年党的十八大以后，国家各部委明显加强了对生态文明建设试点工作的重视，纷纷出台自己的示范区试点规划和方案。2013 年 12 月，发改委等六部委（后增加为七部委）共同提出了依托"国家主体功能区规划"的"国家生态文明先行示范区建设方案（试行）"。2014 年 6 月，发改委等六部委联合发布了《关于印发国家生态文明先行示范区建设方案（试行）的通知》，正式启动国家生态

文明先行示范区建设。最终，包括北京市密云区等在内的 102 个行政区域、流域或生态区域分两批成功入选。2014 年 3 月，国务院颁发《关于支持福建省深入实施生态省战略加快生态文明先行示范区建设的若干意见》，福建因而成为国务院直接确定的全国第一个生态文明先行示范区（省）。随后，江西、贵州、云南和青海一起，成为发改委等七部委组织实施的国家第一批生态文明先行示范省（区）。此后，这五个省都根据《国家生态文明先行示范区建设方案（试行）》以及《国家生态文明建设示范区管理规程（试行）》《国家生态文明建设示范县、市指标（试行）》等政府文件，制定了各自的实施方案与建设规划。

2015 年 10 月，十八届五中全会决定设立统一规范的国家生态文明试验区，重在开展生态文明体制改革综合试验，规范各类试点示范，为完善生态文明制度体系探索路径、积累经验。2016 年 8 月 22 日，中共中央办公厅、国务院办公厅印发了《关于设立统一规范的国家生态文明试验区的意见》及《国家生态文明试验区（福建）实施方案》，福建又成为全国第一个"国家生态文明试验区（省）"。2017 年，江西和贵州以及海南（2018 年）也先后成为第一批"国家生态文明试验区"，并随后获批了各自辖区的实施方案。相应地，环境保护部于 2017 年 9 月启动了"国家生态文明示范市县"和"'两山理论'实践创新基地"的创建。截至 2018 年底，北京市延庆区等 91 个市县被命名为示范市县，浙江安吉县等 29 个地区被命名为创新基地。

二、国家生态文明试验区：福建、海南和贵州

应该说，福建、江西、贵州和海南之所以能够入选首批国家生态文明试验区，除了东西部地理平衡意义上的考量，一个十分重要的前提条件是它们得天独厚的自然生态禀赋，比如都地处长江以南、降水量丰富、森林覆盖率高、生态环境容量较大等。因而，它们整体上都属于笔者所概括的"绿色发展"的生态文明建设进路或模式，尽管其现实探索中所选择的突破口或切入点会有所不同。

（一）福建

福建省的自然生态环境条件十分优越，素有"八山一水一分田"的美誉，因而生态文明建设起步较早。2000 年，福建省就提出了"生态省"建设的战略构想。2004 年末，《福建生态省建设总体规划纲要》获得国家环境保护总局的批准。2006 年 4 月，福建省政府下发了《关于生态省建设总体规划纲要的实施意见》，全面推进生态省建设。2010 年 1 月，《福建生态功能区划》付诸实施。2011 年 9 月，福建省政府下发了《福建生态省建设"十二五"规划》。2013 年 1 月，《福建省主体功能区规划》颁布实施，首次将全省国土明确规划为优化、重点、限制和禁止开发 4 类区域，其中占全省五分之二的县（市）和 197 处区域被列入限制和禁止开发区域。在此基础上，2014 年 3 月，国务院印发了《关于支持福建省深入实施生态省战略加快生态文明先行示范区建设的若干意见》，福建省由此成为国务院直接确定的第一批全省域生态文明建设先行示范区，生态省建设步入了一个崭新阶段。2016 年 8 月，依据中共中央办公厅、国务院办公厅印发的《国家生态文明试验区（福建）实施方案》，福建又成为全国首个"国家生态文明试验区"。因而可以说，福建的生态文明建设一直处在全国前列。

概括地说，自 2014 年先行示范区和国家试验区创建以来，福建省在大力推进生态文明建设上的制度探索和体制机制创新上，主要集中在推进林业发展与生态保护改革、完善重点河流生态补偿机制、全面推进落实河长制、因地制宜大力发展绿色经济等方面。

其一，大力推进林业发展和生态保护改革。到 2015 年，福建省顺利达到了全省森林覆盖率65.95%以上、森林蓄积量6.08亿立方米的既定目标，并提出 2020 年森林覆盖率保持全国首位、森林蓄积量达 6.23 亿立方米、林业产业总产值年均增长 8%以上的发展目标。为此，省政府 2015 年发布了《关于推进林业改革发展加快生态文明先行示范区建设九条措施的通知》，其中包括深化林权管理改革、优化林业金融服务、开展重点生态区位商品林赎买等改革、完善生态补偿机制、科学管理使用林地和湿地、加大森林资源培育力度、完善生态文明考核评价机制、继续将森林覆盖率以及森林蓄积量和林地保有量等指标纳入政府绩效等评

价考核体系等一系列举措。

其二，完善重点河流生态补偿机制。为了进一步加大流域生态保护补偿力度，推进流域生态保护补偿机制全覆盖，2017 年 8 月省政府办公厅下发了《福建省重点流域生态保护补偿办法》（修订版），提出全面建立覆盖全省、统一规范的全流域生态保护补偿机制，采取省里支持、市县统筹的办法加大流域生态保护补偿金筹措力度，促进流域上游地区可持续发展和全流域水环境质量改善。

其三，全面推进落实河长制。尤其是 2016 年中共中央办公厅、国务院办公厅印发《关于全面推行河长制的意见》以来，福建省以问题为导向、以创新为动力，认真打好"六大组合拳"，形成了"区域+流域"——建立河长管河新体系、"巡查+养护"——创新河流管养新机制、"县区政府+社会"——打造全域治河新格局、"天眼+地网"——开启科技助河新模式、"群团+个体"——搭建全民爱河新平台、"法治+联治"——构建铁腕护河新秩序的模式，使得流域生态明显改善，河流水质持续向好，群众获得感显著提高。

其四，因地制宜大力发展绿色经济。"生态优先""绿色发展"正在成为八闽大地的生动实践。福建省立足于自身的生态资源禀赋和产业发展实际，坚持生态产业化、产业生态化，加快发展具有技术含量、就业容量、环境质量的绿色经济，努力做到既用绿色增添福建经济的亮色，又用绿色提升福建经济的成色，用生态之美，谋赶超之策，造百姓之福，实现绿水青山与金山银山、百姓富与生态美的有机统一。其具体经验包括大力推进绿色产业与产品的市场化改革、积极开展产业绿色化改造、加快产业园区绿色化发展和进一步巩固深化资源绿色化利用和大力营造绿色经济发展环境等做法。

（二）海南

1999 年 2 月 7 日，《海南日报》头版报道了《海南省人民代表大会关于建设生态省的决定》，这标志着海南"生态省"建设正式启动。同年 3 月 30 日，国家环境保护总局批准海南成为全国生态示范建设省。2007 年，海南省第五次党代会报告明确提出了实施"生态立省"战略。2009 年，随着海南国际旅游岛建设作为国家级战略的启动，"建设全国生态文明示范区"成为支撑国际旅游岛建设的六大战略之一。2013 年，习近平总书记视察海南时提出要求，"争创中国特色社会主义实践范例，谱写美丽中国海南篇章"，并对生态文明建设作出了一系列重要论述，尤其是要在"增绿""护蓝"上下功夫，为全国生态文明建设当表率，为子孙后代留下可持续发展的"绿色银行"。2017 年 4 月，海南省第七次党代会报告指出，把海南建设成为全国生态文明示范区，要从源头上把好生态关，让山更绿、水更清、天更蓝、空气更清新。此后，省委七届二次全会通过的《关于进一步加强生态文明建设谱写美丽中国海南篇章的决定》，系统部署了生态文明建设，成为指导海南大力推进生态文明建设的纲领性文件。2018 年 4 月，习近平总书记再次视察海南，对海南省的生态文明建设提出了新的更高要求："海南要牢固树立和全面践行绿水青山就是金山银山的理念，在生态文明体制改革上先行一步，为全国生态文明建设作出表率"，并明确表示"支持海南建设国家生态文明试验区，鼓励海南省走出一条人与自然和谐发展的路子，为全国生态文明建设探索经验"。随后，海南省成为第四个"国家生态文明试验区"。

概括地说，多年来，尤其是自 2018 年起成为国家试验区以来，海南省大力推进生态文明建设的努力或经验，主要是在习近平新时代中国特色社会主义生态文明思想指引下做到五个"坚定不移"。

其一，坚定不移地坚持"生态立省"。"坚定不移实施生态立省战略"，既是海南贯彻落实新发展理念的客观要求，也是海南大力推进生态文明建设的基本经验。"生态立省"战略要求在处理经济发展与环境保护的关系时坚持生态优先原则，追求绿色经济效益的最大化：当经济发展与生态环境保护发生冲突时，要服从生态环境保护的要求；当经济效益与生态效益发生冲突时，要舍弃眼前的经济效益。

其二，坚定不移地严守"生态红线"。"谱写美丽中国海南篇章"离不开"生态立省"的战略定力，而严守"生态红线"则是"生态立省"战略的具体政策实施。在处理发展与保护的关系上，如果不发展那么保护就没有本钱，而不保护生态环境的发展则是"饮鸩止渴"。因而，正确处理经济发展与环境保护的关系，就是要在两者之间找到平衡点，把握好"度"，而这个"度"的最低要求就是守住生态红线。

其三，坚定不移地坚持"海陆统筹"。海南的生态文明建设，要求在对陆地国土进行生态空间规划的同时，建立起陆海统筹的海洋生态环境保护和修复体制，尤其是强化以三亚、三沙为中心的海洋生态功能区建设。

其四，坚定不移地推进"多规合一"改革。2015 年 6 月，中央全面深化改革领导小组同意海南就统筹经济社会发展规划、城乡规划、土地利用规划等开展全省域"多规合一"改革试点。随后，海南通过编制《海南省总体规划（2015—2030）》，在细化国家主体功能区规划过程中落实全省"一盘棋"理念，建立了全省统一的空间规划体系，实现了各项规划的有机衔接。同时，海南还用省域"多规合一"改革来约束和推动县域经济社会发展、城乡土地利用、生态环境保护，取得了显著成效。

其五，坚定不移地鼓励"多样发展"。海南共有 19 个市县，各市县从事生态文明建设的自然生态条件都比较好。因而，各市县基于所在区位不同、产业布局差异、经济社会发展程度差别，努力在坚持"环境优先"的前提下处理好生态文明建设与经济发展、城市建设等各方面的关系，并形成了各具特色的实践创新成果。

（三）贵州

贵州省是我国最早系统开展生态文明建设实践的西部省份。十三届三中全会之后，贵州加大力度进行生态文明体制机制改革，制定并实施了一系列先行先试的体制改革举措。2014 年 6 月，贵州省获批建设国家生态文明先行示范区。2016 年 8 月，贵州省又被批准为首批三个国家生态文明试验区之一。随后，贵州省委、省政府出台了《关于推进绿色发展建设生态文明的意见》。2017 年 4 月，贵州省把"大生态"列为继大扶贫、大数据之后的第三大战略行动；同年 6 月，《国家生态文明试验区（贵州）实施方案》获得中央全面深化改革领导小组第三十六次会议审议通过；同年 11 月，贵州省被列为开展生态产品价值实现机制试点省份，其生态文明体制改革步入新时代。

概括地说，近年来，尤其是自 2018 年起成为国家试验区以来，贵州省大力推进生态文明建设的努力及其成效，包括如下五个方面。

其一，筑牢绿色屏障，省级环境保护督察巡查实现全覆盖。近年来，贵州聚焦全面落实"大气十条""水十条""土十条"，先后出台了大气、水、土壤污染防治行动计划和年度实施方案，加快实施"青山""碧水""蓝天""净土"四大工程。仅在 2017 年，全省就完成退耕还林 477.4 万亩、治理石漠化面积 2520 平方公里，并组织实施了十大污染源、饮用水水源地的"双源"治理工程以及草海综合治理五大工程，中央环境保护督察组交办的 3478 件群众举报投诉件全部办结，而各市（州）、贵安新区省级环境保护督察巡查实现全覆盖。

其二，完善绿色制度，率先出台首部省级层面生态文明地方性法规。贵州省这方面的工作集中体现在深化生态文明重点制度改革、强化生态文明建设法治保障、严格生态文明绩效评价考核等方面。比如，贵州 2014 年 5 月率先出台了首部省级层面的生态文明地方性法规《贵州省生态文明建设促进条例》，并陆续制定实施了 30 余部配套性法规；取消了地处重点生态功能区的 10 个县的 GDP 考核，并对各市（州）党委、政府进行生态文明建设评价考核。

其三，培育绿色文化，创建国家级生态示范区 11 个。年度性的生态文明贵阳国际论坛，深化了同国际社会在生态环境保护、应对气候变化等领域的交流合作。此外，贵州将每年 6 月 18 日确定为"贵州生态日"，举办"保护母亲河·河长大巡河"和"巡山、巡城"等系列活动，同时还尝试把生态文明教育纳入国民教育体系，编制了大中小学、党政领导干部生态文明读本。目前，贵州累计创建国家级生态示范区 11 个、生态县 2 个、生态乡镇 56 个、生态村 14 个；省级生态县 7 个、生态乡镇 374 个、生态村 515 个。

其四，发展绿色经济，2017 年绿色经济"四型产业"占地区生产总值的比重达到 37%。借助实施绿色经济倍增计划、推进绿色改造提升、加快发展数字经济、实施生态扶贫等系列举措，贵州的绿色经济发展已经取得重要进展。比如，贵州省委、省政府 2016 年 9 月出台了《关于推动绿色发展建设生态文明的意见》，加快发展生态利用型、循环高效型、低碳清洁型、环境治理型的"四型产业"，促进全省经济结构的不断绿色化；在生态扶贫方面，贵州对近 200 万贫困人口实施易地扶贫搬迁，并采取因地制宜的财政与经济扶持政策，努力探索"互联网+生态建设+精准扶贫"的区域扶贫新模式。

其五，建造绿色家园，创建"四在农家·美丽乡村"省级新农村示范点 157 个。以强化规划引领为核心，努力打造绿色城镇和建设美丽乡村。贵州省加快实施主体功能区规划和城镇规划编制，目前已有 30%的县（区、市）完成了县域乡村建设规划编制，目标是把全省国土空间开发强度控制在 4.2%以内；在美丽乡村建设方面，启动开展农村人居环境整治三年行动，实施新农村环境治理"百乡千村"建设项目 100 个，创建"四在农家·美丽乡村"省级新农村示范点 157 个、新农村环境综合治理省级示范点 192 个。

三、理论分析与思考

正如前文所指出的，建立在各种前期试点示范建设尤其是国家发改委等七部委组织实施的先行示范区建设基础上的"国家生态文明试验区"，比如福建、海南和贵州，都有着较为优越的自然生态环境条件；另一方面，尽管其彼此之间也有着一定的梯级性差异，但总的来说，它们的经济与社会现代化水平相对较低，或者说对于传统的工业现代化与城市化模式的嵌入或依赖程度相对较低。因而，我们有理由假定，对于它们而言，社会主义生态文明建设话语体系及其政策设想，更容易转换成为一种对其自然生态资源禀赋及其经济性利用的绿色感知和实践，更容易从直接性的生态环境保护转化为涵盖经济、政治、社会与文化等各个层面的综合性转型变革，换言之，更容易成为一种社会主义生态文明本真意涵视野下的激进革新尝试。

实践表明，福建、海南和贵州等省迄今为止的"国家生态文明试验区"建设确实呈现了上述的创新目标和效果。比如，一方面，生态文明及其建设的"五位一体"意涵——同时在建设进路和目标的意义上——都被接受为一种政治和文化共识。也就是说，区域生态文明及其建设的整体性与阶段性目标的实现，都必须依赖一种"五位一体"意义上的立体性或系统性变革，任何意义上的单打独斗式的努力也许会有局部性、暂时性的改变，但肯定不会通向整体性的生态文明目标。另一方面，"绿色发展"已经成为这些省区的共同的生态文明建设进路或模式选择，即在充分保证现有的生态环境品质的同时努力实现一种人与自然和谐共生的现代化发展（经济增长），也就是将人们眼下的"绿水青山"生态明智地转化为手中的"金山银山"。而这两者无论在哲学认识论上还是在现代化发展理论上都具有一种世界性的创新与示范意义。就此而言，它们对于全国的生态文明建设和全球性的生态文明建设的示范引领意义是显然的和巨大的。

具体地说，福建省依据《国家生态文明试验区（福建）实施方案》所确定的重点改革任务而进行的自然资源资产管理体制改革试点、以生态云平台和网格化管理为主体的公共政策与治理机制创新、生态司法专业化建设等制度创新举措，海南省因地制宜地选择构建以旅游业为龙头、现代服务业为主导的绿色产业体系并着力推动互联网、物联网、大数据、卫星导航、人工智能与实体经济的深度融合，贵州省长期以来在推进生态文明建设地方法规与制度创新和宣传教育上的引领性举措，都无疑具有一种划时代的意义或变革潜能，理应给予高度肯定和关注。

当然，无论是从这些省区作为"国家生态文明试验区"所确定的既定目标或溢出潜能的现实实现，还是从生态文明及其建设理论的必然要求来看，包括福建、海南和贵州在内的这些省区都还只是处在一种试验性或初步性阶段。

就理论层面而言，我们可以引入一个由管理战略、空间维度和社会主义政治组成的三维理论框架来加以初步分析。简要地说，我们可以同时从"五位一体"的管理哲学战略维度、行政层级和生态系统相统一的空间维度和是否坚持社会主义取向的政治向度来考察分析任何一种综合性的生态文明示范区建设尝试，国家生态文明试验区也不例外。换言之，一个建设成功的国家生态文明试验区，必须同时是真正基于或尽量遵循"五位一体"的管理战略的，必须是努力保持行政管理与自然生态的空间相平衡或互补的，必须是坚持社会主义的政治方向的。尤其需要强调的是，第三个层面对于大多数学者和公众来说似乎是一个不言自明的问题，因为中国特色社会主义的道路选择和中国共产党的领导地位就已注定了社会主义在生态文明建设中的政治正确性和意识形态领导地位。但在目前依然由资本主义主导的国际经济政治秩序和理论话语霸权之下，生态文明的"社会主义"前缀还意味着一种明确而激进的"红绿"政治偏好和选择，而这是我们必须始终清楚的或不容回避的。

依此而言，在笔者看来，"国家生态文明试验区"——以及其他形式的试点示范建设，比如生态环境部主持的"国家生态文明示范市县"和"'两山理论'实践创新基地"——更值得我们期待与关注的，不仅是它们在何种程度上以及以何种具体路径来实现《国家生态文明试验区实施方案》所确定的各种具体性制度机制创新目标，还包括它们在何种程度上能够坚持一种与时俱进的生态文明及其建设理论思维和革意识——同时应该是生态主义的和社会主义的，并努力保持二者之间的一种良性互动。这不仅对于它们作为试验区本身的直接目的很重要，而且对于我们整个国家的生态文明建设目标和中国特色社会主义现代化建设的伟大目标也至关重要。

参考文献

[1] 环保部改革办. 生态文明体制改革相关文件汇编. 2015：202-203，283.

[2] 郇庆治. 生态文明建设试点示范区实践的哲学研究[M]. 北京：中国林业出版社，2019.

[3] 郇庆治. 生态文明创建的绿色发展路径：以江西为例[J]. 鄱阳湖学刊，2017（01）：29-41.

[4] 郇庆治. 生态文明创建的生态现代化路径[J]. 阅江学刊，2016（6）：23-35.

[5] 福建：国家生态文明试验区的改革答卷[EB/OL]. 人民论坛网. http://politics. rmlt. com. cn/2018/ 1010/529956. shtml.

[6] 钟自炜. 福建推进全国首个生态文明试验区建设[N]. 人民日报，2019-03-07.

[7] 王明初. 海南生态文明建设的发展、成就与经验[N]. 海南日报，2018-05-23.

[8] 陈蔚林，周元. 海南，不平凡的 2018[N]. 海南日报，2019-01-01.

[9] 程曦. 大力推进国家生态文明试验区建设、打造美丽中国的"贵州样板"[OL]. http://news. gzw. net/2018/0705/1290860. shtml.

[10] 贵州生态文明八项制度创新实验：绿就是金[N]. 中国经济导报，2018-07-16.

[11] 潘家华，李萌. 国家生态文明试验区建设的贵州实践经验[M]. 北京：社会科学文献出版社，2018：5.

[12] 钟自炜. 生态福建：交出绿色答卷[N]. 人民日报，2018-08-13.

[13] 黄娴. 多彩贵州：试验田里花正开[N]. 人民日报，2018-08-24.

[14] 郇庆治. 三重理论视野下的生态文明建设示范区研究[J]. 北京行政学院学报，2016，1

（1）：17-25.

[15] 郇庆治. 三维视野下的生态文明示范区建设：评估与展望[J]. 中国地质大学学报（社会科学版），2017（5）：54-63.

[16] 施生旭. 生态文明先行示范区建设的水平评价与改进对策：福建省的案例研究[J]. 东南学术，2015（5）：67-73.

[17] 王婷，吴吟平. 福建省新型城镇化与生态文明先行示范区建设"一体化"发展研究[J]. 福建论坛（人文社科版），2016（10）：207-213.

[18] 丁瑶瑶. 而立海南：打造生态文明建设"升级版"[J]. 环境经济，2018（8）：12-13.

律师在生态文明建设中的法律服务

⊙ 董一鸣

[众成清泰（北京）律师事务所主任]

一、生态文明建设法治化的发展

运用法治思维引领生态文明建设的全过程，对推动生态文明建设至关重要。随着生态文明建设的推进，迫切需要制度和政策创新，实现制度化和法治化，加强国家和地方立法，严格生态执法和加强生态司法保障。目前，我国生态文明建设法治化主要体现在政策制度、法律渊源、行政管理、司法救济等几个领域，基本形成了全方位向立体纵深发展的良好趋势。

（一）政策制度：逐渐细化的顶层设计

十八届三中全会《决定》提出："建设生态文明，必须建立系统完整的生态文明制度体系，实行最严格的源头保护制度、损害赔偿制度、责任追究制度，完善环境治理和生态修复制度，用制度保护生态环境。"十九大提出"加快生态文明体制改革，建设美丽中国"，要提供更多优质生态产品以满足人民日益增长的优美生态环境需要，加大生态系统保护力度，改革生态环境监管体制。习近平总书记在 2018 年全国生态环境保护大会上就生态文明建设提出了六大原则、五个生态文明体系。随着生态文明建设内涵、内容的逐渐明确和深入，也全面开始了生态文明体制改革工作的部署，细化搭建制度框架的顶层设计。

（1）生态环境损害赔偿制度。2015 年，中共中央、国务院先后出台《中共中央　国务院关于加快推进生态文明建设的意见》《生态文明体制改革总体方案》两份纲领性文件。中共中央办公厅、国务院办公厅于 2015 年、2017 年相继印发《生态环境损害赔偿制度改革试点方案》《生态环境损害赔偿制度改革方案》，逐步在全国范围内构建生态环境损害赔偿制度。

（2）中央生态环境保护督察制度。从 2016 年 1 月在河北省试点开始，中央生态环境保护督察已经顺利完成对 31 个省（区、市）和新疆生产建设兵团第一轮督察全覆盖，并对 20 个省（区）开展了"回头看"，取得显著效果。中共中央办公厅、国务院办公厅于 2019 年 6 月印发《中央生态环境保护督察工作规定》，首次以党内法规形式，明确督察制度框架、程序规范、权限责任等，将为依法推动督察向纵深发展、不断夯实生态文明建设政治责任、建设美丽中国发挥重要保障作用。

（3）环境公益诉讼制度。2012 年修正的《民事诉讼法》首次规定了环境民事公益诉讼制度。2015 年施行的新《环境保护法》对可以提起公益诉讼的社会组织主体资格正式作出规定后，环境公益诉讼在我国开始发展。十八届四中全会《决定》提出"探索建立检察机关提起公益诉讼制度"，经全国人大常委会授权，13 个省（市）开始试点检察机关提起公益诉讼。2017 年 6 月，全国人大常委会修改《民事诉讼法》和《行政诉讼法》，正式确立了检察公益诉讼制度，环境公益诉讼制度作为检察公益诉讼制度的重要类型得以进一步丰富和完善。环境公益诉讼制度已经成为我国环境法治体系的重要组成部分。

（二）法律渊源：不断完善的法律体系

十三届全国人大一次会议表决通过《宪法修正案》把新发展理念、生态文明和建设美丽中国的要求写入《宪法》后，我国的生态文明建设法律体系已逐步形成。《民法总则》在第九条规定了"绿色原则"，将环境保护上升至民法的基本原则之一，全面开启了环境资源保护的民法通道。党的十八大以来，我国制定或修订的与生态环境保护有关的法律近十部，与生态环境保护有关的司法解释、行政法规、部门规章、地方性法规及规章、环境标准及环境法律责任规定不计其数。

（三）行政管理：科学的行政管理方式

2015 年 8 月发布的《党政领导干部生态环境损害责任追究办法（试行）》规定，实行生态环境损害责任终身追究制，地方各级党委和政府对本地区生态环境和资源保护负总责，党委和政府主要领导成员承担主要责任，其他有关领导成员在职责范围内承担相应责任。2016 年 1 月起，中央开始实施中央环境保护督察制度，督察力度空前，问题解决力度前所未有，在切实解决了一大批群众身边突出环境问题的同时，也促进了地方产业结构的转型升级，以及地方环境保护、生态文明机制的健全和完善。总体上看，我国生态环境保护从认识到实践正发生着历史性、转折性、全局性变化。2018 年 3 月，在党和国家机构改革中，新组建生态环境部，统一行使生态和城乡各类污染排放监管和行政执法职责，将分散的职能统一，确保监督、管理、治理无死角，使得行政管理方式更科学。

（四）司法救济：日趋多元化的司法救济途径

首先，司法机关通过惩治环境资源犯罪、环境侵权案件审理、社会组织提起的环境民事公益诉讼、检察机关提起的环境公益诉讼、省市级政府提起的生态环境损害赔偿诉讼和环境资源行政案件审理等审理各类生态环境案件，为推进生态文明建设和绿色发展提供坚强有力的司法服务和保障。其次，人民法院持续推进环境资源审判专门体系建设，采取的方式包括稳步推进环境资源审判专门化机构建设和归口审理模式、建立环境资源案件跨行政区划集中管辖体制、积极推进区域司法协作工作、打造多元共治的环境司法保护新格局以及创新审判执行方式。最后，近几年从最高人民法院到各地高级人民法院，司法机关通过多次发布环境保护特色鲜明的司法解释和典型案例，广泛涉及矿业权纠纷、海洋自然资源与生态环境损害赔偿、环境民事公益诉讼、检察公益诉讼、生态文明建设和长江经济带发展等内容。

二、律师服务生态文明建设的机遇

随着我国对生态文明建设力度的加强,中国生态环境法律服务市场正面临着很好的发展机遇。2016 年 7 月至 2017 年 6 月,各级人民法院共受理环境资源刑事案件 16373 件、环境资源民事案件 187753 件、各类环境资源行政案件 39746 件、社会组织提起的环境民事公益诉讼案件 57 件、检察机关提起环境公益诉讼案件 791 件。在此背景下,律师需要下大力气研发市场亟需的法律服务产品,开拓和提升生态环境法律服务领域和层次,为生态文明建设提供综合性法律服务。

（一）协助政府以法治思维和法律手段预防和治理生态环境问题

第一轮中央生态环境保护督察问责约 2.7 万人,已完成问责 4218 人,其中厅局级及以上干部 686 人、处级干部 2062 人。地方政府及其相关职能部门在生态环境保护方面俨然成为重灾区,承担着巨大责任与压力。律师应从以下几个方面积极参与政府生态环境保护工作,帮助政府以法治思维和法律手段预防和治理生态环境问题：①为政府涉生态环境资源保护、利用的政策法规和制度的制定、完善提供法律支持；②为征收拆迁、新型城镇化建设及其他涉生态环境的重大建设项目决策、施工提供法律支持；③为各级生态环境部门及其他有关部门在作出重大执法决定前进行合法性审查,保障政府部门行政处罚合法、合规；④为省、市政府生态损害赔偿提供相关法律服务。此外,在政府处理因生态环境问题产生的重大案件和群体性事件时,律师应当积极协助政府通过法律手段和法治方式及时化解社会矛盾。

（二）为企业提供全方位绿色法律服务

在持续的"环境保护风暴"之下,企业面临着巨大的生态环境压力。2019年 1—4 月,全国共下达处罚决定书 36465 份,罚款金额 28.06 亿元,案件平均罚款金额 7.70 万元。律师应当为企业提供全方位的绿色法律服务,尤其应当协助企业从源头做好生态环境法律风险防控。律师为企业提供的生态环境法律服务主要包括：为污染型企业建立环境保护法律风险防控机制；环境行政处罚法律救

济（听证、复议、诉讼）；突发环境污染事件应急处置；环境保护税相关服务等。

以我们生态文明建设法律服务团队研发的"企业环境保护合规与风控体系建设法律服务"项目产品为例，该产品提出了排污企业环境保护合规体系与环境保护风控机制的一体化解决方案，全面展示了律师为企业提供环境保护法律服务的思路、架构、步骤与方法。通过该项目法律服务，律师可以为企业提供行业分析与工艺检索；建立污染物台账与排污分析；协助企业了解生态环境法规政策；对企业进行法律专项尽职调查提出调整、解决方案；将环境保护合规与风控体系嵌入公司管理、生产经营中；组织实施制定的各项工作预案、机制等法律服务。

（三）环境公益诉讼法律服务

经过几年的快速发展，环境公益诉讼制度的价值正在逐步凸显，特别是常隆案、南平案、德州大气案等一批重大典型案件的公开审理，对于保障社会公众依法有序参与环境保护事业，监督行政机关依法履行职责，维护环境公共利益和人民群众的环境权益，服务和保障生态文明建设都作出了积极的贡献，获得社会各界高度评价，在国内外产生了良好反响。中国的环境公益诉讼，作为新生的制度，赋予了新的主体参与到环境治理系统中来，改变着原有的环境治理格局、手段和方法。环境公益诉讼正在不同领域尝试突破，探索如何解决中国在环境治理中出现的深层次问题，这些深层次问题包括跨界污染的问题、地方政府环境质量责任如何承担及追责路径问题、谁来清理修复长期积累的环境污染问题、污染成本太低的问题、环境执法与市场公平竞争的问题等。对于这些问题的解决，专业的环境律师可以提供有益的解决思路和方案，发挥举足轻重的作用。

（四）为个人责任主体提供环境保护法律风险防控及争议解决服务

随着生态环境保护工作的不断深入推进，包括地方党委政府主要负责人、生态环境主管部门及其他相关政府职能部门主要负责人、企业法定代表人、实际控制人和直接主管人员，以及其他与环境污染、生态破坏相关的自然人的政治风险、刑事犯罪风险、民事责任风险陡然增加。为维护上述人员的合法权益，律师可以为他们提供以下的法律服务：党政机关主要领导、直接主管人员的生态环境行政与刑事责任风险防控；生态环境保护主管及相关部门主要领导、直接主管人员的生态环境行政与刑事责任风险防控；企业法定代表人、实际控制人和直接主管人员的生态环境刑事责任风险防控等。

三、律师服务生态文明建设面临的挑战

（一）专业律师人才稀缺，严重制约业务发展

生态文明建设法律服务涉及法律、环境、资源、能源、经济、金融、社会等多方面的专业知识，要求律师把握国家生态环境政策制度、法律法规的最新内容，也要了解国际上新能源、低碳经济、资源循环利用、环境保护等产业发展趋势，要求律师必须具备专业性和复合性相统一的综合素质，但现实情况是有这样知识储备的律师屈指可数。专业律师人才的稀缺，严重制约了生态文明建设法律服务市场的发展。

（二）业务内容单一，业务领域开拓困难重重

目前，律师参与生态环境保护工作，主要是代理诉讼和出现环境事件后提供咨询，包括作为环境维权当事人的代理人参与诉讼、为当事人提供法律咨询、帮助当事人与污染企业进行调解或者通过非诉讼的途径进行维权，但这只是生态文明建设法律服务非常有限的一小部分。律师行业围绕生态文明建设的重点领域和关键环节找准法律服务的切入点和结合点非常困难，形成体系化的法律服务产品更是难上加难，导致律师服务生态文明建设业务内容非常有限，大部分律师无法将生态文明建设法律服务作为一项独立的业务领域。

（三）生态文明法治意识淡薄

环境权是人类的最基本人权，是生存权的重要组成部分，但现阶段这项权利并没有深入人心，主要表现在两方面：一是环境保护意识不足，环境保护意识应体现在生活的方方面面，小到垃圾分类，大到生态意识，但许多人并无这方面的

意识；二是环境权行使困难，面对环境污染，许多人并不会通过法律手段维护自己的环境权，有"怕诉""拒诉"的情形。生态文明法治意识的淡薄也体现在各类企业的生产经营过程中和面对生态环境行政处罚和诉讼时。

四、结语

面对国家生态文明建设战略的宏伟蓝图，广大律师应秉承生态环境保护理念，携手律界同仁，践行"美丽中国梦"，共同开拓生态文明建设法律服务的蓝海，为政府、企业和公民个人提供全方位、立体化的环资非诉和诉讼法律服务，努力为生态文明建设作出贡献。

参考文献

[1] 杨武. 运用法治思维推进生态文明建设的思考[J].理论与当代，2013（12）.

[2] 徐忠麟. 生态文明与法治文明的通约及融合. 清华法治论衡（第 22 辑）.

[3] 李干杰. 依法推动中央生态环境保护督察向纵深发展[N]. 人民日报，2019-06-18.

[4] 江必新. 中国环境公益诉讼的实践发展及制度完善》[J]. 法律适用，2019（01）.

[5] 李适时. 中华人民共和国民法总则释义[M]. 北京：法律出版社，2017.

[6] 最高人民法院. 中国环境资源审判 2017—2018[R].

[7] 最高人民法院. 中国环境司法发展报告 2017—2018[R].

[8] 最高人民法院. 中国环境资源审判白皮书（2016—2017）[R].

探索构建长江经济带绿色发展的法治之路

⊙ 乔 刚

（西南政法大学西部生态法研究中心研究员）

　　生态文明是继人类原始文明、农业文明、工业文明之后出现的新的文明形态，亦可称为"绿色文明"。自党的十八大以来，生态文明建设的内容不断丰富、地位愈加突出，尤其在 2018 年"生态文明"正式写入《宪法》，标志着我国"五位一体"的总体布局正式形成。目前，绿色发展已经成为生态文明建设的必然要求，是实现生态文明的动力引擎和有效路径。而法律作为由国家制定或认可，并依靠国家强制力保证实施的规范性手段，对保障生态文明和推动绿色发展具有举足轻重的作用。

　　长江涵养着占国土面积四分之一的土地，带给沿岸 4 亿多人灌溉之利、舟楫之便、鱼米之粟。长江经济带作为中国新一轮区域开放战略地带，是具有全球影响力的内河经济带，是东中西部互动合作的协调发展带，更是生态文明建设的先行示范带，其相关规划、政策和制度的提出和实施，应以绿色发展为立足点。在生态文明理念指引下，运用法律手段推动长江经济带绿色发展，以法治更好地促进和保障长江经济带流域走资源节约型、环境友好型的绿色发展之路。

一、长江经济带绿色发展的生态文明意蕴

　　生态文明塑造的是一种人与自然及人与人和谐共生、良性循环、协调发展、

持续繁荣为基本宗旨的文化伦理形态。可以说，建设生态文明，既关乎着人民的幸福生活，又关系着民族的长远未来，是实现永续发展的必要基础。推进生态文明建设，前提要以生态文明理念为指引。生态文明建设实际上就是生态文明基本理念得以落实的过程。一般认为，理念是上升到理性高度的观念，生态文明理念反映的是一种人与自然、人与人之间新的和谐观念，这种观念更加符合自然规律，更加符合人类社会的可持续发展。目前，社会主义生态文明建设进入了新时代，习近平生态文明思想已经形成，其核心要义就体现在"八个观"中，其中之一即为"绿水青山就是金山银山的绿色发展观"。当前，我国的社会主要矛盾已经转化为人民日益增长的美好生活需要和不平衡不充分的发展之间的矛盾，而美好生活要以环境和资源为载体。绿色是生机、绿色是幸福、绿色有价值、绿色有文化。绿色发展观所倡导的是一种尊重自然、追求经济与环境协调的发展理念，从而实现"绿色"与"发展"的统一。绿色发展要以保护生态环境为底线，在发展中重视理念的创新和发展方式的转变，而非以牺牲生态价值为代价换取经济效益。

习近平总书记强调："绿色发展是构建高质量现代化经济体系的必然要求，是解决污染问题的根本之策。"绿色发展的最终目标是实现生态文明。在经历过传统粗放式发展模式所带来的环境危机后，当今，绿色发展已经成为生态文明视域下一种新型的社会发展模式。可以说，绿色发展的根本使命是推动我国社会主义生态文明建设，引导我国实现人与自然的和谐共生。同样，只有在生态文明理念的指引之下，绿色发展才有坚实的根基。

党的十八大将"大力推进生态文明建设"上升为国家战略决策。党的十九大报告中明确提出"实行最严格的生态环境保护制度，形成绿色发展方式和生活方式。"长江经济带发展战略作为在建设生态文明的大背景下国家首次协同流域管理、区域发展、产业转型、空间优化与发展方式转变的重大发展战略，必须要以共抓大保护、不搞大开发为导向推动长江经济带实现绿色发展。

二、构建长江经济带绿色发展法治之路的现实困境

长江沿岸虽然取得了很大的发展成就，但这些成就的取得很多时候是以牺牲

环境为代价的。绿色发展注重解决人与自然的和谐问题。长江沿岸的城市、乡村以及山水林田湖缺乏统一性的治理标准，沿岸各区域存在条块分割、管理混乱、监督缺失等问题，导致长江流域的生态环境持续恶化。国家在建设生态文明的大背景下提出了长江经济带区域协调发展战略，就是要在绿色发展的模式之下改变此种状况。但目前长江经济带绿色发展的法治保障体系、制度和措施存在一定问题，难以为绿色发展提供有力的法律保障。具体包括以下几个方面：

（一）促进长江经济带绿色发展之法律规范体系的困境

促进和保障长江经济带绿色发展需要以完善的法律规范体系为支撑。长江经济带流域的整体性，也必然需要建立起一个含生态环境保护、自然资源开发、能源循环利用等相互联系的法律规范体系来发挥促进和保障功能。但从现实情况来看，法律规范体系的不完善已经成为制约当前长江经济带实现绿色发展的主要因素。长江经济带的绿色发展涉及流域内 11 个省级行政区域和生态环境、自然资源、水利、规划、交通、农业等多个不同部门，但在当前采取分散立法的模式下，使得流域法律体系缺乏综合性、统一性，法律、法规、规章等不同法律层级之间与资源开发利用、污染防治、自然保护等不同法律部门之间未能进行有效契合，甚至法律法规之间存在一定冲突。例如，与长江流域水资源有关的法律涉及《环境保护法》《水污染防治法》《水法》《水土保持法》《防洪法》《城乡规划法》等，相关的法规规章更是门类庞杂、数量繁多，看起来"各司其职"，但实际上缺乏系统性，有的法律条文设计过于原则化，难以发挥法律合力。长江经济带是由沿岸城市、乡村以及山水林田湖共同汇聚形成一个完整的系统，只有解决法律规范体系不统一的困境，才能满足长江经济带绿色发展的现实需求。

（二）促进长江经济带绿色发展之行政监管体制的困境

当前，我国对水资源实行流域管理与行政区域管理相结合的双重管理体制。具体到长江经济带来看，设立了长江水利委员会作为流域管理机构，同时在长江干流以及支流所流经省、市由当地水行政主管部门、生态环境主管部门对水资源保护和利用进行管理。但事实上，流域与区域管理职责没有厘清，地方省、市、

县各级行政主管部门也没有对所有涉水管理职责进行明确划分。再加之不同行政区域的情况不一,所涉事项又涉及多个不同职能部门,这导致了实践中多头管理、职能交叉、监管缺位等问题,导致"九龙治水"与"无人问津"的监管现象并存。据统计,长江流域管理权在中央分属 15 个部委、76 项职能,在地方分属 19 个省级政府、100 多项职能。地方各自利益的藩篱、行政监管体制的障碍使得对流域生态环境缺乏整体考量,严重影响了长江经济带在绿色发展之路上的前行。

(三)促进长江经济带绿色发展之司法协作机制的困境

司法是维护社会公平正义的最后一道防线。运用司法手段保护环境和自然资源,助推长江经济带走绿色发展道路、进行生态文明建设,是司法服务发展大局的应有之义。要立足司法职能服务保障长江经济带,实现"生态优先、绿色发展"。长江水域本身具有流动性,再加之环境问题的扩散性特点,长江经济带最易出现跨区域性的生态环境纠纷,并非单个司法机关可以解决,这就产生了司法协作的必要。从狭义上来看,司法协作是指不同地区的法院为了发挥一定职能而建立的一种合作关系,主要包括代为送达、协助调查或执行等协作行为。随着司法活动的扩展,司法协作有了更为广义的概念,协作的主体已不再局限于法院,而包括公检法在内的司法机关以及与司法机关产生一定协作关系的行政执法机关,协作的内容也从调查、送达和执行等扩展到案件信息共享、优化资源配置、案件联动与司法服务、统一裁判尺度等内容。目前,长江经济带的司法协作机制存在诸多问题,如立法层面支撑不足、跨区域环境案件的管辖争议、案件信息交流不畅、区域间环境案件的裁判标准不统一、跨区域案件证据收集存在障碍等,缺乏专门性、有效性的司法协作机制,难以对长江经济带绿色发展进行有效的引导和规范。

(四)促进长江经济带绿色发展之环境治理体系的困境

"治理"是指公共和私营部门管理其共同事务的诸多方式的总和。在以往的发展过程中,对于长江经济带的治理基本采用直接管制型治理模式,即运用行政手段进行事权管理配置和环境问题防治,这使得社会组织、企业和相关公众参与性不足。而生态环境的状况直接关系到公众自身利益,一味地推行"环境靠政府"

反而难以发挥环境治理的最佳效果。政府承担着环境治理的相关职责，但亦有大力发展经济、提高人民生活水平的相关职责，这就难免在治理行动的过程中进行利益衡量，使得环境利益让位于经济利益。而在着力推动长江经济带绿色发展的模式下，发展要以保护生态环境为底线，不能以牺牲生态价值为代价换取经济效益，这就对环境治理体系提出了更高的要求。

三、构建长江经济带绿色发展法治之路的对策措施

习近平总书记曾强调，"推动长江经济带发展必须从中华民族长远利益考虑，走生态优先、绿色发展之路，使母亲河永葆生机活力"。近年来，在国家层面，以《长江经济带发展规划纲要》为统领、以《长江经济带生态环境保护规划》等专项规划为支撑的顶层设计已经划定。但是，推动长江经济带的绿色发展应是一个系统工程，既包括政府、企业和社会在理念上的转变，也包括具体制度上的改革，同时亦不能缺少相关保障措施的助力。习近平生态文明思想明确树立了"最严格制度保护生态环境的严密法治观"。法治是加快推进和有效保证政府治理体系和治理能力现代化的重要手段，也是国家实现长治久安的重要保障。结合法律权威性、稳定性、强制性等特点，要在生态文明理念指引下更好地促进和保障长江经济带实现绿色发展，法治将起着基础性作用。可以说，绿色发展之路，离不开法律的引导、保障和规范。要以法律的方式为长江经济带发展确定"绿色基调"，实现"良法善治"，确保长江经济带建设真正走出一条生态优先、绿色发展之路。

（一）完善长江经济带绿色发展的法律规范体系

在生态文明理念的指引下，长江经济带要实现绿色发展，法律是不可或缺的"助推器"。善治需要良法，长江流域的整体结构和功能特性决定了需要一套系统的法律规范体系发挥保障作用，因此应当按照"统一规划、统一标准、统一监督、统一防治"的立法原则，构建统一的长江经济带环境保护立法体系。近年来，制定一部综合性《长江保护法》的呼声较为强烈，有学者认为："长江经济带建设要实现"生态优先、绿色发展"定位，就必须制定一部全面把握与统筹谋划全流

域、全要素的综合性法律。"长江保护法重点应在于实现长江经济带流域的绿色发展，改变以往部门性立法或地方性立法带来的不统一，综合调整长江经济带相关的保护、开发、利用行为，规范相关法律责任制度，从而回应长江流域特殊的发展特性和现实需求。此外，还需要加强部门之间、地方政府之间及部门与地方之间关于促进和保障长江经济带绿色发展的立法协同，以《长江保护法》及现行的《环境保护法》《水法》等法律为指导，根据不同地区、不同部门的实际情况，因地制宜地加强立法完善，同时通过省市联席会议、法律合同等机制强化不同区域的立法协同，以法律手段共同助力长江经济带的绿色发展。

（二）健全长江经济带绿色发展的行政监管机制

从本质上来看，长江经济带一体化不仅仅是对水资源利用保护和长江航运的统一治理，而且是对整个长江经济带产业、交通、生态、文化和社会事业等的协同治理。在不断推进国家治理体系和治理能力现代化的当下，要实现长江经济带一体化的绿色发展，必须要破除地方利益的壁垒和相关体制机制障碍，从法律层面完善长江经济带的行政监管机制。首先，应组建统一的流域管理机构，可对长江水利委员会、长江航务管理局进行改革，建立专门性的长江经济带管理机关，将其作为国务院的派出机构，不再隶属于部委，同时吸收沿岸省市的行政机关负责人为成员，实现统一领导，对沿岸省、市级的各类主管部门进行协调，实现直接管理。其次，要保障管理的事权配置的合理性，加强区域间、部门间的合作，建立常备的协商协作机制。

（三）改进长江经济带绿色发展的司法协作机制

要充分发挥司法在绿色发展中的保障作用，将生态文明理念融入司法工作中。以绿色发展、沿岸协同为基点，探索长江经济带区域内法院、检察机关之间以及本地公检法之间、法院与生态环境主管部门之间的协作实践模式，创新司法协作的法律制度设计，推动司法协作模式的法制化、常态化，形成"顶层设计+自主探索"的协作基本框架，建立"生态环境与自然资源保护开发案件"的司法协作模式，实现协商制定司法标准、统一立案诉讼服务、跨区域集中管辖的环境司法协作等，主要包括重大环境案件信息共享机制、司法执行协作机制、司法服务协作机制、司法大数据应用工作机制、法律适用统一的互动交流机制、跨区域环境公益诉讼和生态环境损害赔偿协同机制等。

（四）优化长江经济带绿色发展的环境治理体系

环境危机作为一种普遍性的难题，生态文明的建设，需要国家、社会、企业以及个人的共同努力。党的十九大报告明确提出："加强社会治理制度建设，完善党委领导、政府负责、社会协同、公众参与、法治保障的社会治理体制。"在着力推动长江经济带绿色发展过程中，需要改变传统的环境治理模式，鼓励多方主体参与共治。要赋予社会组织、企业以及公众相关的途径参与关于长江经济带绿色发展的各项事务活动的监督与管理，通过信息公开及反馈机制、座谈或论证机制等构建多元化公众参与机制。同时引入更具弹性的市场治理模式，通过水权交易制度、生态补偿制度、排污权交易制度等方式，使行政监管和市场调节相结合，激发各治理主体的积极性，实现长江经济带绿色发展环境治理体系由政府直接管制模式向社会多元共治体系的转变。

四、结语

在目前生态环境问题依然不断升温、环境治理形势依然相当严峻的当下，社会经济发展进入了转型的关键时期。人们越来越深刻体会到：只有发展生态文明，人类才有未来；只有坚持绿色发展，人类才有希望。在全面实施依法治国，大力倡导生态文明理念的改革背景下，必须以法治手段有效化解长江流域复杂的多元利益冲突和矛盾纠纷，从而走出一条长江经济带绿色发展的法治之路。

参考文献

[1]　蔡守秋. 生态文明建设的法律和制度[M]. 北京：中国法制出版社，2017：1.

[2]　王灿发. 论生态文明建设法律保障体系的构建[J]. 中国法学，2014（3）：37.

[3]　魏胜强. 论绿色发展理念对生态文明建设的价值引导[J]. 法律科学，2019（2）：25.

[4]　习近平. 十八大以来重要文献选编（中）[M]. 北京：中央文献出版社，2016：826..

[5]　吕忠梅，陈虹. 关于长江立法的思考[J]. 环境保护，2016（18）：33.

[6]　吕忠梅. 寻找长江流域立法的新法理——以方法论为视角[J]. 政法论丛，2018（6）：68.

[7]　周强. 坚持生态优先绿色发展，立足司法职能服务和保障长江经济带发展[N]. 人民法院
　　报，2016-12-18.

[8]　陈坤. 从直接管制到民主协商——长江流域水污染防治立法协调与法制环境建设研究
　　[M]. 上海：复旦大学出版社，2011：66.

[9]　杨解君. 论中国绿色发展的法律布局[J]. 法学评论，2016（4）：160.

[10]　叶必丰. 长江经济带国民经济和社会发展规划协同的法律机制[J]. 中国政法大学学报，
　　2017（4）：14.

中华人民共和国成立70周年
The 70th Anniversary of the Founding of
The People's Republic of China

全球生态文明建设与
生态安全体系

面向 2030 年可持续发展议程的中国生态文明范式全球转型①

⊙ 潘家华

（中国社会科学院学部委员、城市发展与环境研究所所长）

生态文明建设和发展的中国范式，越来越得到国际社会的高度认可，为全球发展从工业文明向生态文明的转型探索提供了方向和路径。中国在低碳发展、减缓气候变化等方面成绩突出，已对联合国实现"千年发展目标"作出突出贡献。联合国《2030 可持续发展议程》构建了 5P 愿景：以人为本（people）、尊重自然（planet）、经济繁荣（prosperity）、社会和谐（peace）、合作共赢（partnership），致力于实现人与自然和谐发展。可以说，议程中提出的行动方案，超越了工业文明范式下可持续发展的"经济—社会—环境"三大支柱格局，其中就包含中国生态文明建设作出的巨大贡献。如果说工业文明是西方社会对人类发展的革命性创新，那么，中国的生态文明建设则是东方智慧对全球可持续发展的根本性贡献。

一、生态文明的伦理价值观和发展目标

工业文明是基于功利主义的伦理价值观，强调人类的效用为大，效用即价值，效用即福祉，效用带来进步。在处理人与自然的价值关系时，工业文明主张人类

---

① 原文发表于《东岳论丛》2018 年第 3 期，原题：《新时代生态文明建设的战略认知、发展范式和战略举措》，入选本书时有删节。

是主体，自然为客体，"对于人有意义"即具有"价值"。因此，人类可以以利用和破坏自然为代价来满足自己的所有需求。同时，从代际性上看，工业文明的伦理价值观以当代人效用为先，而忽视子孙后代和人类社会的未来。基于这样一种伦理价值观，工业文明下的劳动者被视为具有经济理性的劳动机器，人与人之间的关系变成基于商品交换的金钱关系，人与自然的关系变成无偿使用与被使用的工具关系。"物竞天择，适者生存"成为弱肉强食的工业文明下人与人之间的关系准则，"人定胜天"的"人类中心主义"观念成为征服自然、无往不利的价值铁律。在工业文明的发展范式下，发展目标是核算单元利润的最大化和财富积累的最大化，而忽视外部性，不考虑核算单元对他人、对社会的成本或收益。在工业文明的价值体系下，环境容量被认为是可以随着技术创新而不断化解，因而环境与自然资源不构成刚性约束，无须考虑。

生态文明主张人与自然和谐的伦理价值观，强调尊重自然、顺应自然、保护自然。它继承了古老和传统东方生态智慧，吸取了中华文明天人合一、与天地参、道法自然的文化精髓，强调人与自然一体，而非改造和征服自然、人定胜天。在生态文明的伦理价值观下，自然的价值得到认同和尊重。生态公正和社会公正是生态文明的价值基础，即对人的权利的尊重和对自然资源收益的公正分享。

党的十八大以来，习近平同志一系列关于生态文明建设的重要讲话、专门论述和重要批示，强化了我们对生态文明有别于工业文明的伦理认知。例如，"两山论"指出人类文明发展的导向是"人与自然的和谐，经济与社会的和谐"，阐释了全面深化改革过程中发展经济与保护生态环境二者之间的辩证关系。同时他还强调坚持生态系统基础性地位的"生态优先"原则，与经济优先原则相对，为协调经济、社会和环境的矛盾冲突提供了判断准则。生态优先原则正是突破了传统的以单一经济效益为核心的发展思路，关注经济、环境和社会协调发展的多元目标，包含了生态规律优先、生态资本优先和生态效益优先三重内涵。

生态文明传承和发展工业文明的创新基因，但又区别于工业文明。生态文明下的创新，不仅仅是为收益最大化，而是在保证和提高生态效率的前提下，实现可持续导向下的经济收益。换言之，新时代生态文明建设思想下的生态文明价值体系，本质上，正如党的十九大所指出，是走经济发展、生态良好、生活幸福的文明发展之路，是生态繁荣、社会幸福、人与自然和谐的可持续；生态文明价值体系下的社会关系，不是尔虞我诈、恶性竞争、零和博弈，而是互利共赢、和谐共生；生态文明价值体系下的自然生态系统，其环境容量有限，存在阈值约束，不能竭泽而渔、焚薮而田。

二、生态文明的自然价值观和理论经济学基石

　　工业文明的价值理论以古典经济学的劳动价值论为基础，人的具体劳动升华为社会一般劳动，人类劳动付出得到产品用以交换，从而创造价值。在这样的伦理价值认知下，价值测度就是劳动价值，自然的价值被忽略甚至否定，功利性质的劳动成果的占有是按劳分配。在古典经济学产生的西欧，相对恒态的水、相对稳定的化学结构的大气，以及恒定的太阳辐射等自然物品是无限供给的，没有稀缺性，不会用以交换，故而没有价值。工业文明下的制度设计，重点在于保护劳动所积累的资本，而忽视创造价值有限的劳动者和没有市场价值的自然。

　　生态文明的价值论首先认可自然的价值，认为自然没有替代品。自然的产出、生态服务，并没有人类的劳动付出，但自然之劳动所创造和提供的产品和服务，具有产品、服务、再生（再生产）、修善（自我修复）、交互（互为依存）、系统（整体），以及无机环境的空间、物质和媒介等价值成分。自然资产的保值增值，是自然的劳动所实现的价值。习近平同志关于"绿水青山就是金山银山"的著名科学论断，充分体现了尊重自然、重视资源全价值、谋求人与自然和谐发展的价值理念。习近平同志指出："要树立自然价值和自然资本的理念，自然生态是有价值的，保护自然就是增值自然价值和自然资本的过程。"这即奠定了"绿水青山就是金山银山"的自然价值理论基石，充分体现了尊重自然、重视资源全价值、谋求人与自然和谐发展的价值理念，是马克思主义政治经济学的理论创新，是新时代生态文明建设新的理论经济学，为生态文明改造和提升工业文明、实现生态文明转型、迈向生态文明新时代提供了价值理论基础。它表明，生态文明体系下的价值测度，不仅包括劳动创造的价值增量，也包括自然劳动所创造的价值增量。所有参与劳动的主体，均须参与劳动成果的分配，自然也应该分享一定比例的自

然和社会劳动的产出,使得人和自然得以至少实现简单再生产,系统的各元素和系统整体得以延续、可持续。因而,生态文明的价值体系下的制度设计,不是为了资本,而是创造资本的人和自然。

三、生态文明的产业理论观和增长动力

工业文明认为,资本、劳动和土地是基本的生产要素,通过投资、生产获得物质资本的增长增殖,但是土地等自然生产要素被认为是不创造价值的物化劳动或死劳动,因而在分配过程中,资本获得利息报酬,劳动获得工资报酬,土地获得地租报酬。但是,地租是所有者权益,并不返还给土地让其休养生息或提高其自然生产力。基此,由于工业文明下的增长是一种环境消耗性的增长,增长面临着"三重天花板效应",即"消费和需求饱和""资源约束""资产存量饱和",这也限制了工业文明的发展。随着西方各国纷纷进入后工业化进程,增长动力逐渐缺失、贫富逐渐差距拉大,众多发展中国家始终未能避免"先污染后治理"的发展路径,反而成了发达国家的"污染避难所",导致区域性、全球性的环境污染和生态退化加剧。一直以来,工业文明范式下的增长受到了西方学界的批判。英国经济学家、哲学家穆尔率先提出了"静态经济"的概念,即人口数量、经济总量和规模、自然环境均保持基本稳定。进入 20 世纪 60 年代,资源枯竭和环境污染问题迫使人们考虑工业化和经济增长的边界问题。美国经济学家鲍尔丁提出"宇宙飞船经济",米都斯等人则在《增长的极限》中提出了零增长经济,生态经济学家戴利论证了保持人口与能源和物质消费在一个稳定或有限波动水平的"稳态经济"。但是,这些理论要么过于偏颇,要么脱离实际,要么存在方法论困境,因而都无法实现,更难以指导实践。时至今日,西方工业文明的根本性矛盾和问题并没有得到解决,理论、方法和实践依然面临诸多困惑和困境。

生态文明则追求生态中性的经济发展,强调劳动价值与自然价值整体的增长,使得自然资产能够保持存量增加、损失趋降、修复扩大。自然资产转换、人均物质消费、固定资产存量、技术效率成为潜在的增长因子。其中,技术效率成为环境中性下增长最重要的动力源泉。很长一段时间以来,我们把发展简单地等

同于 GDP 的增长，专注于生产劳动产品，没有意识到生态产品同样是人类生存发展的必需品之一，也没有生态环境的自然价值和自然资本的概念，在开发利用自然环境与资源的过程中没有能正确处理人和自然的关系，对人的行为缺乏约束，造成了生态环境的破坏。习近平同志深刻指出："纵观世界发展史，保护生态环境就是保护生产力，改善生态环境就是发展生产力"，这在很大程度上为生态文明建设所要实现增长同样所要依赖的"生产力"赋予了全新的内涵，即现代化的绿色生产力，除了认识自然、改造自然和利用自然之外，在生产力内部必然要逐渐生成了一种保护自然的能力，包括生态平衡和修复能力、原生态保护能力、环境监测能力、污染防治能力等，从而使绿水青山环绕金山银山。当今时代，以生态技术、循环利用技术、系统管理科学和复杂系统工程、清洁能源和环境保护产业技术等为特色的科学技术、智力资源日渐成为生产力发展和经济增长的内在性驱动因素，使生态化生产方式蓬勃兴起，产业结构发生现代化的绿色转向，又从实践层面极大论证了习近平同志生态生产力论断的科学性、准确性和前瞻性。

四、新时代生态文明建设的战略举措

（一）坚持生态优先，实现绿色发展

生态优先将保护生态环境作为首要任务，主张尊重自然、顺应自然、保护自然，是发展的前提和准则。生态优先认为生态优势即发展优势，保护生态优势即保护发展优势，归根结底是为谋求人与自然和谐发展，使生产生活与资源环境承载力相适应，旨在保持生态平衡、维持生态系统功能的稳定，为推动绿色发展创造了条件。绿色发展将生态优先准则全方位融入生产、生活、文化和政治治理中，为生态环境保护的实现提供了支撑。绿色发展的落脚点在于发展，"绿色"指明了发展的方向，在此方向下当以低碳发展、清洁发展、高效发展为方式和路径；"发展"是涵盖生产、生活、文化、生态领域的综合改革，力图通过发展模式的转型，使社会经济活动与资源环境承载力相适应，重视发展的质量和效益，实现人的全面发展。生态优先和绿色发展，创造性地实现了保护和发展的辩证统一。

生态优先和绿色发展是我国生态文明建设的一次重大理论突破。基于生态优先和绿色发展的关联性，落实生态优先、形成绿色发展模式，需要依靠科技、道路、文化和制度四方面的机制创新，促进生态优势向发展优势转化。

一是依靠科技创新培育经济新业态、提供治理新手段。革新生产技术、发掘资源潜力，催生生态农业、生态工业、生态旅游等生态经济新业态，促进生产过程的清洁化和产业结构的多元化。同时加强节能技术、资源循环利用技术、新能源、新材料开发利用技术的研发，提高资源利用效率，创新减排治污手段，增强生态环境治理能力。

二是依靠道路创新迈向新型工业化和城镇化。过去欧美国家走的是"先污染后治理的工业化发展道路"和"先破坏后改造的城市化发展道路"，导致资源浪费、环境污染、生态破坏严重，造成"城市病"等问题，中国也出现了这样的大问题，新时代社会主义新五化发展道路，决不能再重蹈覆辙。我们必须以绿色化为先导，走出一条"科技含量高、经济效益好、资源消耗低、环境污染少"的新型工业化道路。中国的城镇化将以绿色化为先导，走出一条容纳"绿色产业、绿色交通、绿色建筑"的新型城镇化道路。坚持依靠道路创新，避免事后生态损害修复，尽可能地降低发展成本。

三是依靠文化创新培育生态文明新风尚。我国古老和传统文化之中蕴含着生态文明的文化基因，如《易经》中的"天地人三才之道"，道家的"道法自然"，儒家的"天人合一"，都蕴含着人与自然和谐共生的理念。生态优先、绿色发展强调尊重自然、顺应自然，是传统生态观在当代中国的传承和发扬光大，需要培育生态文化、在全社会推行社会主义生态文明观，引导人们将生态保护的价值标准"内化于心、外化于行"，营造勤俭节约的社会风尚，进而增强文化软实力，塑造树立"文明中国、生态中国、美丽中国"的良好国家形象。

四是依靠制度创新完善资源财富补偿功能和向社会成本的转化。自然资源资产产权交易制度、生态环境补偿制度、绿色 GDP 和绿色 GEP（即生态系统生产总值）等绿色核算制度、生态保护红线制度等一系列制度的创新，有助于重视资源环境价值，明晰生态环境保护和开发的标准。一方面将资源财富用于实施生态环境补偿，弥补资源价值耗竭、完善资源损害赔偿；另一方面引导自然资源财富向社会资本转化，投入社会建设领域，实现资源收益的全民共享、代际共享。

（二）统筹山水林田湖草系统治理，以生态系统观推进生态文明建设

党的十八大以来，以习近平同志为核心的党中央，不断深化生态文明体制改革，着力推动生态文明建设国家治理能力和治理体系的现代化。生态文明建设是一项系统工程，从实践视角看，过去我国对"山水林田湖草"实行粗放式管理，自然资源资产的产权核算不清晰，所有权人主体不明确、权益不到位，致使"政出多门""多头治污""九龙治水"现象普遍存在，各自为政的属地化、条块化管理体制弊端突出。也可以说，在中央或地方财政支持或部门利益面前，职权重叠、权力竞争，但在监管或者行政追责方面，又经常出现"谁都在管、谁都不担责"的监管真空。

解决这个问题，就是必须按照系统工程思路推进生态文明建设。在党的十九大报告中，习近平同志进一步把"山水林田湖是生命共同体"科学论断进一步发展为"统筹山水林田湖草系统治理"。在自然界，生物群落通过能量和物质的交换与其生存的环境形成一个的有机的整体，彼此之间相互联系、相互作用、不可分割。一个完整的生态系统包含山水林田湖草等要素，只有各要素之间达到动态的、系统性的平衡，才能保障人类社会的可持续发展。基于此，以系统工程推进生态文明建设，统筹山水林田湖草系统治理，要从顶层设计入手，打破思维定式，建立和完善严格的生态环境保护和监管体制，加强对草原、森林、湿地、海洋、河流等所有自然生态系统的自然资源产权确权和权益供给机制保障，对自然保护区、森林公园、地质公园等所有保护区域进行统一整合，统筹安排、综合治理，给资源环境以休养生息的时间和空间，保护森林、湖泊、湿地，扩大绿色生态空间，全方位、全系统界定好资源上线、环境底线和生态红线。

（三）建立系统完整的生态文明制度体系

建设生态文明是一场革命性转型和根本性变革，必须依靠系统完整的制度体系来提供保障。体制不完善、机制不健全以及法治不完备等原因导致的我国生态环境保护存在的一些突出问题，长期以来一直未能得到根本和有效解决。习近平

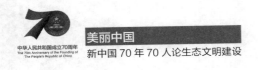
同志指出:"只有实行最严格的制度、最严密的法治,才能为生态文明建设提供可靠保障。"

党的十八大以来,以习近平同志为核心的党中央,先后提出一系列涵盖体现生态文明要求的目标体系、考核办法、奖惩机制,自然资源产权、用途管制、生态红线、有偿使用、生态补偿、管理体制等制度和机制建设不断完善、强化和凸显,生态文明体制改革"四梁八柱"整体建立,成效逐步显现。党的十九大报告从多方面再次强调了生态文明制度建设的重要性,包括"加快建立绿色生产和消费的法律制度""完善生态环境管理制度""提高污染排放标准,强化排污者责任,健全环境保护信用评价、信息强制性披露、严惩重罚等制度"等,为新时代生态文明制度建设提出了新要求。

总体来说,新时代生态文明建设的制度建设,需要着力在以下方面加速发展、取得实效:一是加快健全自然资源资产产权制度和用途管制制度,划定生态保护红线,推进建立"自然资产负债表",为树立"自然价值和自然资本的理念"提供根本的法律依据和制度保障;二是明确"多规合一"的空间规划制度,对土地利用、城市建设、产业布局、污染控制、生态保护等多项内容进行一体化规划;三是加快建立生态补偿机制及生态补偿财政政策体系,强化全面节约制度,完善资源财富补偿功能和向社会成本的转化,为构建绿色生产和消费的法律制度构建奠定基础;四是加快构建立和完善生态文明建设目标评价考核和责任追究制度,引导和督促各级党政领导干部自觉推进生态文明建设,扭转"唯 GDP 主义",形成生态文明治理体系下的新政绩观;五是加快建立生态环境损害评估体系,深入推进全国生态环境损害赔偿制度改革,树立"环境有价、损害担责"的理念,为生态修复等工作提供重要支撑。

(四)为全球生态安全作出贡献

党的十九大报告明确要求,树立社会主义生态文明观,推动形成人与自然和谐发展的现代化建设新格局,为全球生态安全作出贡献。这对于世界,不仅是一个信号,更是一种承诺,是构建人类命运共同体的中国方案。

我国对全球性生态安全问题,表现出高度的责任担当,在推进《巴黎协定》

的谈判、达成、生效和实施中，在联合国《2030 年可持续发展议程》的执行进程中均积极地承担了国际责任和义务。虽然美国总统特朗普宣布退出《巴黎协定》，规避环境责任，以及"去全球化"，给全球应对气候变化造成了一定障碍，但应对气候变化仍然是全球的广泛共识和强烈的政治意愿，中国应当更加坚定不移地以积极的参与者、引领者的姿态为应对气候变化、保护生物多样性、海洋污染治理等全球性生态安全问题做出更多、更大的贡献，推动全球可持续发展进程与落实中国生态文明建设的融合并进。

仍然需要看到，当前，中国对全球生态文明建设的贡献，本身面临着自身局域环境改善和全球生态保护的双重使命，需要比发达国家和其他发展中国家付出更多的努力。从系统论的视角看，中国是世界的一部分，没有各组成部分的安全，就不可能有整体的安全。治理自身的环境，是对全球生态安全基本的贡献。作为全球的最大的发展中国家、工业大国，首先，需要着力解决自身的突出环境问题，坚持全民共治、源头防治，管控大气污染，还生灵以蓝天；防治水污染，让碧水回归；管控和修复土壤污染，消除食物链毒害之源；强化固体废弃物和垃圾处置，促使资源再生并提升承载力。其次，顺应国际可持续发展的潮流，不断深化对可持续发展的认知，结合具体国情探索正确的发展思路，对内推动经济转型，加强生态文明建设，用积极行动落实 2030 年可持续发展目标；对外构建对话机制，促进合作交流，努力践行绿色发展，消除绝对贫困，构建全球生态治理体系，推动全球低碳转型。从另一视角来看，引领全球向生态文明转型，维系全球的生态安全，这将是对国际上"中国环境威胁"谬论最有力度的回击，也是当代中国、社会主义东方大国对人类实现可持续发展最根本的贡献。

参考文献

[1] 潘家华，陈孜. 2030 年可持续发展的转型议程：全球视野与中国经验[M]. 北京：社会科学文献出版社，2016.

[2] 新华社. 习近平在十八届中央政治局第六次集体学习时的讲话.2013-05-24.

[3] 潘家华. 为全球生态安全贡献中国方案[N]. 中国社会科学报，2017-11-23（01）.

以习近平生态文明思想引领全球气候治理和国内应对行动

⊙ 何建坤

（清华大学原常务副校长、气候变化问题专家）

推进生态文明建设，走绿色低碳循环的可持续发展道路，是我国突破日益增强的资源环境制约，实现新时代社会主义现代化强国建设目标的一项基本方略，也是世界范围内应对以气候变化为代表的地球生态危机，实现人与自然和谐共生和人类社会可持续发展的根本途径。我国要以习近平生态文明思想为指引，在促进国内生态环境根本好转和美丽中国建设目标实现的同时，为保护地球生态安全贡献中国的智慧和力量，对全球生态文明建设发挥积极的引领作用。

一、以习近平生态文明思想和人类命运共同体理念引领全球气候治理和合作进程

党的十九大报告中把气候变化列为全球非传统安全威胁和人类面临的共同挑战。应对气候变化的核心是减少人类活动产生的二氧化碳等温室气体排放，控制大气中温室气体浓度，减缓气候变暖。2015 年底联合国气候大会通过的《巴黎协定》，以各缔约方"自下而上"国家自主贡献承诺的机制强化温室气体减排，实现控制地球温升不超过2℃并争取控制在1.5℃之内的保护地球生态安全目标，到21世纪下半叶全球要实现净零碳排放或"碳中和"。其核心手段就是通过能源

体系的低碳化变革和经济发展方式向绿色低碳转型,在保障经济社会持续发展的同时控制和减少碳排放,打造经济发展与应对气候变化双赢局面,实现经济社会与生态环境的协调和可持续发展。

以习近平生态文明思想为指导,推进全球生态文明建设,实现人与自然和谐发展,是在全球可持续发展框架下应对气候变化挑战的根本途径和必由之路。习近平同志提出:"气候变化关乎人民福祉,关乎人类未来",强调我国要"共谋全球生态文明建设,深度参与全球环境治理,形成世界环境保护和可持续发展的解决方案,引导应对气候变化的国际合作"。习近平生态文明思想倡导建立绿色低碳循环可持续发展的经济体系,构建清洁低碳安全高效的能源体系,发展绿色金融,建立绿色生产和消费的法制制度和政策导向等一系列内容,为全球合作应对以气候变化为代表的地球生态危机,实现人与自然和谐共生,建设清洁美丽世界贡献中国智慧和力量,将有效促进全球环境治理和全球生态文明建设的进程。

当前以气候变化为代表的全球生态危机形成的原因,主要是由于工业革命以来发达国家无节制消耗地球资源和向地球环境空间排放废弃物,已远远超出地球资源和环境的承载能力。大量化石能源消费和土地利用改变引起的二氧化碳等温室气体排放,已导致了近百年以来地球急剧变暖,对地球生态安全和人类社会生存与发展带来严重威胁。广大发展中国家在工业化和现代化进程中,已不可能再沿袭发达国家以高资源消耗和高污染物排放为代价的传统发展方式,必须走上资源节约、环境友好的绿色发展路径。习近平同志提出的人与自然和谐共生、绿水青山就是金山银山、良好的生态环境是最普惠的民生福祉、山水林田湖草是生命共同体、用最严格制度最严密法治保护生态环境等思想,对世界各国特别是发展中国家以生态文明思想为指引,构建以生态价值观念为准则的生态文化体系,统筹协调经济发展、社会进步与环境保护的关系,推动能源和经济的低碳转型,走上气候适宜型低碳经济的发展路径具有普遍指导意义。习近平提出建设全球生态文明的思想,强调"要构筑尊崇自然、绿色发展的生态体系。要解决工业文明带来的矛盾,以人与自然和谐相处为目标,实现世界可持续发展和人的全面发展"。也将成为全球合作应对以气候变化为代表的生态危机,促进人类社会形态由工业文明向生态文明转型的重要指导思想,引领世界经济社会发展方式的根本

变革，实现人与自然的和谐发展。

中国"引导应对气候变化国际合作，成为全球生态文明建设的重要参与者、贡献者、引领者"，对《巴黎协定》的达成和生效发挥了积极的推动作用。在当前落实和实施《巴黎协定》的进程中，在国内坚持以习近平生态文明思想为指引，坚定走生产发展、生活富裕、生态良好的文明发展道路，实行最严格的生态环境保护制度，建设美丽中国。我国坚持绿色低碳循环的可持续发展理念，与《巴黎协定》所倡导的实现气候适宜型低碳经济发展路径相契合。中国在能源变革和二氧化碳减排领域所取得的巨大成效，通过把应对气候变化与国内可持续发展相结合，打造经济、民生、能源、环境和减排二氧化碳多方共赢的局面，使中国成为推动世界能源变革和经济低碳转型的重要贡献者和引领者。中国能源利用和经济转型、新型城镇化建设、产业转型升级、环境治理等方面的成功经验和案例，以及节能降碳的政策体系和生态文明的制度建设都可为其他发展中国家所仿效和借鉴。中国在生态文明建设和环境保护的显著成就和成功经验，中国生态文明经济体系、制度体系和生态安全体系的建设理念和实践，也将对全球生态文明建设和可持续发展发挥积极引领作用。

党的十九大报告中强调中国将坚持和平发展道路，推动构建人类命运共同体，秉持共商、共建、共享的全球治理观，积极参与全球治理体系改革和建设，不断贡献中国智慧和力量。报告中也强调中国要坚持环境友好，合作应对气候变化，保护人类赖以生存的家园，为全球生态安全做出贡献。习近平全球生态文明思想和构建人类命运共同体的理念是我国对全球环境治理贡献的中国智慧和中国方案。我国倡导相互尊重、公平正义、合作共赢的全球治理新理念，把应对气候变化作为各国可持续发展的机遇，促进各方互惠合作、共同发展。有利于扩展各国自愿合作的领域和空间，扩大各方利益的交汇点，促进气候谈判由"零和博弈"转向合作共赢。我国在气候治理理念和合作方式上展现出不同于美、欧国家的新型领导力和引领作用，越来越被世界范围所认同。合作应对气候变化是各国一致的共同利益取向，比其他政治、经济、社会等领域的全球性风险和地区热点问题有更多的利益交汇点和合作共赢的空间，存在广阔的合作前景和政治意愿。应对气候变化领域为我国在全球治理改革和建设中发挥国际领导力提供了舞台，可努力使其成为践行新时代构建相互尊重、公平正义、合作共赢的国际关系，打造人类命运共同体的先行领域和成功范例。

应对气候变化事关全人类共同利益，需要全球合作行动，习近平同志强调的"要实施积极应对气候变化国家战略，推动和引导建立公平合理、合作共赢的全球治理体系，彰显我国负责任大国形象，构建人类命运共同体"，以及世界各国"携手共建生态良好的地球美好家园"等一系列思想和理念，已成为引领世界范围内环境治理制度的改革和建设的重要指导思想。

《联合国气候变化框架公约》所确立的全球气候治理机制和国际谈判规则，秉持各缔约方多边参与、协商一致的原则，是在保护地球生态安全和全人类共同利益下的自觉合作行动条文。但在责任义务分担上各方又存在矛盾和分歧，形成多方博弈的复杂局面，需要有影响力的大国发挥协调和引领作用。我国在气候变化领域发挥引领作用，就要展现对各缔约方立场和利益诉求的协调能力，引导体现公平合理、合作共赢的全球气候治理机制和行动方案的制定，促进各方强化政治共识和行动意愿，在寻求全球共同目标与各方立场的契合点以及各方利益诉求的平衡点上展现出影响力、感召力和塑造力，从而促进各方共同努力，强化行动。我国以习近平建设全球生态文明思想和构建人类命运共同体理念，积极引领全球应对气候变化的合作进程和务实行动，有利于占据国际道义制高点，提升国家形象和领导力，并且更好地维护和扩展自身国家利益，体现国家的软实力。

二、以习近平生态文明思想引领价值观念和发展方式的转变

全球实现控制温升不超过 2℃目标倒逼下的确定减排路径十分紧迫。到 21 世纪下半叶要实现净零碳排放，关键取决于未来二三十年能源体系变革和发展方式的转变。如果行动不力，未来全球温升存在超过 3～4℃的风险，将有可能对地球生态安全带来不可逆转的灾难性和毁灭性影响，迫切需要各国加强行动。

世界范围内在可持续发展框架下应对气候变化，实现各国经济社会持续发展与保护地球生态安全的双赢，就必须转变工业文明下的发展观念、价值观念、行为准则以及生产方式与消费方式，推进社会形态向生态文明转变。习近平同志强

调要"建立健全以生态文明价值观念为准则的文化体系",以思想观念的转变引领经济社会发展方式转型。我国要以习近平生态文明思想为指导,推动国内乃至全球加强对管控全球生态风险的认识,引领思想观念的转变,增强国家、城市、企业、社会公众各阶层自主减排的意愿、决心和行动,广泛参与和共同努力。习近平提出的良好的生态环境是最公平的公共产品和最普惠的民生福祉,坚持生态惠民、生态利民、生态为民,不断满足人民日益增长的优美生态环境需要的生态文明思想,对于弘扬中国"天人合一""道法自然"的传统文化、简约适度的生活方式,引领世界范围内价值观理念和消费方式的转变,提升中国传统文化和社会主义价值观念在国际社会的影响力和软实力方面有重要意义。

在以生态文明思想引导社会发展观和价值观转变的同时,中国也不断加强生态文明制度建设和治理体系建设。将其纳入法制轨道,统筹经济社会和资源环境的各个方面,统筹治理,有效防控生态环境风险。习近平强调要用最严格制度和最严密法治保护生态环境,强调制度创新,加快构建生态文明管理体系,建立以改善生态环境质量为核心的目标责任体系,建设以治理体系和治理能力现代化为保障的生态文明制度体系,以生态系统良性循环和环境风险有效防控为重点的生态安全体系,这一系列思想和举措,对世界范围内生态文明的制度建设将发挥积极引领和示范作用。

实现人类经济社会持续发展和控制全球温升保护地球生态安全双重目标,核心是推动能源体系革命性变革,实现经济社会发展方式的低碳转型,这也是全球生态文明建设的根本途径和关键着力点。自工业革命以来不断增长的化石能源消费,是温室气体排放的主要来源,也是造成世界范围生态破坏、环境污染的重要根源,是二氧化硫、氮氧化物和烟尘等常规污染物排放的主要来源。不论是保护和改善地域生态环境,还是应对全球气候变化生态危机,都需要控制和减少化石能源消费,最终形成以新能源和可再生能源为主体的零污染和零碳排放新型能源体系,取代当前以化石能源为支柱的高污染和高碳排放传统能源体系。因此,能源体系革命性变革已成为世界新趋势和潮流,也是各国家应对全球气候变化和促进国内可持续发展的战略选择,成为全球生态文明建设的重要领域和关键着力点。以能源体系革命性变革,促进经济社会发展走上绿色低碳循环的可持续发展路径，是由工业文明向生态文明转型的根本途径。

中国把生态文明建设纳入"五位一体"社会主义现代化建设总体布局，并将其放在突出地位，在习近平生态文明思想指导下，推动能源生产和消费革命，以创新发展转换发展动力，以绿色发展转变发展方式，加强生态文明制度建设，加快建立绿色生产和消费的法律制度和政策导向，建立健全绿色低碳循环发展的经济体系，推进能源生产和消费革命，构建清洁低碳、安全高效的能源体系，倡导简约适度，绿色低碳的生活方式，已取得举世瞩目的成效。中国转变发展方式的指导思想、战略思路、实施路径以及政策保障措施等方面的成功实践，也将为全球发展方式转变提供中国的经验和贡献，影响和引领全球能源变革和发展方式转型的进程。

我国统筹环境质量改善和应对气候变化国内、国际两个大局，加强生态文明制度建设，将节能减碳纳入国家经济和社会发展规划。自"十一五"开始制定单位 GDP 能源强度下降的约束性指标，"十二五"又增加 GDP 的二氧化碳强度下降指标，"十三五"进一步增加能源消费总量控制目标。并将这些指标分解到各省市，强化各级政府的目标责任制，在建立和完善一系列的财税金融政策体系同时，也推进全国碳市场建设和发展，以政府规制性措施和市场手段相结合，促进应对气候变化战略的实施。

当前，我国坚持新的发展理念，经济发展由高速增长转向高质量发展阶段，重在转变发展方式，优化经济结构，转换增长动力，深化供给侧改革，提高全要素生产率，将有助于促进发展方式由增加生产要素投入为驱动的、以资源环境为代价的、粗放扩张增长方式转向以创新驱动为内涵的绿色低碳发展路径。通过强化节能，提高能源利用效率和产出效益，大力发展新能源和可再生能源，加速能源结构低碳化，已有效地抑制了能源消费和二氧化碳排放快速增长的趋势，单位国内生产总值能源强度和二氧化碳强度下降趋势加快。2005—2018 年，单位国内生产总值的二氧化碳强度已下降约 48%，提前实现中国 2009 年在哥本哈根气候大会上对外承诺的 40%～45% 的自主减排目标，并为实现《巴黎协定》下承诺的国家自主减排目标奠定了基础。我国积极的减排目标和有效的行动与实践，先进低碳能源技术创新和产业化发展，以及在绿色"一带一路"合作中高效能源和

低碳基础设施的建设，已经并将继续为全球能源变革和经济低碳转型发挥推动和引领作用。

三、确立并实施与新时代社会主义现代化建设目标和方略相契合、与全球深度脱碳目标和减排路径相适应的中长期低碳发展战略

党的十九大提出到 2050 年建成社会主义现代化强国的目标和基本方略，也把气候变化列为非传统安全威胁，提出要积极推动全球环境治理体系的变革和建设，为全球生态安全不断做出新的贡献。中国长期低碳排放战略要与 2050 年现代化建设"两个阶段"的目标相契合，以《巴黎协定》下 2℃目标下深度脱碳的路径为导向，推动能源体系低碳化变革，建立绿色低碳循环可持续的经济发展模式，研究 21 世纪中叶后尽快实现净零排放的技术创新路线图，确立深度脱碳的能源革命目标，实现与 2℃温升控制目标相适应的低碳经济发展路径，为地球生态安全和全人类共同利益做出与我国不断上升的综合国力和国际影响力相称的积极贡献。

党的十九大确立了 2020—2035 年新时代社会主义现代化建设第一阶段的目标，要基本建成社会主义现代化，使得环境质量根本好转，美丽中国的目标基本实现。这与我国自主承诺二氧化碳减排目标的时间相一致，同时在对策措施上有协同效应，有利于促进二氧化碳减排。实现生态环境根本好转，将总体上形成节约资源和保护环境的空间格局、生产方式和生活方式，城市环境优美、和谐、宜居，满足人民对优美环境和生态产品的需求，将有效推动生产和消费革命，加快形成清洁、低碳、安全、高效的新能源体系和绿色低碳循环发展的经济体系，有效促进二氧化碳减排。另外，落实和强化《巴黎协定》下国家提出的 2030 年单位 GDP 二氧化碳排放强度比 2005 年下降 60%～65%，非化石能源在一次能源消费中占比达 20%，2030 年前后二氧化碳排放达到峰值并努力早日达峰等目标，也有利于从根本上控制和减少常规污染物来源，实现改善环境质量和美丽中国建设的目标。因此，要落实国家自主贡献承诺（INDC）的实施规划和行动方案，规划二氧化碳排放早日达峰的具体时间表以及峰值排放量控制目标；在此基础

上，进一步提出到 2035 年强化行动和深化减排的目标和对策，并与第二阶段实施深度脱碳的减排目标和对策相衔接。同时还要适应《巴黎协定》下要求各国不断强化和更新自主贡献目标的发展形势。

2035—2050 年现代化建设第二阶段，要建设人与自然和谐共生的现代化，绿色发展方式和生活方式全面形成，建成社会主义现代化强国和美丽中国。同时也要确立并实施与《巴黎协定》控制全球温升不超过 2℃目标下深度脱碳路径相适应的能源转型和低碳发展战略。中国在该阶段国内生态环境已根本好转的情况下，应对气候变化战略要超越国内节约资源、保护环境和可持续发展的内在需要，要更多地考虑保护地球生态安全目标下减排路径的需求，以为人类做出新的更大贡献的历史使命出发，确立到 2050 年二氧化碳排放比峰值年份大幅度降低并趋近于零排放的目标和措施。把积极应对气候变化目标作为社会主义现代化强国建设总目标的重要组成部分，为全球应对气候变化做出与我国当时综合国力和国际影响力相称的贡献，体现中国对全球生态文明发展和人类共同利益的责任担当和引领作用，实现建设社会主义现代化强国目标与全球生态安全目标的协调统一。

当前我国正处于"十三五"全面决胜小康社会与"十四五"开启社会主义现代化建设新征程的交汇期。根据党的十九大提出的加快生态文明体制改革，推进绿色发展，建立健全绿色低碳循环发展经济体系，特别对于打好污染防治攻坚战，建设美丽中国，为全球生态安全做出贡献等一系列目标和任务，"十三五"和"十四五"期间要以习近平生态文明思想为指导，发挥减排二氧化碳与环境防治的协同效应，统筹部署，强化行动。当前要结合决胜全面建成小康社会的战略部署，在推进生态文明建设、打好污染防治攻坚战等一系列政策措施实施过程中，统筹生态环境改善与减排二氧化碳的协同目标和措施，在近期防治区域环境污染的同时，强化长期低碳发展和减排二氧化碳的目标导向。加强经济、能源、环境和应对气候变化的协同治理，打造多方共赢的局面。

实现紧迫的减排目标和减排路径，也呼唤革命性先进技术的突破，例如大比例可再生电力上网情况下大规模储能技术和智能电网技术，为实现二氧化碳负排放的生物质发电过程的二氧化碳捕集和封存（BECCS）技术，作为洁净零碳二

次能源的氢能的制备、储存和利用技术，化工、钢铁、水泥等原材料产品的零碳生产技术，对这些颠覆性技术必须加强研发和示范工程建设，加大投入，尽快突破并快速产业化，使之技术成熟、经济成本可接受，推进零排放目标的实现。我国要加强先进技术研发和示范，并进行前瞻性部署，打造先进技术的核心竞争力。全球应对气候变化下能源和经济的低碳转型，将引发经济社会发展方式的根本性变革，也将重塑世界政治、经济、技术的竞争格局。先进能源技术和低碳产业发展将代表一个国家的核心竞争力，有利于扩展国际市场和影响力，形成新的经济增长点和新增就业机会，引领世界技术创新和经济变革的趋势。

参考文献

[1] 联合国气候变化框架公约缔约方大会. 巴黎协定. https：//unfccc.int/resource/docs/2015/cop21/chi/l09c.pdf. 2015-12-12.

[2] 何建坤. 新型能源体系革命是通向生态文明的必由之路[J]. 中国地质大学学报（社会科学版），2014（2）：1-10.

[3] 杰里米·里夫金. 第三次工业革命[M]. 张体伟，孙豫宁译. 北京：中信出版社，2009.

[4] 何建坤. 新时代应对气候变化和低碳发展长期战略的新思考[J]. 武汉大学学报（社会科学版），2018（4）：13-21.

[5] Intergovernmental Panel on Climate Change（IPCC）. The Synthesis Report of the Fifth Assessment Report of the IPCC. Intergovernmental Panel on Climate Change. [2018-05-18]. http：//ar5-syr.ipcc.ch/ipcc/ipcc/resources/pdf/IPCC_SynthesisReport.pdf.

[6] 王金南，蒋洪强，何军，等. 新时代中国特色社会主义生态文明建设的方略与任务[J]. 中国环境管理，2017（4）.

[7] 解振华，等. 中国低碳发展宏观战略研究总报告[M]. 北京：人民出版社，2017.

[8] 国家统计局. 2019 年中国统计摘要[M]. 北京：中国统计出版社，2019.

[9] 戴彦德，康艳兵，熊小平. 中国能源和碳排放情景暨能源转型与低碳发展路线图[M]. 北京：中国环境出版社，2017.

新时代海洋生态环境保护的战略思考与理论实践

⊙ 关道明

（国家海洋环境监测中心主任）

　　十八大以来，党中央高度重视生态文明建设，理论高度、推进力度和改革深度前所未有。我国既是陆地大国，也是海洋大国，海洋在保障国家总体安全，促进经济社会发展、生态文明建设、文化繁荣振兴中的战略地位显著。加强海洋生态环境保护是生态文明建设和海洋强国建设的重要内容，对于美丽中国目标实现意义重大。与此同时，海洋生态环境问题已成为制约沿海地区经济社会发展的重要瓶颈和突出短板。为补齐海洋生态环境短板，解决人民群众普遍关心的突出海洋环境问题，应以习近平生态文明思想和习近平总书记关于海洋强国建设的重要论述为根本遵循和方向指引，坚持尊重海洋、顺应海洋、保护海洋的原则，加强海洋生态环境保护，实现海洋生态环境质量根本好转，这既是建设海洋强国的应有之义，也是实现美丽中国的目标要求，关系人民福祉，关乎民族未来。

一、我国海洋生态环境保护的发展历程回顾

　　习近平总书记指出，"纵观世界经济发展的历史，一个明显的轨迹，就是由内陆走向海洋，由海洋走向世界，走向强盛。"我国沿海地区的快速发展也是一个不断向海、近海、亲海发展的过程，伴随着海洋在国民经济发展中的地位和作用愈加重要，我国海洋事业不断蓬勃发展，海洋管理历经了行业管理、海军代管、

行政管理和综合管理四个阶段，海洋生态环境保护也由最初建立海洋环境监测网，以监测海洋环境为主逐步向法制化、业务化轨道迈进；机构改革后，海洋环境保护职责整合到新组建的生态环境部，打通了陆地和海洋，海洋生态环境保护工作逐步从"条块分割""五龙治海"向陆海统筹、一体化管理转变，工作内容也逐步从"近岸海域污染防治为主"向"海洋污染防治、生态保护、风险防控、全球治理并重"转变。

（1）海洋监测。海洋监测作为海洋管理的基础性工作和海洋生态环境保护的重要手段起步于 20 世纪 70 年代，从渤海、黄海海洋环境监测网建设到全国海洋环境监测网组建完成，经历了从无到有，从单一到全面，海洋环境监测项已由单一的水环境监测拓展到沉积环境、生物质量、生态、海洋功能区、污染源等多介质多区域的监测，监测范围全面覆盖我国管辖海域，并拓展至与国家生态安全密切相关的西太平洋公共水域。

（2）海洋保护区。自 1963 年我国第一个海洋自然保护区建立以来，历经零星发展、停滞发展、恢复与快速发展，到如今伴随自然保护地体系建设，进入高速发展阶段。截至目前各级各类海洋保护区已达 271 处，占我国管辖海域面积 4.1%，遍布沿海 11 个省（直辖市、自治区），涵盖多个典型海洋生态系统及珍稀濒危海洋生物物种，海洋生物多样性得到有效保护。

（3）海洋整治修复。近年来通过实施大气、水、土壤污染防治行动计划及污染防治攻坚战，全国生态环境质量总体得到改善，海洋环境质量呈现持续向好态势。通过严格围填海管控和实施"蓝色海湾"生态环境整治修复等系列工程，完成 600 余个非法（或不合理）入海排污口清理，累计修复岸线 260 余公里，修复沙滩面积 1200 余公顷，修复恢复湿地面积 4000 余公顷，有效遏制了海岸线、滨海湿地和重点海湾生态退化趋势。

尽管当前我国海洋环境质量整体企稳向好，局部区域生态系统得到修复恢复，但仍处于污染排放和环境风险的高峰期，生态退化和灾害频发的叠加期，海洋生态环境保护形势依然严峻。因此，我们必须高度重视海洋生态环境保护，持续加强海洋环境污染防治，保护海洋生物多样性，建设美丽海洋。

二、新时代海洋生态环境保护的总体思路与战略安排

（一）党中央对海洋生态环境保护的新要求

自党的十八大将生态文明建设纳入中国特色社会主义事业"五位一体"总体布局以来，党中央颁布了《关于加快推进生态文明建设的意见》《生态文明体制改革总体方案》《生态文明建设目标评价考核办法》等系列重大政策文件，对加强生态环境保护、提升生态文明、建设美丽中国作出重大决策部署，并将生态文明和建设美丽中国的要求写入宪法，确立了习近平生态文明思想，生态文明建设不断拓展和深化，为持续深入加强生态环境保护提供了根本遵循和行动指南，同时也为做好新时代海洋生态环境保护工作提供了方向指引。

习近平总书记明确指出"海洋事业发展得怎么样，海洋问题解决得好不好，关系我们民族生存发展，关系我们国家兴衰安危"，并围绕海洋强国建设、保护海洋生态环境发表系列重要论述。党的十八大、十九大先后作出"建设海洋强国""坚持陆海统筹，加快建设海洋强国"的重大战略部署，在《水污染防治行动计划》《推动我国生态文明建设迈上新台阶》《全面加强生态环境保护　坚决打好污染防治攻坚战的意见》《渤海综合治理攻坚战行动计划》等重大政策文件中对海洋生态环境保护作出了系列重要任务安排。习近平生态文明思想和习近平总书记关于建设海洋强国的重要论述，为新时代海洋事业指明了方向、确立了目标，进一步明确了新时代海洋生态环境保护工作的基本定位。

（二）新时代海洋生态环境保护的总体思路与战略安排

1. 总体思路

当前我国正处于全面建成小康社会的决胜期，是实现第一个百年目标的关键期，同时也处于经济增速换挡、结构调整和动能转化的攻关期，在陆海内外联动、东西双向互济开放格局中，海洋已成为高质量发展战略要地，加强海洋生态环境保护是拓展蓝色经济空间、实现高质量发展的重要保障。国家机构改革后，海洋生态环境保护在工作格局、工作目标、工作方式、工作区域等方面整体已发生重

大转变，因此，应积极贯彻落实党中央对海洋生态环境保护的新要求，立足国家发展战略格局，以问题为导向，以需求为牵引，以自然规律为准则，进一步理清海洋生态环境保护的总体思路，提升新时代海洋生态环境保护工作的针对性、精准性、科学性。

结合海洋生态系统的特点及当前海洋生态环境面临的形势，初步提出总体思路如下：以习近平生态文明思想和习近平总书记关于海洋强国的重要论述为指引，深入贯彻落实党中央、国务院的有关指示精神，遵循"陆海统筹、以海定陆"原则，以绿色发展和整治修复为手段，以制度建设和能力提升为保障，以科技创新和国际合作为支撑，着力解决突出的海洋生态环境问题，实现海洋环境质量根本好转，海洋生态系统健康稳定，优质海洋生态产品供给能力不断增强，海洋生态环境治理体系和治理能力现代化建设基本完成，人民期盼的"水清、岸绿、滩净、湾美、物丰、人和"的美丽海洋全面实现，强力支撑经济高质量发展。

2. 战略安排

党的十九大对新时代中国特色社会主义建设作出"两个一百年"的决策部署和两个阶段的战略安排，将"建设美丽中国"作为社会主义现代化强国目标重要组成部分，将"提供更多优质生态产品以满足人民日益增长的优美生态环境需要"纳入民生范畴，与"五位一体"总体布局对应起来，成为全面建设社会主义现代化国家新征程的重大战略任务。考虑到生态环境问题是长期形成的，加上海洋流动性、复杂性、滞后性等特点决定了海洋生态环境质量改善不可能一蹴而就，因此，要立足当前、着眼长远，统筹谋划海洋生态环境保护的战略安排，不断细化、深化、优化海洋生态环境保护的时间表、路线图和任务书。

从时间、空间上看，当前既要短期谋划，集中打好渤海综合治理攻坚战，又要长远运筹，助力实现美丽海洋建设愿景；既要近岸布局，统筹陆海要素，又要空间拓展，迈向深海极地。为贯彻落实"两个一百年"决策部署与战略目标，结合海洋生态环境保护特点与要求，初步将海洋生态环境保护划分为三个时期，即重点突破期（2019—2020 年）、全面改善期（2020—2035 年）和巩固提升期（2035—2050 年）。

（1）重点突破期：这一时期要重点突破，集中打好渤海综合治理攻坚战，确保渤海生态环境质量有效改善，实现《渤海综合治理攻坚战行动计划》目标。同时，全力打造全国污染治理和环境改善的先行区，保持海洋生态环境持续向好态势，突出海洋生态环境问题得到解决，海洋生态退化趋势得到遏制，海洋生态环境质量得到持续改善，实现清洁海洋。

（2）全面改善期：在重点区域取得扎实成效和经验基础上，由点及面，由表及里，带动污染防治攻坚战向纵深发展，自然恢复和整治修复取得显著成效，海洋生态系统服务功能不断增强，海洋生物资源得到有效养护，环境风险有效防控，海洋生态环境质量得到全面改善，海洋生态环境治理体系和治理能力建设取得重大进展，实现健康海洋。

（3）巩固提升期：全面巩固海洋生态环境保护与治理成果，推动海洋生态环境质量根本好转，海洋生态系统健康稳定，海洋生态产品供给能力不断增强，公众亲海空间不断拓展，公众海洋环境意识与环境保护行为显著提升，海洋生态环境治理体系和治理能力现代化建设基本完成，筑牢海洋生态安全屏障，实现美丽海洋。

从方向内容上看，一是绿色发展，源头防治。生态环境问题归根结底是发展方式和生活方式问题，加快形成绿色发展方式，是解决污染问题的根本之策。只有从源头上使污染物排放大幅降下来，生态环境质量才能明显好上去。百川异源，而皆归于海，陆域、流域、海域的各类人为开发活动、污染排放都将对海洋生态环境产生直接或间接影响。因此，追根溯源，源头防治对海洋生态环境质量改善至关重要。

二是保护修复，生态增容。坚持生态优先、保护优先的方针，将海洋纳入"山水林田湖草"生命共同体，全方位、全地域、全过程保护修复海洋生态系统，加强海洋生物资源养护，保住海洋生态自主恢复的底线。坚持自然恢复为主，人工修复为辅的原则，系统施策、多措并举，打通陆海生态联系，恢复修复岸滩、滨海湿地、海湾等生态环境和水动力环境，增强海洋生态系统服务功能和优质海洋生态产品供给能力，扩大海洋生态容量。

三是创新能力，强化保障。制度建设、能力提升和科技创新是落实海洋生态环境保护工作的重要保障，是巩固海洋生态环境质量改善成效的重要手段。要构

建严格严密的法规制度体系，确保海洋生态环境保护决策部署落地生根见效；要健全完善监测、监管与应急三大能力建设，积极推动监测智能化、监管现代化、应急常态化；要充分发挥科技创新驱动作用，培育和壮大环境保护科技产业，支撑引领海洋生态环境保护和美丽中国建设。

四是国际合作，全球治理。保护海洋生态环境是全球面临的共同挑战和共同责任。践行海洋命运共同体，立足国情，构建以政府为主导，企业为主体，社会组织和公众共同参与的现代化海洋环境治理体系；统筹国内治理与国际合作关系，构建高效公平的全球海洋环境治理体系，深度参与海洋垃圾、微塑料、脱氧等新兴海洋环境问题的全球治理，积极贡献中国智慧与中国方案。

三、陆海统筹改善海洋生态环境质量的实践路径与对策建议

陆海联系紧密，海洋生态环境的改善离不开陆域污染物的减排和防治，离不开人类开发活动的管理和控制。因此，新时代海洋生态环境保护应从陆海统筹视角寻求新的解决之路，要强化陆海的全盘谋划和有机联系，增强陆海污染防治协同性和生态环境保护整体性，进而推动海洋生态环境保护根本好转。

（一）遵循陆海统筹、以海定陆原则，加强陆海环境污染综合治理

海洋生态环境问题表现在海里，根子在陆上，入海河流的治理是改善近岸海洋环境质量的关键。在新形势新背景下，应依托机构改革的体制优势，积极开展"从山顶到海洋"陆海一体化的环境污染综合治理，建立治海先治河，治河先治污，河海共治模式，开展污染物入海负荷评估，摸清流域氮磷入海总量，明确污染控制的关键区域与主要产业，以近岸海域优良水质控制目标为依据，明确主要流域入海总量及削减量，实施精细化污染源管理，从源头控制农业、畜牧养殖业及城市生活污水氮磷的排放量，有效削减重点流域的入海氮磷污染物总量，改善主要河口区域及海湾的环境质量。

建立"以海定陆"的污染管理倒逼机制和海域流域联防联控机制，充分发挥"河长制"的作用，将"湾长制"与"河长制"有效衔接，落实沿海和上下游地

方政府污染防治责任，分区分级落实区域污染减排和环境整治任务。

（二）尊重生态系统完整性与系统性，构筑陆海联通的生态安全屏障

生态是统一的自然系统，是相互依存、紧密联系的有机链条。要坚持生态优先、绿色发展原则，坚持自然恢复为主、人工修复为辅方针，积极建立陆海统筹的生态系统保护与修复机制，深入实施山水林田湖草海一体化生态保护和修复，有效保护重要生态系统和修复受损生态系统。通过实施"蓝色海湾""南红北柳"和"生态岛礁"等海洋生态修复工程，积极开展滨海湿地、自然岸线、重点河口与海湾、特殊岛屿、生物迁徙通道等重要生态廊道与生态节点的整治修复工作，提升海岸、海域和海岛生态环境功能，维护生物多样性，打通陆海生态界限，构建互联互通、良性循环的陆海生态安全网络格局。

从完善生态网络完整性角度，进一步加强保护地选划工作，对典型湿地生态系统、珍稀物种栖息地及迁徙洄游通道、经济物种索饵及繁殖区等生态环境敏感区域实施有效保护；对生态地位重要的海洋区域进行抢救性保护，填补生态网络中海洋空白区。

（三）构筑海岸退缩线与缓冲带，不断拓展公众亲海空间

当前陆域与海域在管理边界上存在不协调、不一致等问题，导致陆域开发与海域管理存在大量重叠冲突区域。应积极开展岸线勘测，明确岸线管理边界，并实施最严格的岸线管控制度，强化海洋生态保护红线制度和围填海制度，合理布局生产、生活和生态岸线，最大程度增加生态岸线，拓展公众亲水岸线岸滩，构建海湾特色亲海空间，提升百姓对海洋生态环境改善的获得感和幸福感。

加强海岸线邻近陆域管理，以海洋生态环境保护倒逼、优化、提升沿海产业结构调整与转型。制定实施海岸建筑退缩线制度，严守 200 米退缩线和自然岸线保有率，拆除岸滩区域不合理的工程建筑，按照海岸自然结构，构筑"滨海内地带—滩涂过渡带—近岸水体带"的海岸缓冲带，实现"自然化、生态化、绿植化"和缓坡入海，维护珊瑚礁、红树林、海滩沙丘等重要海防林生态系统的完整性，重现绿色海岸、金色沙滩、蓝色海湾的生态景观。

（四）加强监测、应急、监管体系建设，提高海洋生态环境保护能力

推动"互联网+""大数据"与海洋生态环境监测监管、应急响应的有效融合与创新发展，完善国家海洋生态环境监测网络、监管体系、应急响应能力建设。分区分类规划岸基、近岸和近海海域、南海岛礁、大洋极地等监测布局，统筹兼顾，一站多能，加强监测与排污监督、开发监管、产业调控、应急响应、风险预警等的协同联动，实现海洋环境质量状况监测为主向海洋生态环境综合性精准监测转变。将海洋生态环境风险纳入常态化管理，加强对我国油气开发储运、危化品生产储运、放射性污染等海洋环境风险监测监管，系统建立事前严防、事中严管、事后处置的全过程、多层级生态环境风险防范体系。扎实推进海洋环境保护督查督政，强化海洋资源环境执法，加强海洋工程、海洋倾废等领域的事中事后监管，形成体系更健全、监管更有力、保护更严格的海洋生态环境监管新格局。

（五）强化法制保障和政策支持，完善海洋生态环境保护制度体系建设

加快立法步伐，强化海洋生态环境保护的法制保障和政策支持，着手制定适合我国国情的海洋法律法规，加强国家海洋政策和海洋制度在法律方面的顶层设计，积极开展海洋生态环境制度政策建设，推进海洋领域"三线一单"制度的实施。加快修订海洋环境保护法及其配套条例，推动修订海洋倾废管理条例、防治海洋工程污染损害海洋环境管理条例等有关法律法规和规范性文件，尽快形成与新职责、新定位、新机构相适应的、符合海洋生态环境保护的海洋法律体系及法律法规配套制度体系。针对跨区域、跨国界海洋污染问题建立区域间协调合作机制，强化纵向指导和横向联动；重构"流域—河口—海域"环境质量标准体系，实现不同区域、不同介质标准和数据的有效衔接。

（六）积极参与全球海洋治理，构建海洋生态环境治理新格局

积极参与全球海洋治理，共同推进蓝色经济发展和"一带一路"海上合作，着力解决海洋污染、海洋垃圾与微塑料、海洋酸化、脱氧、海洋防灾减灾、海洋生物多样性降低等突出的海洋生态环境问题，构建政府为主导、企业为主体、社

会组织和公众共同参与的海洋环境治理体系。继续引导应对气候变化国际合作，加强海洋领域应对气候变化的能力建设，大力推进国际海洋交流与合作，进一步发挥我国在国际双边、多边海洋治理中的主导作用，积极开展自然环境与社会经济影响的多学科合作研究，共同应对全球海洋环境问题。

中国有能力成为全球气候治理的引领者

◉ 庄贵阳

（中国社会科学院城市发展与环境研究所研究员）

一、中国对全球气候治理的贡献

中国在连续参加国际气候谈判的过程中，气候治理理念日趋成熟，从最初强调"不可能"承担减排义务，到认为强制减排"不合适"，再到自愿量化减排目标、确定 2030 年碳排放峰值，中国在全球气候治理中的角色由被动追随转向主动引领，展现了减排责任担当，这既有我国作为第一碳排放国和全球第二大经济体面对的外界压力，也有自主转变角色的内在动力。2013 年至 2016 年，中国对世界经济增长的平均贡献率达到 30%左右，超过美国、欧元区和日本贡献率的总和，居世界第一位。正如世界经济论坛主席施瓦布所说，"如今中国拥有强大的声音"。中国正在从器物、制度和观念三个层面积蓄力量，凝聚领先优势，逐步担当起全球气候治理的引领者的角色，推动全球实现可持续发展。

（一）器物层面：物质性公共产品的供给

资金和技术问题是气候谈判的焦点问题。发达国家负有温室气体排放的历史责任，且在解决气候治理方面具有更大的能力，理应为解决全球气候问题起到带头作用、承担更多的义务，同时向发展中国家提供必要的资金和技术支持。然而，发达国家自 2008 年以来深陷经济危机之中自顾不暇，经济不确定性的增加令其经济实力大打折扣，面对前方巨大的资金和技术缺口，徘徊不前甚至选择退缩。

与之相比，中国凭借多年平稳高速的经济发展，国家综合实力得到明显的提升，面对经济困境，积极探索国内转型发展道路。中国立足于自身国情，不仅在气候变化大会中坚定捍卫发展中国家的基本发展权，还从绿色技术转移、资金扶持、教育等方面为发展中国家提供切实帮助。在资金方面，习近平总书记在联合国可持续发展峰会上宣布设立"南南合作援助基金"，会同丝路基金、金砖基金和亚投行等多渠道向发展中国家提供帮助；同时，中国将继续增加对最不发达国家投资，免除对有关最不发达国家、内陆发展中国家、小岛屿发展中国家截至 2015 年年底到期未还的政府间无息贷款债务。在技术方面，中国将设立国际发展知识中心，探讨构建全球能源互联网来推动以清洁和绿色方式满足全球电力需求；并于 2016 年中国启动了气候变化南南合作的"十百千"项目，包括在发展中国家开展 10 个低碳示范区、100 个减缓和适应项目及 1000 个应对气候变化培训名额的合作项目。2017 年中国启动全国碳排放交易试点，探索以市场机制实现减碳的方式。这些举措充分体现了我国在全球气候治理上勇于承担的大国风范。

（二）制度层面：制度性公共物品的供给

面对气候变化这样一个全球性公共物品，设置议程和塑造议题是各方达成共识的基础，不仅需要群策群力，更需要有责任心的国家带头做出贡献。在国际气候谈判的关键时刻经常会出现一些难点问题，使谈判陷入僵局。具有领导地位的国家，应在坚持底线的同时，努力平衡各方的利益诉求，利用灵活机动的解决方案，达成共识。中国自始至终都是国际气候谈判的积极参与者，所有的国际气候公约中都有中方的身影，中国坚持"共同但有区别责任"原则，并在联合国框架下采取协商一致的决策机制，为《巴黎协定》的达成、生效和落实做出突出贡献。

在《巴黎协定》签订之初，由于南北阵营分歧较大，中国率先与各大国展开双边谈判，循序渐进，积极斡旋，寻找最基础共识，先后与印度、巴西、欧盟、美国、法国等国家和地区就气候变化进行磋商，发布《中美气候变化联合声明》《中欧气候变化联合声明》《中法元首气候变化联合声明》等一系列成果文件，

为《巴黎协定》的最终达成奠定了基础。习近平总书记在巴黎气候大会上指出，国际协议的成功标准在于既能解决当下矛盾更要引领未来，据此提出对《巴黎协定》的四点期待：有利于实现公约目标，引领绿色发展；有利于凝聚全球力量，鼓励广泛参与；有利于加大投入，强化行动保障；有利于照顾各国国情，讲求务实有效。这四项期待从坚持框架公约原则、确定制度安排、指明绿色低碳发展方向、提供资金技术支持等方面为各方谈判奠定了基调，也为广大发展中国家发声，最终在《巴黎协定》中有所落实。2017 年 11 月的波恩气候大会也一度陷入僵局，中国采取了"搭桥方案"，即在谈判出现很大分歧时，由中国牵头，将各方最对立的观点拎出来，尽可能地寻找"最大公约数"，该方案的提出充分展现了中国政治影响力和中国智慧，为各方所认可。中国在国际气候谈判制度层面的贡献得到了国际社会的广泛认同，提高了中国全球气候治理的话语权。

在联合国气候谈判机制之外，中国倡议将绿色发展理念融入"一带一路"建设的方方面面，寻求以可持续发展为准则的区域合作发展模式；2014 年 APEC 绿色发展高层圆桌会上，中国发起实施全球绿色供应链、价值链合作倡议，带动产业升级、发展方式向绿色化转型；2016 年 G20 杭州峰会上，中国首次将绿色金融倡议作为峰会的重要议题；2017 年金砖国家领导人会议上，构建绿色技术合作交流平台、开展城市可持续发展伙伴关系建设成为重要合作成果。中国的身影将出现在更多的国际舞台上，群策群力，提出切实有效的制度方案。

（三）精神层面：观念性公共产品的供给

自党的十八大以来，中国先后提出了绿色发展新理念、"一带一路"倡议以及人类命运共同体思想，无论是它们的理论内容还是思想高度都备受国际社会认同，都体现了中国在思想理论层面的发展与创新，越来越多地获得国际社会的认同。党的十九大呼吁"各国人民同心协力，构建人类命运共同体，建设持久和平、普遍安全、共同繁荣、开放包容、清洁美丽的世界"。这些光辉思想都将在全球气候治理进程中焕发出力量。

坚持构建人类命运共同体，共谋全球生态文明建设之路。习近平总书记在外交场合多次表示，国际社会日益成为一个你中有我、我中有你的"命运共同体"，面对世界经济的复杂形势和全球性问题，任何国家都不可能独善其身。中国不仅将应对气候变化作为应尽的国际义务，在气候变化谈判和气候治理行动中展现出诚意、决心和中国智慧，还以国内生态文明建设和绿色转型之路为全球气候治理提供了中国经验，实现了国家发展利益与全人类利益的统一，在国际舞台作出了为世人称道的姿态。

坚持正确义利观，寻求各方利益的"最大公约数"，促成气候治理国际合作。巴黎气候大会上，中国提出树立合作共赢的全球气候治理观，倡导"各尽所能、合作共赢""奉行法治、公平正义""包容互鉴、共同发展"的全球治理理念，允许各国寻找最适合本国国情的应对之策，这与传统文化中"和而不同""大河有水小河满，小河有水大河满"的思想一脉相承。气候治理不是"零和博弈"，应对气候变化是人类共同的事业，发达国家应当主动承担减排义务，发展中国家也要避免重走工业文明高碳发展的老路。

坚持共同但有区别的责任原则，始终是中国推动全球气候治理的立足点。对此，习近平总书记提出："发达国家和发展中国家对造成气候变化的历史责任不同，发展需求和能力也存在差异。就像一场赛车一样，有的车已经跑了很远，有的车刚刚出发，这个时候用统一尺度来限制车速是不适当的，也是不公平的。发达国家在应对气候变化方面多做表率，符合《联合国气候变化框架公约》所确立的共同但有区别的责任、公平、各自能力等重要原则，也是广大发展中国家的共同心愿。"同时，中国责无旁贷，将继续做出自己的贡献。我们敦促发达国家承担历史性责任，兑现减排承诺，并帮助发展中国家减缓和适应气候变化。

二、中国成为全球气候治理引领者的战略内涵

我们理应明确，成为"引领者"意味着应当具有领先优势、发挥表率作用、承担应有责任，必须致力于促进公共利益。对此，党的十九大报告为中国未来在全球气候治理中的战略选择指明了方向："牢牢立足社会主义初级阶段这个最大实际""积极参与全球环境治理，落实减排承诺"。一方面，无论是国内减排还是向发展中国家提供援助都应立足于国情量力而行，遵循客观发展规律；另一方面，

掌握气候变化的领导力意味着更大的减排责任,目前中国的首要任务是继续深耕国内的绿色低碳发展,加快生态文明建设的步伐,夯实国内经济发展基础,积累减缓和适应领域的优势,为全球减排目标的实现奉献可供借鉴的经验。

（一）中国提出做引领者，是对国际期望的战略回应

当前，全球气候治理体系呈现新形态。一方面，世界经济缓慢复苏，全球绿色发展态势总体向好；另一方面，全球气候治理的中心逐渐东移。美国退出《巴黎协定》，动摇了国际社会低碳减排的信心，并丧失了全球气候治理的领导权；而欧盟目前存在有心无力、内部分歧、行动迟缓等问题。相比较而言，中国在全球环境治理体系改革调整中正在发挥建设性作用。

近年来，中国在《联合国气候变化框架公约》组织和多边机制框架场合，越来越主动地建言献策，提供中国方案，成为推动全球治理的重要力量。期间，伴随着"习式外交"主动出击、积极参与全球治理的风格，一些西方国家及国际组织，包括美、法及联合国、国际货币基金组织等的领导人，都在多边及双边场合，倡议中国扮演全球气候治理的领导角色。如今，中国生态文明建设初见成效，国际社会普遍认可中国对全球的贡献，开始主动参与中国提出的倡议，而中国以海纳百川的胸襟汇聚起全世界致力于全球共同发展的力量，夯实了中国引领世界的基础。

积极承担国际责任和义务符合我国根本和长远利益。鉴于中国仍然是一个发展中国家，自身还面临艰巨的发展任务，中国将在力所能及范围内尽可能承担更大国际责任和义务。正是中国这种负责任的姿态赢得了世界的瞩目，为中国引领全球气候变化治理做好了铺垫。

面对全球气候变化危机，中国始终高举和平、发展、合作、共赢的旗帜，呼吁各国人民构建人类命运共同体，主张引导应对气候变化国际合作，做全球生态文明建设的"引领者"，这正是中国对国际期望的战略回应，从根本上有别于独断专行的"霸权主义"，也非带有控制色彩和隶属关系的"领导者"。中国的引领作用强调的是中国顺应全球气候治理格局演变的客观趋势，在应对气候变化领域的树立责任意识、发挥表率作用，维护国际社会睦邻友好、人与自然和谐共生

的关系，以负责任、有担当的大国形象应对全球性气候变化危机，以身作则履行减排承诺，以生态文明建设卓有成效的实践经验向世界贡献中国方案，构建合作共赢、利益共享的国际气候治理新秩序。

（二）高举生态文明建设大旗，为全球气候治理提供中国方案

党的十八大正式将生态文明建设纳入中国特色社会主义事业"五位一体"总体布局之中，"美丽中国"成为伟大中国梦的重要内容，至此开启了绿色、低碳、环境保护的生态文明建设之路。随着中国生态文明的建设，在国民生产总值保持中高速增长的同时，碳排放持续下降，说明中国正逐步摆脱经济增长对碳排放的路径依赖，同时生态环境的改善也提升了民众的幸福感，提高了企业和民众对国家生态文明建设的理解与支持。

生态文明建设是顺应世界文明转型发展的大趋势、大战略，遵从可持续发展的长远目标。气候变化问题的复杂性、广泛性和不可逆性决定了应对气候变化是全球生态文明建设中的核心问题，引领全球气候治理将成为引领全球生态文明建设的"切入口"；而覆盖经济、政治、文化和生态各个领域的生态文明建设则是解决全球气候变化危机的必由之路。中国致力于生态文明建设，通过形成生态文明建设战略思想、拓展绿色转型与发展模式和创建生态文明制度等具体措施，与世界各国共享生态文明建设红利。

2016 年 5 月，联合国环境规划署发布《绿水青山就是金山银山：中国生态文明战略与行动》报告，向全世界介绍了中国生态文明建设的指导原则、基本理念和政策举措，特别是将生态文明融入国家发展规划的做法和经验，表明中国决心依靠绿色低碳循环的发展道路，走出工业文明发展范式困境，为实现全球生态安全和可持续发展提供中国智慧和方案。

中国在进行国内生态文明建设的同时，也积极参与全球环境治理，积极履行国际环境公约，并取得了显著成效。借助绿色"一带一路"建设、南南合作项目等，共享发展和保护经验，推动中国的绿色技术和绿色标准"走出去"。倡导构建人类命运共同体，谋求互利共赢的气候治理新方案，为化解全球环境危机提供了新的机遇与发展模式。在此过程中，中国生态文明思想熠熠生辉，对构建全球

生态文明理论框架、政策制度安排发挥了建设性作用。

　　未来，中国要以更加积极的姿态高举生态文明建设的旗帜，参与全球气候与环境治理，调整角色定位，主动引导构建人类命运共同体，倡导应对气候变化责任共担，引领发展中国家开展应对气候变化工作，让中国生态文明建设和绿色转型发展的红利惠及其他发展中国家，为全球气候安全和可持续发展做出积极贡献。

（三）坚持多边主义，引领全球气候治理新进程

　　虽然当前已形成多极世界政治格局，但是欧美等西方国家在全球治理的话语权还未发生根本性改变。随着美国优先发展模式的变化和欧盟整体式微，国际舆论发出不同的声音，认为中国正在积极参与全球治理，提议由中国扮演全球气候治理的领导者的角色。2017 年 1 月 17 日，习近平主席在瑞士达沃斯峰会上强调，《巴黎协定》符合全球发展大方向，成果来之不易，应该共同坚守，不能轻言放弃。发言还强调了要牢固树立人类命运共同体意识，共同担当，同舟共济，共促全球发展。这是中国领导人对于国际社会关心的包括气候变化在内的全球治理和国际秩序难题的高调回应，明确表达了中国坚持多边主义，坚守《巴黎协定》的积极意愿。

　　尽管自哥本哈根气候大会以来，中国在气候治理领域的声音愈来愈多，在塑造全球气候治理新机制上起着举足轻重的作用。然而，中国必须清醒地认识到，当前中国各方面条件还不成熟，还有许多自身的问题需要解决，并不具备独自引领全球气候治理的实力。中国本身还处在社会主义初级阶段，自身实力还有待提升，中国的生态文明建设仍需巩固加强，深化绿色发展理念，提高国家自主创新能力，才能有实力保证方向型领导力。另外，美国、欧盟、日本、印度等大国集团也未必心甘情愿地被引领，因此，在 2030 年中国碳排放峰值目标实现之前，中国必须加大和"基础四国"、欧盟与美国的国际协同与合作，探究灵活有效的气候谈判模式，共同引领气候谈判进程，落实谈判成果，为世界做好表率。

　　《巴黎协定》的正式生效，标志着 2020 年后的全球气候治理进入履约阶段，全球气候治理的顶层设计面临重构，中国将面临更多的国际责任。一方面，中国

需要尽快转型成功，为世界各国树立榜样，积蓄领导能力；另一方面，中国参与全球气候治理要从战略层面做出长效选择，基于自身能力为广大发展中国家提供切实帮助，着力解决欠发达国家资金、技术、制度和政策等层面普遍存在能力不足的问题。从气候治理的复杂性和世界发展多极化的趋势来看，中国领导力也不会是排他的，应该体现包容性和共享共建。

从中短期来看（2020—2035 年），中国要应对气候治理的变局，深化绿色发展理念，夯实生态文明建设基础，继续发挥既有优势积极参与全球气候治理的部署，落实《巴黎协定》自主贡献目标，展示低碳发展成就，同时通过南南气候合作，巩固国际影响力。加强中美、中欧以及基础四国的合作，按照"包容、合作、互信、共赢"的原则，积极与国际社会开展互动，探索具有中国特色的开放、包容、互惠的新型领导力格局。

从长期来看（2035—2050 年），中国关注的重点是超越气候议题的全球治理顶层设计。全球治理新格局中，中国会更多发挥引领和统筹的作用，而不再是传统意义上居高临下的领导。只有这样才能最大限度调动各方参与的积极性，用集体的力量解决集体困境。

三、结语

总体而言，中国在国际谈判初期参与较多，但是话语权较少，主要以伸张自我权利为主，诉求西方发达国家对全球气候治理尽义务，并对发展中国家提供资金与技术支持，而国际规则主要由发达国家主导。然而，由于我国碳排放量的不断增加，来自南北阵营以及国内转型的压力空前高涨。随着中国国力的提高和对国际事务的参与不断深入，中国从气候治理"参与者"转向气候治理"引领者"是基于中国现行发展阶段和顺应时代发展潮流而做出的必然选择，中国应当把握时代机遇，通过引领全球气候治理进程，努力营造清洁稳定的气候环境、创造绿色经济发展机会，增强中国的软实力，提高中国在国际合作中的地位。

参考文献

[1] 习近平总书记出席联合国发展峰会并发表重要讲话：谋共同永续发展做合作共赢伙伴 [EB/OL]. 新华网. 2015-9-27.http://www.xinhuanet.com.

[2] 习近平在气候变化巴黎大会开幕式上的讲话：携手构建合作共赢、公平合理的气候变化治理机制[EB/OL]. 新华网. 2015-12-1.http://www.xinhuanet.com.

[3] 刘振民. 全球气候治理中的中国贡献[J]. 求是，2016（7）.

[4] 应对全球气候变化，关乎全人类利益与福祉，是一场各国携手才能打赢的"硬仗"[EB/OL]. 中国青年网. 2015-11-29. http://www.youth.cn.

[5] 习近平总书记在纽约联合国总部出席第七十届联合国大会并在一般性辩论上发表重要讲话：携手构建合作共赢新伙伴，同心打造人类命运共同体[EB/OL]. 新华网. 2015-9-28. http://www.xinhuanet.com.

[6] Christer Karlsson, Mattias Hjerpe, Charles Parker. The Legitimacy of Leadership in International Climate Change Negotiations[J]. Ambio，2012，41：46-55.

[7] 孙楠. 全球气候治理：中国能否成为领导者[EB/OL]. 新气象，2016-2-1. http://www.zgqxb.com.cn/zhuant/20160201/2016020101/201602/t20160201_59389.html.

[8] 杨洁篪. 积极承担国际责任与义务[N]. 人民日报，2015-11-23(6).

[9] UNEP. Green is Gold: The Strategy and Action of China's Ecological Civilization[R]. 2016. https://reliefweb.int/report/china/green-gold-strategy-and-actions-chinas-ecological-civilization.

用国际可持续发展研究的新成果和通用语言解读生态文明

◉ 诸大建

（同济大学经济与管理学院教授）

2019 年 6 月 7 日，国家主席习近平在第二十三届圣彼得堡国际经济论坛全会上发表题为《坚持可持续发展　共创繁荣美好世界》的致辞，指出可持续发展是各方的最大利益契合点和最佳合作切入点，是破解当前全球性问题的"金钥匙"。这是习近平首次专题论述可持续发展的讲话，许多内容高屋建瓴，提振了众多可持续发展研究者和实践者的信心。

当前，从可持续发展角度解读生态文明的研究工作还不多见，而加强可持续发展与生态文明之间的对话具有十分重要的意义。一是用国际可持续发展研究的通用语言解读我国生态文明的思想、政策与实践，讲好生态文明的中国故事，可以为推进联合国 2030 全球可持续发展目标推波助澜；二是将国际可持续发展研究的新成果新思想融入我国的生态文明，可以深化生态文明的理论、战略与政策，更好地建设美丽中国和实现中国特色的社会主义现代化。

一、可持续发展研究的新成果及其理论启示

最近十年来特别是 2012 年联合国召开里约+20 首脑会议以来，国际有关可持续发展的研究出现了一系列重要的新成果新思想。这些新成果新思想可以概括

为对象、过程、主体三个维度。用可持续发展研究的新成果新思想解读生态文明，可以消解社会对生态文明建设的一些认识误区，可以为生态文明深化提供新的理论启示，增强我国生态文明理论在国际上的话语能力和说服力。

（1）对象维度：可持续发展要求人类发展与环境压力脱钩。2009 年科学家在 Nature 上发表论文提出地球行星边界概念，证明经济社会发展的物理规模受到地球约束。这个发现支持可持续发展的实质是追求自然资本约束边界内的社会经济繁荣，目的是实现经济社会发展与资源环境压力的绝对脱钩。这种脱钩可以分解为两个方面，一是经济增长与环境压力的脱钩，这是提高资源生产率问题；二是社会福利与经济增长的脱钩，这是提高经济的服务效率问题。我国过去 40 年来，在经济与环境之间的资源生产率问题上已经取得了长足的进步，未来需要在经济与社会之间的服务效率上做出相应的进步。

从对象视角看，生态文明包含了环境与发展、生态与文明两个方面，没有经济社会文明提高的资源环境保护不能认为是生态文明，没有资源环境保护的经济社会发展也不能认为是生态文明。这方面的相关误区在于，人们常常拆解生态文明是资源环境保护与经济社会发展的整合，导致有文明无生态或者有生态无文明的认识或做法。认为以 GDP 为导向的唯经济增长是前者，生态文明等同于环境保护是后者。例如，经济相对不发达的地区常常自称是或被认为是生态文明好的地区。实际上，从生态文明的视角衡量发展中地区，应该看生态环境是否促进经济社会发展；衡量发达地区，应该看经济社会发展是否资源环境友好。

（2）过程维度：可持续发展要进行因果链的全过程变革。可持续发展源于资源环境问题，但是给出的解决方案要高于资源环境问题。从因果关系看，人们对经济、社会、环境三者关系的认识及其思想演进，存在四种不同的处理方式。①增长模式。环境被看作是经济社会的微不足道的子系统，这是 1972 年联合国环境大会前国际发展思想的主流。②并列模式。经济、社会、环境在可持续发展中是并列关系，环境问题得到重视但是强调末端治理，这是 1972—1992 年的思想主流。③相交模式。注意在经济、社会、环境的交界面进行改进，但是物质效率提高与物质规模扩张之间存在矛盾，这是 1992—2012 年的思想主流。④包含模型。即经济社会发展要与资源环境消耗绝对脱钩。Raworth2012 年提出的"甜甜圈"经济学是包含模型的最新成果，这个模型与我国生态文明强调生态红线有共同的价值观和方法论，可以为深化生态文明的理论与政策提供思想启示。

从过程视角看，生态文明是超越末端导向污染治理的新环境主义或深绿色革命，生态文明强调的压力—状态—对策管理方法即 PSR 方法，要求对资源环境问题的处理，从被动的救火式事后治理，转化为主动的预防性事前防范。这方面的相关误区在于，人们常常强调发展模式不改变下的末端环境污染治理，而不是强调源头导向和全生命周期的物质流和能源流控制。

（3）主体维度：三个层面合作治理推进可持续发展。2012 年以来人们越来越多地强调可持续发展需要扩展成为经济、社会、环境、治理四位一体的体系，合作治理是其中至关重要的组成部分。Cavagnaro2012 年提出可持续发展需要三个层面的合作治理。第一层面是宏观管理和社会管理，第二层面是组织合作和公私合作，第三层面是公众参与和个体管理。可持续性发展把合作治理纳入理论体系，是要发挥各种组织的作用以及公私合作等混合形式，通过共同目标下的各自行动实现可持续发展，所谓全球性思考、地方化行动（thinking globally, acting locally）。

从主体视角看，生态文明的发展涉及政府、企业、社会、公民等利益相关者的上下互动和广泛参与，而不是把生态文明归结为政府单主体的意愿和动员，甚至只是中央政府自上而下的意愿和动员。这方面的相关误区在于，人们常常强调生态文明是资源环境保护部门的工作，而不是多部门的协同合作和全社会的网络治理。传统的政府体制在目标和手段上常常存在冲突，生态文明特别需要政府管理从碎片化转向整合化。一是目标的相互增强，有不同目标的部门，如发展部门与环境保护部门，需要在生态与文明之间找到交集和平衡点。二是手段的相互增强，政府的管理手段通常包含规制、市场、公众参与等三种方式，不同手段之间应该相互支撑。

二、从新研究新成果分析我国生态文明的三种情景

党的十九大报告提出了后2020 年到2050 年与我国现代化相适应的生态文明

建设目标，给出了具体的指标，分两个阶段各 15 年。基于生态文明是经济社会发展与资源环境消耗脱钩的新概念新认识，笔者认为用人类发展与生态足迹组成的二维矩阵和前述甜甜圈经济学的研究成果讨论我国的生态文明，可以有三种不同的方式，展望三种不同的情景即 A 模式、B 模式、C 模式。中国的生态文明和绿色发展需要走 C 模式的发展道路。

（1）先增长后绿色化的 A 模式。在这种模式中，一个国家先从低人类发展低生态足迹进入高人类发展高生态足迹，然后再降低生态足迹进入高人类发展低生态足迹的目标区域，这是发达国家的先褐色后绿色的发展模式。发达国家目前处于甜甜圈的外层，人均 GDP 普遍在 3 万美元左右，人类发展指数在 0.8 以上，但是人均二氧化碳排放在 10 吨左右、人均生态足迹普遍超过地球生态供给能力两倍及其以上（即 3.5 地球公顷以上）。我国过去 40 年的高速经济增长带来了显著的资源环境影响，人均生态足迹已经超过人均地球生态承载能力。WWF 的研究指出，在一切照旧情景下，我国的人均生态足迹在 2030 年将超过世界人均水平达到 2.9 地球公顷，我国搞生态文明建设要能够遏制这样的高消耗高污染高增长的发展趋势。

（2）跨越式进入目标区域的 B 模式。在这种模式中，人们希望发展中国家能够从低人类发展低生态足迹状态，一步进入可持续发展要求的高人类发展低生态足迹。这意味着在提高人类发展水平的同时降低生态足迹。理论上，这样的思路看起来有道理；但是实践上，常常走不通。因为跨越式发展的 B 模式常常需要有高度的思想创新、制度创新、技术创新，而发展中国家总是受到旧观念、旧制度、旧技术等状况的限制，有效法先行者的惯性。我国改革开放以来也多次提出要避免西方先污染后治理的发展道路，但是实际上我国现在的人均生态足迹已经达到 2.2 地球公顷。虽然仍然低于全球人均生态足迹 2.6 地球公顷，但是已经高于地球人均生态承载能力的 1.7 地球公顷，因此走 B 模式已经没有可能。如果一定要这样做，就会影响我国的现代化进程，牺牲人民满足基本需求的要求，这也不是可持续发展和生态文明的内在要求。

（3）追求有绿色竞争力的 C 模式。这个模式对于我国发展的意义是，提高人均 GDP 达到 2 万～3 万美元，提高人类发展指数达到 0.8 以上，人均生态足迹有走高的趋势，虽然超过地球人均生物承载能力，但是严格控制在不超过全球人均生态足迹水平即 2.6 地球公顷之内，特别是不超过发达国家的人均 3.5 地球公顷。这仍然是一个宏伟的绿色发展目标，如果能够实现就意味着我国用低于发达国家的人均生态足迹达到了发达国家的现代化水平。因此，我国到 2035 年基本达到生态文明目标的生态足迹目标需要有上下限，下限是我国的人均生态足迹争取与届时的地球生态承载能力相接近，上限是我国的人均生态足迹不超过发达国家的平均水平。到 2020 年，我国的人均 GDP 接近 1 万美元、人类发展指数接近 0.8，开始进入甜甜圈的中间层。在此基础上，要通过绿色、包容、创新兼顾的聪明增长，保持在中间层用可以接受的地球自然资本消耗，实现高的经济社会发展，达到生态文明的基本要求，这是有可能的。届时要争取做到 3 个 20%，即人口低于世界的 20%，经济总量超过世界的 20%，生态足迹影响降低在占世界的 20% 之内。

（4）我国发展 C 模式的理论意义。未来很长一段时间，我国的主要任务仍然是实现工业化、城市化、现代化。相对于西方国家后工业化社会的生态文明，中国特色的生态文明是要把工业文明与生态文明结合起来，或者说是用生态文明的原则来改造传统意义上的工业文明，中国式生态文明的实质是新工业文明问题。概而言之，我国未来岁月的发展，既不是沿袭传统的工业文明，也不是提前进入后工业化的生态文明，而是要走出自己特色的生态化的工业文明道路来。未来 20～30 年生态文明的主流化，应该强调三个融入：一是融入新型城市化，强调城市发展要从空间蔓延、物质浪费转向空间紧凑、物质集约；二是融入工业化转型，强调产业发展要从线性经济、高碳经济转向循环经济、低碳经济；三是融入现代化生活，强调生活模式要从拥有导向转向共享导向。

三、后 2020 五年规划要加强面向生态文明的合作治理

从今年开始我国要研究制定第十四个国民经济和社会发展五年规划，这是面向 2035 年现代化基本实现阶段的第一个五年规划。传统上，五年规划被认为主要是发展规划，有关合作治理的内容不多。事实上，生态文明的目标，浅层次看

是发展层面问题，深层次看则是治理层面问题。因此需要在后 2020 五年规划编制中，强化合作治理对于生态文明建设的意义。

（1）后 2020 年五年规划需要深耕包含模型。我国改革开放 40 年来的五年规划，在生态文明和绿色发展方面，有一个由浅入深的演进过程。粗略地研究可以发现，"六五""七五""八五"规划的指导思想主要是增长模型，社会发展得到重视开始与经济增长并列，但是没有单列的资源环境部分；"九五""十五"规划的指导思想是并列模型，由于引入了可持续发展概念，资源环境部分开始与经济增长和社会发展并重，但是限于末端污染治理等内容；"十一五""十二五"规划的指导思想是相交模型，开始强调低碳经济和循环经济、能源强度和资源生产率等概念，绿色发展从经济社会过程的末端进入到源头；"十三五"规划的指导思想开始显露包含模型，强调了生态红线和生态功能分区等概念，要求用生态红线倒逼发展模式转型。事实上，2020 年将达到人均 GDP1 万美元，从甜甜圈经济学的内圈进入中圈，这时就要进入新的发展阶段重点解决两个门槛问题，需要加强面向生态文明的宏观管理。在后 2020 新的五年规划研制中，从生态文明全覆盖全渗透的角度处理经济、社会、环境、治理四者的关系。

（2）宏观管理与政府间的合作和整合。把合作治理与生态文明建设结合起来，首先是要加强有利于生态文明建设的政府间合作与整合，包括规划整合、体制整合、政策整合、指标整合等内容。在规划整合方面，后 2020 五年规划要能够超越传统的资源环境领域，进入经济社会发展领域进行主流化，包括在资源环境部分强调红线约束和生态门槛；在经济增长部分强调内涵提升和改进效率；在社会发展部分强调生态公平和绿色消费；在合作治理部分强调适应性管理与减缓性管理双管齐下。在体制整合方面，后 2020 五年规划中，有两个方面的内容需要加强：一个是发改委等综合部门应该更好地进行顶层设计，统筹协调整个生态文明的工作，而不是简单重复资源环境部门的事情；另一个是各个发展部门应该把生态文明融入专业领域，促进经济社会各个领域的生态化和绿色化进程，而传统的资源环境部门除了进一步做好末端治理的防守工作之外，应该更好地加强生态红线、环境底线、资源上限的把控，倒逼各个领域的发展模式转型。在指标整合方面，后 2020 五年规划研制要加强将环境与发展整合起来的复合指标，如在绿色增长方面可以用单位土地的经济产出、单位能耗的经济产出、单位水耗的经济产出、单位废弃物的经济产出等资源生产率指标测量绿色经济的发展水平；在绿色发展方面可以用单位生态足迹的人类发展测量地方生态文明的发展水平和类型；用发展与环境的相对脱钩、绝对脱钩说明生态文明的发展状态等。在政策整合方面，面向生态文明的制度建设和政策设计要有"确定规模、分配产权、市场交易"三个环节，由于生态规模和公平分配是在市场之外由政治机制和管理机制决定的，因此这是一个将政府机制、市场机制、社会机制整合起来的合作治理过程。

（3）组织合作与公私间的界面管理。在生态文明进程中，组织层次的战略创新与协作创新，一方面需要在自身层面加强面向生态文明和可持续发展的组织变革，另一方面需要在组织之间加强有利于生态文明的界面管理与公私合作。在组织合作方面，后2020五年规划研制要强调，生态文明建设不仅需要自上而下的政府组织发力，更需要市场组织和社会组织自下而上的广泛参与。生态文明需要协调整合所有组织的力量，每类组织在生态文明中承担起与自己业务有关的责任。在愿景提升方面，生态文明建设要求各类组织，不管有什么利益偏好，都要在组织愿景中通过追求经济利益、社会利益、环境利益的整合去谋求组织自身的特殊利益，在不影响甚至增加其他利益的前提下实现组织自己的价值。在界面管理上，后2020五年规划研制要强调，组织之间面向生态文明的界面管理需要注意从内外部有交集的地方发现符合生态文明和可持续发展三重底线的优先事项，在此基础上制定出有利于生态文明发展的战略，然后进入有可操作性的计划、执行、评估等管理流程。

（4）公民参与生态文明的能力建设。在后2020五年发展规划研制中，生态文明建设需要与文化建设融合起来，开展有中国特色的面向生态文明的教育、宣传、研究与国际传播活动，培养公民参与生态文明的新伦理、新人格。具体内容包括推进环境教育提升至生态文明教育，开展生态文明的全民终身教育，加强与新伦理新人格有关的知识生产与国际合作。研制后2020面向生态文明的五年规划，不仅要重视新伦理、新人格的传播与应用，也要重视这方面的知识生产与知识创新。要推动高等院校和人文社科深入开展这方面的学术研究，特别是加强生态文明新思想与可持续发展新思想的关系研究。例如生态文明新伦理的四个需求如何与可持续发展的四个资本形成对接，如何与马斯洛心理学人的发展的五个需求相对接，如何说明中国的"五位一体"建设与生态文明新伦理新人格的内在联系，等等。要与国际组织合作，用国际上接受和可以理解的语言讲好中国生态文明与文化建设相结合的故事，为国际可持续发展教育注入中国生态文明的思考与实践。

国际气候治理范式转变：成本博弈到共同行动

⊙ 王 谋

（中国社会科学院可持续发展中心秘书长）

从 20 世纪 80 年代国际社会气候、环境意识的加强，并于 1992 年达成《联合国气候变化框架公约》（*United Nations Framework Convention on Climate Change*，UNFCCC，以下简称《公约》），明确了国际气候治理进程，到现在国际气候治理进程已经经历了 27 年。这期间国际经济、排放、政治格局发生了一些调整，这些调整也导致国际气候治理在结构、功能、机制等方面发生着动态演变。梳理和分析国际气候治理动态演变的过程及特征，有助于更好地判断气候治理发展趋势，更高效地参与国际气候治理进程。

一、国际气候治理的基本历程

随着气候极端事件的增多，科学研究对气候变化问题的逐渐深入，国际社会越来越深刻地认识到由于人类活动所产生的温室气体排放已经威胁到人类社会的安全与发展。温室气体排放是局域的，但排放后果的承担却是全球性的。为了有效地应对气候变化问题，国际社会于 20 世纪 70 年代开始，试图通过国际协作形式应对全球气候变化问题。通过多方努力，最终在 1992 年的联合国环境与发展大会上通过了《公约》，并由与会的 154 个国家以及欧洲共同体的元首或高级代表共同签署，1994 年 3 月正式生效，奠定了世界各国紧密合作应对气候变化

的国际制度基础。

《公约》的目标是"将大气中温室气体的浓度稳定在防止气候系统受到危险的人为干扰的水平上",并明确规定发达国家和发展中国家之间负有"共同但有区别的责任",即各缔约方均有义务采取行动应对气候变化,但发达国家对气候变化负有历史和现实的责任,理应承担更多义务;而发展中国家的首要任务是发展经济、消除贫困,但也需要采取措施降低温室气体排放,走低碳发展的路径。

由于《公约》只是一般性地确定了温室气体减排目标,没有法律约束力,属于软义务,无法实现《公约》的最终目标。因此,第一次《公约》缔约方大会(1995年召开)决定进行谈判以达成一个有法律约束力的议定书,并于 1997 年在日本京都召开的《公约》第三次缔约方大会达成了具有里程碑意义的《〈联合国气候变化框架公约〉京都议定书》(简称《京都议定书》)。《京都议定书》,首次为附件 I 国家(发达国家与经济转轨国家)规定了具有法律约束力的定量减排目标,并引入排放贸易(ET)、联合履约(JI)和清洁发展机制(CDM)三个灵活机制。2007 年,印尼巴厘岛召开的《公约》第十三次缔约方会议,达成《巴厘行动计划》,勾画了 2012 年后构建国际气候制度的路线图和基本框架,也将游离于国际合作之外的美国,拉回谈判轨道。2011 年,德班召开的第十七次缔约方会议形成德班授权,开启了 2020 年后国际气候制度的谈判进程,并同时讨论如何增强2020 年前减排行动的力度。2012 年多哈召开的《公约》第十八次缔约方会议明确执行《京都议定书》第二承诺期,包含美国在内的所有缔约方就 2020 年前减排目标、适应机制、资金机制以及技术合作机制达成共识,并形成长期合作行动工作组决议文件。2015 年巴黎会议,在包括美国、中国在内的各方大力推动下达成《巴黎协定》,基本明确了 2020—2030 年国际气候治理的制度安排和国际气候治理的合作模式。

二、国际气候治理的基本格局及演变

从 20 世纪 80 年代中后期联合国启动全球气候变化谈判到 2007 年巴厘岛气候大会,国际气候格局基本上分为南北两大阵营:发达国家以欧盟、美国为代表,发展中国家以 77 国集团加中国为代表。尽管两大阵营内部在利益诉求和目标上颇有差异，但两大阵营的总体格局基本稳固。在发达国家内部，美国先是规则的制定者，《京都议定书》后又成为规则的破坏者；欧盟奉持国际道义，一直追求充当全球气候变化的领导者与《公约》和《京都议定书》的维护者。尽管美国和欧盟的利益与目标不尽一致，但在共同面对发展中国家的立场方面，发达国家集团基本稳固。在发展中国家内部，由于发展阶段和发展需求的差异，各国或者各个小集团利益诉求有所差异，但坚持"共同但有区别的责任"原则，要求发达国家承担减排、资金和技术义务的目标和利益诉求相近。

2011 年启动"德班平台"谈判以来，美国由于金融危机和页岩气革命，碳排放总量下降，奥巴马政府希望重新成为全球气候变化的领导者和新气候协议的制定者。欧盟在国际气候格局中的地位相对弱化，已难以充当领导者角色，但仍希积极配合和促进国际治理进程。以中国为代表的新兴经济体国家国力进一步增强，人均 GDP 普遍达到或超过中高收入水平，部分国家人均碳排放接近欧盟，表现出发达国家和发展中国家"二重性"，与最不发达国家和小岛屿国家在减排、出资等问题上立场差距有所扩大，逐渐形成发展中国家中的一个新的集团——"立场相近发展中国家集团"。

因而，当今全球气候变化的基本格局，可以概括为：南北交织、南中泛北、北内分化、南北连绵波谱化的局面，大致可以描述为"两大阵营""三大板块"、五类经济体。发展中国家和发达国家"南北"两大阵营依稀存在；发达、新兴和低收入国家三大板块大体可辨；发达经济体可分为以美国为代表的人口较快增长及以欧盟和日本为代表的人口趋稳或下降两类；新兴经济体也可分为以中国为代表的人口趋稳及以印度为代表的人口快速增长两类；低收入经济体主要为低收入国家。这些国家将来可能有不断的分化重组，但作为一个整体，或将在一个相当长的时期内存在。

三、国际气候治理的结构和机制

应对气候变化，控制温室气体排放在某种程度上有可能限制发展空间，影响

各国的经济和政治利益,也可能成为国际合作的重要领域。人类社会必须理性地通过国际制度安排应对气候变化,明确各国应承担的责任,同时推动国际合作,实现人类社会发展与保护全球气候的共赢。从 1979 年世界气象组织(WMO)召开第一次世界气候大会呼吁保护全球气候,到 1990 年国际气候谈判拉开帷幕,人类应对气候变化进入了制度化、法律化的轨道。应对气候变化的国际合作机制,主要分为气候公约机制和气候公约外机制两大类,公约外机制包含了定期的、不定期的、国际的、区域性的、行业性的、专业性的多种机制。所有的这些机制因其不同的定位和功能,在应对气候变化国际合作中扮演了不同的角色承担了不同的作用。

气候公约机制。1992 年在巴西里约通过了《公约》并开放签署,1994 年 3 月 21 日,气候公约生效,成为国际气候治理的重要法律基础。气候公约规定的最终目标是"将大气中温室气体的浓度稳定在防止气候系统受到危险的人为干扰的水平上。这一水平应当在足以使生态系统能够自然地适应气候变化、确保粮食生产免受威胁并使经济能够可持续地进行的时间范围内实现"。1997 年《京都议定书》、2009 年《哥本哈根协议》和 2012 年《多哈决议》、2015 年《巴黎协定》等气候公约谈判产生的重要成果,明确了不同时期人类合作开展全球气候治理的阶段性目标和国际制度框架,为开展全球合作行动指明了方向。缔约方的共同促进下,国际气候制度谈判进程在多方分歧中寻求妥协,艰难前行,成为国际气候治理的核心平台并不断巩固和形成国际合作的法律基础。治理气候变化问题需要所有国家共同努力,需要坚持和完善联合国气候变化框架公约的合作平台,发挥国际气候治理的主导作用,以实现全球减排目标,保障气候安全。

公约外机制。为了推动公约谈判,缔约方在公约体系外也开展了多种活动与实践,这些合作机制体现了对公约机制的补充,对增进缔约方相互了解,推动形成共识起到了积极作用。这些机制从性质上来看,主要可以分为政治性、技术性和经济激励性的三种类型。第一,政治性的公约外机制,主要包括联合国气候峰会、千年发展目标论坛、经济大国能源与气候论坛、二十国集团、八国集团、亚太经合组织会议等。这些机制的共同特点是由政府首脑或者高级别官员参与磋商,就一些重大问题达成政治共识,但一般不就具体技术细节进行讨论。联合国气候峰会等政治性的公约外机制，通常主要在全局性、长期性、政治性的问题上发挥重要作用，因为参会级别高，尤其是首脑峰会，往往能解决一些长期困扰公约下技术组谈判的重大问题，从而推进公约谈判进程。第二，技术性的公约外机制，主要包括国际民用航空组织、国际海事组织以及联合国秘书长气候变化融资高级咨询组等合作机制。这些机制，针对公约谈判中的一些具体问题开展专题研究和讨论，并将讨论结果和建议反馈公约，以促进公约下相关问题的谈判进程。这些机制的局限性在于：首先，气候变化并非这些机构或机制的主营业务，其关注的角度和目的可能与公约不同；其次，不同的机制也有各自的议事规则和指导原则，不同机构所遵行的规则和原则与公约也可能存在差异，从而存在认识上的不匹配；最后，经济激励/约束性的公约外机制，包括与气候变化相关的贸易机制，与生产活动和国内外市场拓展相关的生产标准制定等公约外磋商机制。经济激励措施在公约谈判中属于辅助性的谈判议题，大部分时间谈判的并非公约的核心关注问题，但这些问题与实体经济运行以及相关行业、领域的发展利益紧密相关。贸易机制、标准制定机制等这些机制本身已经有很长时间的积累和发展，在气候变化问题形成国际治理机制之前，就已经存在；但在气候变化治理机制产生之后，各种机制之间存在边界模糊、原则差异等问题，因此这些机制对气候变化问题的讨论磋商不仅包含技术性问题，也包含政治性、原则性问题。

构建高效、公平的国际合作机制。国际合作机制是为了促进世界各国开展合作，协同治理气候变化问题。公平、高效的国际合作机制，是开展国际合作治理的基础，也是国际合作治理的目标。从各种机制在国际气候治理进程中的作用、功能、约束力以及参与程度等综合影响力来看，气候公约在国际合作气候治理进程中无疑应该起到主导作用，而公约外的合作机制，应该作为对公约机制的补充，辅助推进公约谈判进程。这样的治理机制既能体现国际合作的公平原则（最大的参与度），同时，因为气候公约的专注度以及法律效力，也更能保证国际合作效率。

四、国际气候治理责任体系的演变

追溯国际气候治理格局的演变，1992 年达成的《气候公约》划分出附件 I 和非附件 I 这南北两大阵营；1997 年《京都议定书》中将附件 I 国家区分为发达国家和经济转轨国家，由此产生发达国家、发展中国家和经济转轨国家三大阵营；2007 年《京都议定书》第二承诺期和《公约》下长期目标谈判奉行"双轨"并行的《巴厘路线图》；2009 年《哥本哈根协议》不再区分附件 I 和非附件 I 国家，并且由于欧盟的东扩，经济转轨国家的界定也基本取消；2015 年《巴黎协定》强调不分南北东西、法律表述一致的"国家自主决定的贡献"，仅能通过贡献值差异看出国家间自我定位差异。至此，全球气候治理格局已基本模糊了南北阵营的分界线，表现出连续变化的波谱化特征。

回溯《公约》从 1992 年到 2015 年的发展历程，基本上可以看出是发展中国家责任义务不断增加的过程。发展中国家由最开始以经济社会发展为优先，在应对气候变化方面几乎没有主动开展行动的责任和义务；到《哥本哈根协议》及后续的《坎昆协议》和多哈系列决议，很多发展中国家基于一定的国际合作条件，包括来自发达国家的经费和技术的支持以及相应的支持力度，提出了控制或降低温室气体排放的行动目标，但发达国家和发展中国家的目标分列为两个文件，并且监督考核方式也有所差异；2015 年《巴黎协定》，所有的发展中国家都被要求或者鼓励提出减缓目标甚至是向公约资金机制捐资的目标，事实上很多发展中国家也提出了贡献目标（包括减缓、适应和资金技术的支持目标），所有国家包括发达国家和发展中国家的贡献目标列入同一张表，监督和考核方式也大体一致。从谈判承诺来看，基本实现了与发达国家在责任和义务上的趋同。

这种变化的趋势，有一定的经济基础。2000 年以来，随着发展中国家尤其是新兴经济体国家经济快速发展，国际经济格局发生了显著变化。发达国家（OECD 国家）在世界经济中所占的份额逐年下降，由 2000 年左右占全球 GDP70% 以上的份额下降到 2017 年的 62%；出口贸易占全球的比例，从 1998 年占比约 75% 开始逐年下降，2017 年降至 58%。从全球排放格局来看，发展中国家温室气体排放呈快速上升趋势，发达国家占比由 1990 年的 66% 下降到 2012 年的

41.4%。世界经贸和排放格局的变化，将可能触及各国参与全球治理包括国际气候治理的根本基础。发达国家在出资意愿、合作方式、减排行动、贸易保护等方面，可能变得更加保守，对发展中国家开展行动的诉求会增加，发展中国家的行动意愿在经济发展的情况下则可能产生积极变化。

历史人均累积排放，是更能体现一个国家历史排放责任的指标。根据世界资源研究所 CAIT 数据库资料计算，发达国家人均历史累积排放普遍很高，美国、英国、德国均超过人均 1000 吨二氧化碳排放，而发展中国家一般不超过 100 吨，中国 104 吨处于发展中国家中间水平，印度仅 29 吨。气候变化是由历史排放的温室气体造成的，从各国人均历史累计排放可以看出各国在应对气候变化的国际合作中历史责任的大小和对未来排放空间的需求。因此，虽然发展中国家行动意愿和能力相比公约缔结之初有所加强，但发达国家引领国际气候治理，加大力度开展温室气体减排的责任和义务没有改变。

五、国际气候治理新范式的确立

巴黎会议无疑是继哥本哈根会议之后，国际气候治理的又一次里程碑似的大会。中国、美国等主要缔约方的元首齐聚巴黎，发表了积极合作和行动的政治宣言，是一次极为重要和高效的全球政治动员。相比哥本哈根会议，巴黎会议的元首们表达了更多积极自主行动而不仅仅是合作行动的积极意愿，对待气候治理的视角也由之前顾虑承担气候治理的成本，转为积极寻求国际气候治理孕育的经济增长机会和动力，这样的认知转变也为后续谈判和全球行动的开展奠定了更加坚实的基础。

国际气候治理新范式：积极承诺，共同行动。基于经济社会的发展，也基于国家自主承诺的包容机制，包括我国在内的部分发展中国家提出了相对以往气候协议更为积极的国家自主贡献目标，体现了共同行动的良好意愿。在《哥本哈根协议》的国家适当减缓行动信息文件中（发展中国家 2020 年前的自主减排行动目标），发展中国家提出的减排目标都是以获得资金、技术、能力建设等支持为条件的承诺目标。但在《巴黎协定》的国家自主贡献目标体系中，更多的发展中

国家展现了以我为主开展行动的积极姿态，并且在资金机制、透明度、盘点机制等议题的谈判中展现了极大的灵活性，体现了共同行动的意愿和承诺。

《巴黎协定》下有 188 个缔约方提交了国家自主贡献目标，这些贡献目标的实施阶段大多为 2021 年到 2030 年，部分为 2021—2025 年。这些目标在提出之前已经经历了各国国内反复研讨、调整，随着《巴黎协定》批约进程的推进，各国提出的自主贡献目标将进一步确立为各国国内具有一定法律约束力的行动目标，从而保障《巴黎协定》目标的有效实现。后巴黎谈判进程也将重点关注《巴黎协定》的实施和执行，并通过包括透明度、全球盘点、资金机制等相关执行规则的约束和支持推进所有缔约方对协定的实施。从《哥本哈根协议》到《巴黎协定》，国际气候治理下缔约方的合作模式，由之前发达国家主导、发展中国家跟随，逐渐过渡到所有缔约方自主贡献、积极承诺、共同行动的新范式；在看待应对气候变化与经济发展的关系上，认识和观念也有明显转变，由之前将应对气候变化看作经济发展的增量成本，转而视之为新的经济增长领域和绿色转型发展的新动力。这些积极转变，确立了国际气候治理新范式，也在通过国际合作实现全球气候安全的进程中，向前跨出了一大步。

六、国际气候治理未来展望

《巴黎协定》与 2030 全球可持续发展目标成为引领全球绿色发展的新动力。国际能源署研究显示，2015 年全球能源相关二氧化碳排放量与 2013 年水平持平，但同时全球经济增长 3% 以上，表明全球经济增长和碳排放增量正在脱钩。这与可再生能源的迅速发展和煤炭行业的不断萎缩有直接关系。2017 年全球发电净增加值 70% 来自可再生能源，全球对可再生能源发电的投资是对化石燃料和核能发电投资总和的两倍多。全球气候治理已初见成效。2015 年全球绿色发展方面取得了两项重要国际成果，即《巴黎协定》与 2030 全球可持续发展目标。根据里约大会授权，《巴黎协定》的成果也会自动成为 2030 全球可持续发展目标的一个部分，因此，两个进程高度关联，在未来实施过程中也可以相互配合和促进，成为推动、引领全球绿色发展的引擎。

国际气候治理已成趋势，已具韧性。《巴黎协定》是包括中美元首在内，全球一百多位国家元首共同推动所取得的里程碑似的成果，各国表达了更多自主行动而不仅仅是合作行动的积极意愿，确立了共同行动的国际气候治理新范式。美国在《巴黎协定》刚刚生效半年多时间宣布退出，无疑会对全球应对气候变化积极合作的态势产生消极影响。但美国由于执政党替换导致的颠覆性的参与国际气候治理的立场国际社会已经经历过，也具备了一定的适应能力。尤其是在美国政治经济全球影响力相对下降，关注环境与发展问题的新兴经济体国家影响力快速上升的背景下，共和党政府再次退出国际气候治理进程，其震撼力和消极意义都要远小于小布什政府退出《京都议定书》的影响。美国作为历史排放责任最大、经济实力和开展气候行动能力最强的发达国家，无视国际社会合作应对气候变化的共同意愿和努力，执意退出《巴黎协定》，已经还将继续受到国际社会的谴责。而包括我国在内，既关注发展也同样关注环境安全的联合国的其他缔约方、国际组织和私营部门，为了抵消美国退出的消极意义，将可能开展更加务实、紧密的合作，推动全面实现《巴黎协定》的既定目标，保障全球气候安全。

《巴黎协定》确立的所有缔约方自主贡献、积极承诺、共同行动的新范式将会延续，国际气候治理必将成为引领全球绿色转型发展的新动力。应对气候变化的国际合作行动已经从政府引导向市场引导、资本引导的模式转变，国际气候治理应对政策风险的韧性已基本建立，未来行动将在广度和深度上不断拓展，确保实现气候安全和经济社会可持续发展。

参考文献

[1]　UNFCCC（1992），http：//unfccc.int/files/essential_background/background_publications_htmlpdf/application/pdf.

[2]　潘家华，王谋，巢清尘，等. 后巴黎时代应对气候变化新范式：责任共担，积极行动[M]// 王伟光，郑国. 应对气候变化报告（2016）. 北京：社会科学文献出版社，2016：1-17.

[3]　世界银行.https：//data.worldbank.org.cn/.

[4]　潘家华，王谋，巢清尘，等. 通往巴黎：国际责任体系的变与不变[M]// 王伟光，郑国. 应

对气候变化报告（2016）. 北京：社会科学文献出版社，2016：1-23.

[5] 王谋. 落实《巴黎协定》推动绿色发展[J]. 社科院专刊，2017（416）.

[6] 报告显示：2017 年全球可再生能源发电增长显著[OL]. http://www.gov.cn/xinwen/2018-06/05/content_5296397.htm.

国土空间规划视角下的生态环境风险防范

⊙ 徐　鹤

（南开大学生态文明研究院副院长）

我国国土幅员辽阔，各地经济社会发展水平、资源环境禀赋以及生态系统的多样性和脆弱性存在很大差异，由此造成各地所面临的生态环境安全问题类型、程度也不尽相同，总体上突发性和累积性环境风险并存，大气、水、土壤以及生态系统安全形势复杂而严峻。"十三五"是我国经济结构调整、社会发展转型以及全面建成小康社会的关键时期。"十三五"乃至未来的一段时间内，我国严峻的生态环境风险形势将继续存在，是我国未来经济社会可持续发展的重大制约因素。生态文明建设过程中必然伴随着人与自然矛盾激化而产生的各种生态环境风险。从某种意义上看，生态文明建设所倡导的理念与防范生态环境风险的目标是一致的。换句话说，生态文明旨在实现物质和能量循环运转，其前提是建立在有效防范和化解生态环境风险的基础之上的。

2018 年 5 月全国生态环境保护大会上，习近平总书记指出，要有效防范生态环境风险。生态环境安全是国家安全的重要组成部分，是经济社会持续健康发展的重要保障。要把生态环境风险纳入常态化管理，系统构建全过程、多层级生态环境风险防范体系。要加快推进生态文明体制改革，抓好已出台改革举措的落地，及时制定新的改革方案。生态环境风险防范已成为当前我国面临的重大课题，生态环境风险问题与人口、经济和环境要素的空间分布具有高度的空间关联性，在时间上具有潜伏性和持续性。运用空间治理的思维和工具，深刻洞察其空间分

异和时间动态，才能够有效防范生态环境风险。新时代国土空间规划将逐渐建立成为完整统一的规划体系，基于空间视角的全域全要的管理体系，对于解决生态环境问题，规避生态环境风险具有重要的意义，是生态文明制度体系的一部分，对于推进我国生态文明建设具有重要的意义。

一、生态环境风险防范现状

伴随着经济高速发展与城市化进程推进加快，我国目前生态环境风险防范形势严峻，突发环境事件高发，关系群众健康、生态安全的生态环境风险问题集中显现，对国民经济平稳运行、社会健康发展以及生态环境保护构成了不可忽视的威胁。一方面，我国处于突发环境事件频发期，据统计，2010—2017 年，共发生突发环境事件 3627 起，其中包括福建紫金矿业污染事件、浙江台州血铅事件、广西龙江河镉污染事件、兰州自来水苯污染事件等多起重大突发环境事件。2015年天津滨海新区危险化学品仓库爆炸事件再次表明了我国严峻的环境安全形势尚未得到根本扭转，突发污染事故环境风险异常突出。另一方面，区域性、累积性的生态环境风险凸显。近年来，随着公众环境保护意识的提高及环境保护执法监督力度的增大，许多生态环境破坏事件不断被披露，如腾格里沙漠污染事件、天津七里海环境污染事件、祁连山环境污染事件等。这些事件的暴露表明我国当下环境保护形势十分严峻，片面追求经济利益的发展模式所带来的区域性、累积性的生态环境问题不容忽视。"十三五"及未来一段时间，我国仍将处于经济增速换挡期、结构调整阵痛期以及工业化、城市化、自然资源利用持续增长、社会转型等叠加阶段。这一阶段也将是社会经济发展与环境保护的胶着期，生态环境形势将更加复杂。

近 10 多年来，我国生态环境风险防范与管理体系得到不断完善，在建设项目环境风险评价、环境应急预案管理、重点行业环境风险检查与等级划分等方面做了许多工作，特别是在国家层面，环境风险防范已经受到高度重视，但总体上仍处于事件驱动型的管理模式，生态环境风险防范的现实"需要"与相关政策措施的有效"供给"之间仍然存在较大差距，现行的环境管理制度措施很难彻底解决结构性、布局性的生态环境风险问题。我国生态环境风险管理体系仍然处于起步阶段，管理上存在重应急轻防范，重突发污染事故、轻长期慢性健康风险等问题；环境管理模式上尚未实现向以风险控制为目标导向的环境管理模式的转变，而相对于环境保护的其他领域，生态环境风险管理还较严重地缺乏制度、政策与技术，生态环境风险问题已成为生态文明建设面临的巨大考验。

习近平总书记在2018年全国生态环境保护大会上指出，我国"生态文明建设正处于压力叠加、负重前行的关键期，已进入提供更多优质生态产品以满足人民日益增长的优美生态环境需要的攻坚期，也到了有条件有能力解决生态环境突出问题的窗口期"。但目前我国尚未形成基于环境风险的决策体系，环境风险评估尚未全面、实质性纳入重大战略和规划制定过程，环境管理中的条块分割模式难以满足应对不同环境风险的需求。与经济建设相比，环境风险防范管理仍然处于一个比较弱势的地位，仅仅是在规划与战略实施过程中提到需要防范环境风险，而没有上升到通过环境风险评估等具体的手段来决定是否实施以及如何实施战略和规划的高度。

二、新时代的国土空间规划

（一）国际空间规划体系

由于各国的政治、经济、社会发展历程和现状不同，空间规划体系的建立初衷、管制手段、主要内容和实施效果不尽相同。在国家治理体系的意义上，指特定国家和地区对空间发展和/或物质性的土地使用的管理。在欧洲英文（Euro-English）中，"空间规划"作为一个通用的术语，是"政府管理空间发展的整个系统"的统称，欧盟层面的空间政策与欧盟各国的空间规划（国内的城乡规划管理体系）之间有着紧密的联系和互动，也成为欧洲规划界研究的重点问题。在欧洲一体化的大背景下，规划领域更加广泛使用"空间规划"这一术语，出现了一些更为灵活的用法，具体到各国则有不同形式和名称。例如，有英国的规划文献中出现"Regional Spatial Planning"（区域性的空间规划）的用法，指英国的

空间规划从过去自上而下、目标驱动的方式转向更有地方特点的方式。在英国习惯上称为城乡规划（Town and Country Planning），德国和奥地利被称为空间规划（Raumplanung），到法国被称为城市规划或国土整治（Urbanisme or Amenagement du Territoire）。

从对国外空间规划体系的梳理可以看出，经过漫长的发展发达国家的空间规划体系已经发展得较为完善，虽然其类型不同，但其具有的一些共性，值得我们在空间规划体系重塑中借鉴：①以可持续发展理念指导规划的编制及实施。目前，发达国家所实行的空间规划已经弱化了以经济发展优先的规划理念，更多的是关注生态环境、土地等资源能源的可持续利用以及住房及基础设施等社会公共服务公平等问题。这在英格兰、德国及日本的规划体系中体现得尤为明显。新时代的国土空间规划应当像上述国家一样将规划的侧重点偏向生态环境、资源能源等方面，同时引导发展与保护并重、效率与公平并重的高质量发展方式。②宏观调控。对于大多数国家而言，国家空间规划是国家完善市场体系、提高竞争力、进行宏观调控不可缺少的手段，是中央政府站在国家立场，防止和纠正完全自由经济体制下市场失灵，进行政府干预的一种手段。这也正是我国通过空间规划体系改革以完善国家治理体系和实现治理能力现代化的基本原理。

（二）我国的空间规划体系

我国的空间规划成形于计划经济时期，始于 20 世纪 50 年代中期，但长期没有立法保证。1979 年 2 月，《中华人民共和国森林法（试行）》颁布，首次在法律层面提出规划编制的要求，标志着规划体系步入法制轨道。随着土地管理法、城市规划法、环境保护法、水法等法律的出台，空间规划不断发展，规划编制种类日益增加。但这些规划多与法律、管理相适应，从各自行业管理的角度出发提出规划编制的相应要求，具有很强的部门色彩。

我国旧有的空间规划体系庞杂且不健全，由于目的、问题、需求不同，众多空间性规划自成体系，法律还没有对完整的空间规划体系做出明确的界定，共识是我国的空间规划体系以国民经济和社会发展规划、土地利用总体规划、城乡规划和生态保护规划为主，并包含交通发展规划等其他部门专项规划。空间规划呈现一种"纵横"的网络结构,纵向上各类规划在各个行政层级上下衔接,部门实行"自上而下"的垂直管理,横向上则是"多规并行",各类规划在横向和纵向上相互交织,构成复杂的规划体系。随着经济社会的发展,我国空间规划体系存在的问题越来越显性化,不仅规划自身的科学性、严肃性受到公众质疑,还导致了诸多矛盾与问题的出现,制约了国民经济的健康、可持续发展。到行政层级较低、空间尺度小的层面,面对同一个具体的空间进行规划实施时,由于部门规划之间缺乏衔接与协调,出现规划之间管控内容打架、管控空间重叠等问题,同时也导致了城市管理效率降低、土地资源浪费以及生态环境破坏等问题。

国家治理体系和治理能力是一个相辅相成的有机整体,有了好的国家治理体系才能提高治理能力,提高国家治理能力才能充分发挥国家治理体系的效能。空间治理通过对国土空间要素进行控制和引导的一系列制度安排,直接或间接地影响政府治理、市场治理和社会治理的结构和过程,使之全方位地体现出国家优化国土空间开发格局、促进经济社会可持续发展的战略意图和价值取向。2013 年11 月 12 日,党的十八届三中全会通过的《中共中央关于全面深化改革若干重大问题的决定》把"推进国家治理体系和治理能力现代化"作为全面深化改革的总目标,并且为改革做出了总动员。这标志着我国的空间规划体系将趋于完整统一,规划之间的空间矛盾和冲突将被有效地解决,空间范围更加协调和统一,多规共同参与的协同管治将强化空间规划在空间开发保护方面的基础功能,为国家发展目标提供空间落地支撑,为生态保护、环境管控、风险防范措施的落地实施提供空间保障。

三、空间规划与生态环境风险防范

2018 年的机构改革,以原国土资源部为基底,整合相关部门的规划职能、资源管理等职能,成立了自然资源部,行使国土空间规划编制并实施监督职责以及所有国土空间用途管制职责,对山水林田湖草等自然资源进行集中管理。新时代国土空间规划作为空间发展的基础,是国家推进生态文明建设、全面统筹经济社会发展、合理高效配置资源、协调发展与保护问题的重要手段。空间规划会决

定该国土空间的用途管控，这便是生态环境风险防范的重要依据和抓手。风险源与生态环境风险受体是生态环境风险的两个重要因素，是突发性生态环境事件和累积性生态环境的事件发生的两个必要条件。有限的土地资源背景下，风险源与生态环境敏感受体的空间关系决定了生态环境风险发生的概率。

目前，我国空间规划的主要内容是落实国家安全战略和主体功能战略，实现多目标融合，划定城镇、农业、生态空间以及生态保护红线、永久基本农田、城镇开发边界（简称"三区三线"），优化城镇化格局、农业生产格局和生态保护格局，注重开发强度管控和主要控制线落地，统筹各类空间性规划，形成国土空间开发、保护、利用、修复的空间格局，实现国土空间开发保护一张图。布局类的突发性生态环境事件与累积性生态环境事件均可以通过空间规划划定"三区三线"和对各类空间的用途管制降低发生概率亦或是规避。空间规划融合生态环境风险防范的要求，关键在于强化生态环境保护的先导性、约束性。通过规划编制优化风险源与生态环境受体的布局，以减少突发性生态环境事件的发生概率；以环境质量改善为核心，围绕生态安全和资源消耗，对于空间用途进行科学有效地管制，减缓或避免累积性生态环境事件的发生。同时，空间规划应衔接生态保护目标、环境质量控制线和资源消耗"天花板"，设置严格的生态环境准入要求并将其作为在空间规划实施过程中的重要空间约束，以对各类区域空间落实生态环境管控的要求，防范生态环境风险。空间规划将资源承载能力和环境容量作为战略决策的依据和规划编制的前提条件，通过资源环境条件前置引导和约束空间规划的编制与实施，以空间规划倒逼发展转型，实现人与自然和谐。国土空间划定、分区划分衔接环境管控单元划分，以实现国土空间用途管制和生态环境准入约束管理工作的协调配合，增强空间规划的环境合理性和协调性。制定生态环境准入政策时，结合空间规划，以各区域的发展目标与定位为指引，提出切实可行的管控要求，使环境保护与区域发展相协调，促进环境管控措施和生态环境风险防范措施的落地。

四、政策建议

建立空间规划体系是一项具有根本性、全局性、长远性的工作，需要问题导向和目标导向并重，立足当前、面向未来、统筹谋划。同样，要系统构建事前严防、事中严管、事后处置的全过程、多层级风险防范体系也是一项需要逐步完善的工作。生态环境风险涉及领域较多、范围较广，这就要求构建完善生态环境风险防范体系要根据具体的实际情况，从法律、机构职能、政策等角度出发，完善生态环境风险防范的工作实施方式、管理措施和保障条件等。

为使空间规划融合生态环境风险防范的机制更加完善，国土空间治理能力得到进一步提高，提出如下政策建议。

一是健全完善空间规划相关的法律法规体系，为规划编制审批、监督实施等管理工作提供强有力的法律依据，保障空间规划的顺利开展。保护生态环境必须依靠法治。一方面，强化顶层设计，建议在国土空间规划基本法的总则部分明确在编制国土空间规划的过程中确立环境优先、生态安全的原则，将对生态环境风险的防范作为国土空间规划的基本考虑，明确生态环境风险防范在国土空间相关法律中的地位。另一方面，国土空间规划法主要是用于指导国土空间规划的编制与实施，应具有较强的可操作性，建议将生态环境风险防范作为各级国土空间规划管控的目的或主要内容之一，在指导国土空间规划制定及实施的相关法律条文中，将生态环境风险防范相关内容纳入。

二是建立统筹协调的部门管理机制。明确建立跨部门协同管理的机制体制，打破部门行政壁垒，以自然资源部、生态环境部牵头，联合农业农村部、国家林业局等相关部委，成立统一的、分工明确的管理机构体系，发挥生态环境风险防范体系的作用。

三是建立完善的监督机制。作为公众参与的重要环节，生态环境风险相关信息透明度的加强，不仅可以保障政府向公众供应风险相关信息的充分性，同时也能够帮助公众更加客观地认知生态环境风险，从而降低生态环境风险事件背景下的社会稳定性风险。明确监督反馈对国土空间规划的重要作用和地位，构建基于空间管控的生态环境风险防范的保障机制，将公众参与、开设线上及线下等多渠道公众监督平台、建立高效监督反馈机制、提升公众监督的效能作为各项管控工作的重要保障措施，促进相关工作有序进行。

四是建立与生态环境风险防范机制相结合的生态环境评价考核机制，将生态

环境指标纳入干部考核评价体系。生态环境事件发生得越少，生态环境达标情况越好，政绩考核就更优秀，以此调动地方政府的积极性，提升政府及相关部门的工作效率，引导地方政府行为朝着有利于生态环境保护的方向发展。

五是明确法律法规之间的关系，明确出台的国土空间规划相关的法律、条例、技术导则和技术指南之间的关系和地位，强化之间的衔接，通过"三区三线"划定，建立基于空间规划体系的生态环境风险防范机制。

参考文献

[1] 曹国志，於方，秦昌波，等.我国生态环境安全形势与治理策略研究[J]. 环境保护，2019，47（8）：13-15.

[2] 屠凤娜.生态文明视域下生态环境风险防范的路径研究[J]. 社科纵横，2019，34（3）：60-63.

[3] 新华社. 习近平出席全国生态环境保护大会并发表重要讲话[EB/OL].[2018-05-19] http://www.gov.cn/xinwen/2018-05/19/content_5292116.htm

[4] Baker M，Wong，C. The Delusion of Strategic Spatial Planning：What's Left After the Labour Government's English Regional Experiment？ Planning Practice & Research [J]，2013，28（1）：83- 103.

[5] Nadin V，Shaw D. Transnational collaboration in the Atlantic Region[M]//Duehr S，Colomb C，Nadin V. European Spatial Planning and Territorial Cooperation. London：Routledge，2010：22-38.

[6] 张兵.国家空间治理与空间规划 [EB/OL].[2019-03-19]. http：//www.cssn.cn/zhcspd/zhcspd_tt/201903/t20190319_4849876.html.

[7] 骏逸. 推进国家治理体系和治理能力现代化导语[EB/OL].[2014-06-23]. http：//www.cssn.cn/zt/zt_xkzt/zt_zzxzt/tjgjzltxhzlnlxdh/tjgjzltxdy/201406/t20140623_1222111.shtml.

[8] 杨航征，张远. 防范生态环境风险 推进生态文明建设[N]. 中国社会科学报，2019-06-06（001）.

[9] 王金南，曹国志，曹东，等. 国家环境风险防控与管理体系框架构建[J].中国环境科学，2013，33（1）：186-191.

筑牢生态屏障，加强生态环境建设

⊙ 孙玉龙

（甘肃省生态环境厅原副厅长、党组成员）

一、正确认识甘肃的生态地位和作用

甘肃地处黄土、青藏、内蒙古三大高原交会处，分属长江、黄河、内陆河三大流域，是长江、黄河重要的水源涵养和补给区，也是腾格里、巴丹吉林、库姆塔格沙漠汇合南移的阻挡区。甘肃也是欧亚大陆桥的战略通道和沟通西南、西北的交通枢纽，在国家生态建设中具有重要战略地位。建设西北乃至全国的重要生态安全屏障是甘肃发展的战略定位之一。既关系到甘肃经济社会的可持续发展，也关系到国家生态安全大局。甘肃的生态地位和作用主要表现在：

一是黄河、长江蓄水池。甘南、陇南有大面积的湿地、草原和森林，境内有黄河、洮河、大夏河、白龙江等120多条干支流纵横分布，在涵养水源、保持水土方面具有不可替代的生态调节功能。建设和保护好这一地区的生态环境，可减少由上游流向黄河、长江中下游地区的泥沙和污染物。

二是重要的水源涵养地和生态屏障。祁连山境内的冰川、天然林、天然草地和湿地构成了祁连山北麓水源涵养的主体和根基，涵养并孕育了我国西部黑河、石羊河、疏勒河、哈尔腾河4大水系57条大小河流，使这里成为绿洲群，阻挡了腾格里沙漠与巴丹吉林沙漠汇合的势头。祁连山北部沙漠沿线一带的荒漠和半荒漠草原，发挥着保护河西走廊绿洲的作用。

三是遏制沙尘暴的主要阵地。甘肃是我国沙尘暴的主要源地，又处于沙尘暴西线通过的必经路径，对西北沙漠化的遏止、黄河和长江上游地区水源涵养林的保护、黄土高原和青藏高原水土流失的治理、内陆河流域生态环境的恢复和保护等有重要作用，减少了由西北吹向东南大地的沙尘源。

二、坚决贯彻落实习近平生态文明思想，从战略高度看祁连山生态环境保护与建设的意义

祁连山是甘肃省河西走廊的"生命线"，祁连山保护区内生态系统多样，生态服务功能巨大，具有重要的水源涵养价值，其独特的地理区位，体现在阻止库姆塔格、巴丹吉林和腾格里三大沙漠南侵、维持河西走廊绿洲稳定、保障黄河径流补给等方面，构筑了我国西北内陆重要的生态屏障。

习近平总书记一直高度重视生态文明建设和环境保护工作，要求加快以生态系统良性循环和环境风险有效防控为重点的生态安全体系的构建。2017 年 1 月 16 日，焦点访谈专题报道了甘肃祁连山保护区生态环境破坏问题，2 月 12 日至 3 月 3 日，中央督查组就祁连山生态破坏问题开展了专项督查，中央政治局常委会会议和国务院党组会议听取督查情况汇报，中央政治局常委会会议对祁连山国家级自然保护区生态环境破坏典型案例进行了深刻剖析，在全国进行通报；国务院会议专题研究祁连山保护区生态环境问题督查和保护修复工作；6 月 1 日，中办、国办印发了《关于甘肃祁连山国家级自然保护区生态环境问题督查处理情况及其教训的通报》，从更深层面体现了以习近平同志为核心的党中央对生态文明建设和生态环境保护的高度重视，体现了党中央对抓好生态文明建设的坚定决心和坚持绿色发展的坚定信心。

（一）甘肃在祁连山脉中的整体状况

祁连山脉是位于青藏高原东北部、青海省东北部与甘肃省西部边境的巨大山系，由多条西北—东南走向的平行山脉和宽谷组成。甘肃祁连山地区主要包括武威、金昌、张掖、酒泉、嘉峪关五市和兰州市一部分，是甘肃最主要的工农业

生产基地和人口聚居区。祁连山区分布有丰富的冰川、雪山、森林、湿地和草地资源，现有大小冰川 2859 条，冰储量 811.2 亿立方米，其森林生态系统是我国生物多样性保护的重要基地和国际生物多样性保护的重点区域，是保障我国西北地区生态安全最重要的天然屏障。祁连山水源涵养林涵养调蓄山区降水，形成了石羊河、黑河、疏勒河三大内陆河水系 56 条内陆河，多年平均自产地表水资源超 56 亿立方米及不重复计算地下水资源 4.7 亿立方米，灌溉了河西走廊和内蒙古额济纳旗的 70 万公顷农田、110 万公顷林地和 800 万公顷草场，保障了金川公司、酒泉钢铁公司等上千个工矿企业和酒泉卫星发射基地的生产生活用水。加强祁连山冰川和生态环境保护，提高祁连山水源涵养林的涵养功能，对涵养石羊河、黑河、疏勒河三大内陆河流和黄河水源，遏制腾格里、巴丹吉林和库姆塔格三大沙漠会合，保护生物多样性，优化区域生态环境，促进河西走廊和谐社会建设，保障国家生态安全和陆路交通枢纽、能源战略通道畅通，维护民族团结、繁荣发展和边疆稳固，具有重要意义。

（二）祁连山生态系统的整体问题

祁连山生态环境保护问题整改前，祁连山区气候受全球气候变暖的影响和人为过度干扰，趋于干旱，局部地区冰川退缩、雪线上移、植被退化、荒漠化加剧、出山径流减少、生物多样性下降等环境退化趋势没有得到根本改变，祁连山和河西走廊的生态环境仍然呈现局部改善、整体恶化的趋势，甚至有的地方建设保护的速度远远赶不上破坏退化的速度，恶化趋势没有丝毫减缓，经济发展和生态保护的矛盾更加突出。

一是气候变暖、雪线上移、冰川萎缩逐年加剧。随着全球气温上升，祁连山出现了严重的雪线上移、冰川退缩、草原退化、林木和珍稀野生动物减少等现象。根据甘肃省气象局资料，近 50 年来，祁连山区年平均气温整体呈上升趋势，上升速率高于全国水平。1956 年至 2013 年，河西内流区冰川面积和冰储量分别减少了 12.6% 和 11.5%。20 世纪 80 年代中期以来，冰川萎缩程度是 1956 年以来最甚的时段。在冰川面积减少的同时，冰川厚度减薄，平均减薄 5～20 米，雪线波动幅度达到 100～140 米。1999 年以来，6、7 月冰雪消融量急剧增加，并且雪线

高度不断上升。据监测，近年来祁连山冰川局部地区的雪线正以年均 2～6 米的速度上升，有些地区的雪线年均上升竟达 12.5～22.5 米。

二是林缘上移、草原退化、水土流失面积增大。祁连山区，甚至是保护区的核心区内生活着大量的居民，仅祁连山国家级自然保护区内就有 35 个乡镇 14.2 万人，其中常年在核心区、缓冲区生产生活的居民多达 1 万多户 3.9 万多人。普遍存在"林权证、草原证"一地两证问题，农牧矛盾、林牧矛盾突出。乱砍滥伐、垦荒种地、超载过牧问题一直有禁不止。且加上近几年祁连山区水电开发、矿产开采一哄而上，乱采滥挖乱排；旅游开发、道路建设急剧增加，毁林毁草现象难以禁绝。资源开发与生态保护的矛盾，成为祁连山生态环境恶化加剧的主要推手。同时，祁连山森林、草原生态系统非常脆弱且极易破坏，修复难度很大，多年努力治理遏制了生态退化趋势，但"点上好转、面上恶化，局部好转、整体恶化"的趋势仍未根本改变，建设速度明显赶不上退化速度，草原"三化"不断加剧，裸地面积不断增加，水土流失面积扩大且速度不断加快，水源涵养能力不断下降。

三是人口增加、社会发展、水资源日趋短缺。改革开放以来，河西走廊经济社会得到长足发展，经济总量和人口总量都显著增加。在祁连山水源涵养能力下降、出水总量不断减少的情况下，水资源短缺趋势日益严重。河西走廊人均水资源量 1270 立方米，为全国平均水平的二分之一，耕地亩均水资源量 475 立方米，为全国平均水平的三分之一，水资源供需矛盾十分突出，但用水方式粗放，水资源利用效率不高。上下游之间、左右岸之间、城市与农村之间、工农业之间、工农业与生态之间争水，超采地下水导致水资源过度开发利用，黑河、石羊河水系水资源开发利用分别高达 106% 和 142%。一方面过度开发利用导致山前平原区泉水枯竭，湖泊和湿地萎缩，地下水位下降，水质恶化，植被退化；另一方面植被退化又引起地下水减少，进一步加剧植被退化，呈恶性循环现状。最终导致走廊北部荒漠化、沙化、盐渍化加快，成为我国沙尘暴主要策源地之一。

四是机制不畅、投入不足、生态保护难度较大。祁连山生态保护与建设，主要依托各自然保护区进行。目前保护区管理机构和地方政府、工矿企业、农牧民之间存在保护与开发的矛盾。以祁连山国家级自然保护区为例，保护区的生态保护与建设工作，涉及甘肃、青海两省，河西 3 市 8 县区 71 个乡镇的 10 多个民族，

63 万群众。保护区管理局大量的时间和精力用于协调方方面面的关系，严重影响正常工作。其下属各保护站、森林公安派出所和地方国有林场两块牌子、一套人马，实行保护区管理局和地方政府双重管理模式，管理、协调机制不畅。1500 多名管护人员的事业经费由地方财政负担，近一半实行自收自支，管护人员工作条件差、待遇低，生活非常困难，不能安心工作。祁连山生态保护与建设处于成本高却投入严重不足，难度大却人力不能保证，保护区基础设施落后，植被恢复进度缓慢的尴尬境地。

五是责权不清、利益失衡，生态补偿实施困难。祁连山生态保护与建设中，各自然保护区和上游地方政府、群众做出了重大贡献，甚至牺牲了发展机会，付出了巨大代价。表现为"少数管护、公众受益；上游负担，下游受益"的利益格局，存在责权不清、利益失衡问题。导致《甘肃省祁连山国家级自然保护区管理条例》规定的"从祁连山水源涵养林受益地区征收的水资源费总额中提取 3%，用于保护区水源涵养林的保护与发展"和 25 度以上坡地退耕还林草等政策没有落实。特别是黑河流域，因为实行了不公的调水制度，将大量的水资源由黑河管理局调度到下游内蒙古额济纳旗，严重挤占了中上游工农业生产和生态用水，影响了张掖绿洲经济社会发展。一方面张掖市在积极实行最严格的节水制度，建设节水型社会，通过节约农业用水、限制工业用水、减少生态用水，保证完成国家下泄水量任务；另一方面额济纳旗湖泊遍地，河水漫流，严重浪费了宝贵的水资源。而国家提倡的生态补偿制度，目前尚未落实。这种以牺牲河西走廊为代价的水资源管理机制和生态保护机制，严重挫伤了上游群众保护生态的积极性。

三、厘清思路，科学谋划，统筹建设，确保绿色发展

甘肃生态建设和环境保护是构建全国重要生态屏障的大局所系，也是缩小甘肃与全国小康进程差距、保障全省绿色可持续发展的根本所在。一方面要加大政府投入，另一方面更要用改革的办法、创新的方式，积极探索生态文明建设新机制——着力构建生态保护、经济发展和民生改善的协调联动机制，生态补偿的长效机制和多元投入的投融资机制，充分发挥市场作用，调动各类社会主体投身生

态保护和建设的积极性，实现生态保护、经济发展和民生改善的三方共赢。此外，还要确立推动科学发展的正确导向和考核评价机制，实行最严格的源头保护制度，严守生态保护红线，构建环境保护高压线。

（一）甘肃在发展战略方面，应注重以下 4 点

一是树立发展争先、环境保护优先的理念。要将环境容量作为区域布局的重要依据，将环境标准作为市场准入的重要条件，将环境成本作为价格形成机制的重要因素，将环境管理作为调整区域经济结构、优化产业升级的重要手段，将环境安全作为维护社会稳定、构建和谐社会、推动绿色发展的重要保障。

二是大力发展循环经济和绿色产业。建设七大循环经济基地，培育 16 条循环经济产业链，努力形成循环经济产业集群。推行循环型生产方式，加快形成循环型工业、农业、服务业产业体系。立足地方资源优势与实际，紧扣"一带一路"倡议，发展以清洁能源、特色农业、生态文化红色旅游业、现代物流与服务业为主的绿色产业。

三是实施以环境保护和资源节约转化为重点的战略。一方面，根据全省不同区域的气候特点和生态现状，按照主体功能区划，确定生态建设和环境保护重点。西部以治理风沙危害、加快生态修复为主，中部以实行综合治理、增加植被覆盖度为主，东部以遏制水土流失、发展生态产业为主，南部以强化生态抚育、发展特色产业为主。另一方面，坚持资源开发市场化、资源应用产业化、资源效益最大化、资源利用持续化，摒弃粗放外延扩张，强化集约内涵挖掘。

四是围绕节水发展产业。实施最严格的水资源管理制度，按照地表水、地下水"统一调度、定额管理、有偿使用、市场调节"的原则，合理调配农业、工业和生态用水，保证维持区域、流域生态环境的最基本水量。

（二）甘肃在加强生态建设和保护方面应抓好 4 个方面

一是加大祁连山水源涵养保护力度。加快实施祁连山生态环境保护和建设规划，加强对森林、草原、湿地、荒漠等生态系统和野生动植物资源的保护，推进自然保护区建设。

二是加快石羊河、黑河、疏勒河流域综合治理。推进石羊河流域防沙治沙及生态恢复工程，加强黑河湿地自然保护区建设，加强敦煌水资源合理利用与生态保护。积极实施三大内陆河流域盐碱化及沙化治理工程，加快推进河西走廊北部防沙治沙和防护林体系建设。

三是实施甘南重要水源补给区生态恢复与保护。加快实施甘南黄河重要水源补给生态功能区生态保护与建设工程，加强甘南湿地保护，恢复水源涵养功能，做好白龙江流域水土流失治理和地质灾害防治。

四是推进黄土高原和陇南山地水土流失综合治理。稳步实施黄土高原地区综合治理规划，积极实施黄河中上游生态修复以及渭河、泾河、洮河等中小河流综合治理等重点生态项目，加强江河源头生态保护与建设。

（三）在确保绿色发展方面，应做好 4 项工作

一是把好环境保护关。对符合产业政策和环境保护准入要求的项目，特别是民生项目、基础设施项目以及扶贫攻坚项目、"3341"工程项目、华夏文明传承创新区和国家生态安全屏障综合试验区建设项目开辟绿色通道，对高耗能、高排放及产能过剩行业的项目把好闸门，严格限制和禁止。

二是强力推进节能减排。统筹重点行业、重点污染因子、重点流域、重点区域的污染综合防治，坚决抑制高耗能、高污染产业过快增长，突出抓好工业、建筑、交通、公共机构等领域节能，大力发展风能、太阳能、光伏发电、水电等清洁能源和新能源。

三是加大环境综合治理力度。把绿色发展的理念贯穿到经济社会发展的总布局中，深入实施大气、水、土壤污染防治行动计划，打好三大战役，落实环境保护监管责任、实行排污许可制度、实施企业环境保护标准化建设、加强环境执法、公开环境信息 5 项基本措施，切实加强环境综合治理。

四是促进环境保护产业发展。积极推进新型有色金属合金材料、稀土材料、新型化工材料、电池材料等新材料产业化发展，加快发展生物医药、中药材加工、特色中藏药生产等新的支柱产业。发展节能环境保护装备制造业，推广高效节能产品，增强节能环境保护装备产业的竞争力和科技创新能力。

后　记

　　在举国欢庆中华人民共和国成立 70 周年的历史性时刻，由中国社会科学院生态文明研究智库、国务院发展研究中心资源与环境政策研究所、中国生态文明研究与促进会、生态环境部环境规划院、中国环境出版集团等单位共同主办的《美丽中国：新中国 70 年 70 人论生态文明建设》文献、理论著作编著活动正式收官了。这是一份沉甸甸的责任，是生态文明智库协同创新、团结凝聚生态文明建设工作者增强参与感、历史感和时代感，献礼新中国 70 华诞的理论自觉。

　　该著作以新中国 70 年我国生态文明建设基本历程为纽带，以学习贯彻习近平生态文明思想为指引，围绕生态文明基础理论与生态文化体系、绿色发展与生态产业体系、深化生态文明体制改革与生态文明制度体系、全球生态文明建设与生态安全体系等主题，专题集中、全面系统、广泛深入梳理和研究新中国成立 70 年来我国生态文明建设在曲折中不断走向国家治理体系和治理能力现代化、迈步绿水青山就是金山银山社会主义生态文明新时代的理论成果、实践探索、经验启示、问题挑战和未来展望；突出宣传和展示了党的十八大以来，在习近平生态文明思想指引下，我国生态文明建设事业取得的全方位、开创性历史成就，发生的深层次、根本性历史变革；有利于激励广大生态文明建设工作者在更广时空、更高层次更加紧密团结在以习近平同志为核心的党中央周围，不忘初心、牢记使命，把爱国奋斗精神转化为实际行动，在新的历史征程中，为决胜全面建成小康社会、坚决打赢打好污染防治攻坚战，建设富强民主文明和谐美丽的社会主义现代化强国而永远奋斗。

　　行百里者半九十。该活动的举办，该著作的出版，在各主办单位的整体推动下，较原计划整体收官。但作为在新中国 70 周年这样一个"重要的时间节点"力求体现和反映新中国 70 年来我国生态文明建设的基本历程、伟大成就和宝贵经验的所谓"集大成者"，离"百里"收官尚有很大差距，改进和完善的空间还非常大。一是就入选作者并其所撰写文章的代表性而言，坦诚地说，相较于党的

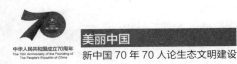

美丽中国
新中国 70 年 70 人论生态文明建设

生态文明建设事业的发展，相较于我国生态文明建设仍然存在的严峻形势而言，其理论权威性、实践应用性，仍然需要时间和实践的检验。也只能说是生态文明理论工作者、建设者们的一种声音、观点或立场。相反，社会主义生态文明进入新时代，习近平生态文明思想深入人心，生态文明建设表现出高度的综合性、复合性、交叉性和系统性，涵盖了经济、政治、文化和社会建设的各个方面。社会各界、各行各业都涌现出了一大批关心、支持、参与和践行生态文明建设的理论和实践"专家"，特别是企业界、产业界作为我国生态文明建设的主力军，由于各种主客观因素，没有广泛动员和发动起来。这些都是主编团队尤其深感遗憾的。二是就入选文章学术体例的严谨性而言，确系由于入选文章字数绝大多数超过约稿要求，限于出版版面非常有限，作者在文中的许多说明性图片，统计表格都未保留，这些也都期望得到业界同仁的理解。

该著作，原则按该活动主办单位发起和参与的先后顺序，由中国社会科学院学部委员、中国社会科学院生态文明研究智库常务副理事长、中国社会科学院城市发展与环境研究所所长潘家华，国务院发展研究中心资源与环境政策研究所所长高世楫，中国生态文明研究与促进会执行副会长李庆瑞，中国工程院院士、生态环境部环境规划院院长王金南，中国环境出版集团党委书记武德凯主编（著）。中国社会科学院生态文明研究智库理论部主任黄承梁执行主编（著）。

感谢曲格平、解振华、潘岳、陈存根、郑新立、杨伟民、赵树丛、王一鸣、吕忠梅、李军、章新胜、祝光耀、王玉庆、李育材、朱坦等领导同志对该著作编著过程和本活动持续推进过程中给予的支持。对陈宗兴、谢伏瞻、李干杰、马建堂等领导同志拨冗作序，再次致谢。

该著作出版过程中，中国环境出版集团第四分社社长徐于红、编辑赵艳做了大量的主体性编辑工作。张文齐、邓畅、黄蕊蕊、蔺阿荣、沈潍萍、张兴、夏克郁、姜继彤等青年研究人员、研究生等一并做了辅助性工作。在此一并表示感谢。

编著者
2019 年 10 月 1 日